Viscoelastic
Principle

黏弹性原理

李云良　编著

化学工业出版社
·北京·

内 容 简 介

本书主要介绍了线性黏弹性的基本原理，主要内容包括：黏性流体的本构方程及黏度的影响因素、测定方法；微分型本构方程及积分型本构方程；动态力学性能及时温等效原理；黏弹性体三维本构方程的构建方法及求解黏弹性问题的对应原理；非线性黏弹塑性本构方程的构建方法。

本书可供从事材料黏弹性能研究的相关技术人员参考，也可以作为高等学校力学及材料学等相关专业师生的教学参考书。

图书在版编目（CIP）数据

黏弹性原理 / 李云良编著. -- 北京 ：化学工业出

版社，2024. 10. -- ISBN 978-7-122-46483-5

Ⅰ. O345

中国国家版本馆 CIP 数据核字第 2024LG8272 号

责任编辑：陈 喆

责任校对：赵懿桐　　　　　　　装帧设计：孙 沁

出版发行：化学工业出版社

　　　　　（北京市东城区青年湖南街 13 号　邮政编码 100011）

印　　装：涿州市般润文化传播有限公司

710mm×1000mm　1/16　印张 15¼　字数 279 千字

2024 年 12 月北京第 1 版第 1 次印刷

购书咨询：010-64518888　　　　　售后服务：010-64518899

网　　址：http://www.cip.com.cn

凡购买本书，如有缺损质量问题，本社销售中心负责调换。

黏弹性原理是连续介质力学的重要组成部分，黏弹性原理以聚合物、地质材料、混凝土、高温下的金属材料及生物材料等为主要研究对象，研究这些材料的力学行为。黏弹性材料的力学性质介于弹性固体与黏性流体之间，其力学行为兼具弹性固体及黏性流体的力学特性，黏弹性材料的力学性能及其影响因素较为复杂，黏弹性原理是对这类材料的力学性能进行唯象研究的主要理论工具。

黏弹性材料的主要特点是其力学性能具有时间相关性，即记忆性，并且其材料性能与时间、频率及温度等因素密切相关。采用唯象的手段进行黏弹性材料性能的研究，可以从宏观角度明确黏弹性材料对静载及动载的力学响应特性，掌握黏弹性材料力学性能特性及其影响因素，以便更全面地掌握材料的性能，从而为改进及提高材料的力学性能，以及黏弹性材料性能机理的研究奠定基础。黏弹性与高聚物材料及地质材料的加工成型、服役性能密切相关，因此随着高聚物材料及地质材料的大量生产应用，黏弹性原理的应用也更为广泛和重要。

黏弹性原理的基础是弹性力学及黏性流体理论，为了更好地理解黏弹性原理的构建方法，本书首先介绍了黏性流体本构方程的基本理论，并重点介绍了黏度的影响因素及其测试方法。基于线性黏弹性的基本原理，着重介绍了微分型本构方程的构建方法及分析方法，然后基于蠕变柔量及松弛模量的定义，结合 Boltzmann 迭加原理，介绍了积分型本构方程的构建方法。基于微分型本构方程及积分型本构方程，可以分析静载作用下黏弹性材料的蠕变及应力松弛等典型的黏弹性力学行为。针对交变载荷作用下黏弹性材料的响应特性，介绍了黏弹性材料的动态本构方程，并着重介绍了黏弹性材料复数模量及复数柔量等动态材料参数。在考虑温度与时间的耦合作用时，介绍了黏弹性材料的时温等效原理、时温等效原理的存在性、时温等效原理的主要应用。基于微分型及积分型本构方程，推广得到了黏弹性材料三维情况下的本构方程，并介绍了求解黏弹性问题的对应原理。最后基于线性黏弹性的基本理论，介绍了非线性黏弹塑性本构方程的构建方法。

　　本书作者从事了多年黏弹性原理的教学工作，在借鉴多本经典著作的基础上，结合黏弹性理论的相关研究成果编撰了本书，在此向这些文献的作者表示崇高的敬意及衷心的感谢！由于作者学术水平有限，书中难免会有不足之处，敬请读者提出宝贵意见。

编著者

目　录

第1章　绪论 / 1

1.1　流变学与黏弹性 / 1

1.2　研究内容 / 2

1.3　研究方法 / 4

1.4　研究意义 / 5

第2章　黏性流体的本构模型及黏度 / 7

2.1　牛顿流体 / 7

2.2　非牛顿流体 / 10

2.3　黏度的影响因素 / 15

2.4　黏性流体的弹性效应 / 36

2.5　黏度的测量方法 / 39

第3章　微分型本构方程 / 59

3.1　基本元件 / 60

3.2　二元件模型 / 62

3.3　单位阶跃函数、狄拉克函数、拉普拉斯变换 / 70

3.4　三元件模型 / 72

3.5　四元件模型 / 84

3.6　广义黏弹性模型 / 96

3.7　模型性质讨论 / 105

3.8　应用举例 / 111

第4章　积分型本构方程 / 113

4.1　蠕变柔量及松弛模量 / 113

4.2　蠕变柔量及松弛模量的求解 / 116

4.3　松弛时间谱和推迟时间谱 / 119

4.4　Boltzmann迭加原理 / 119

4.5　积分型本构方程 / 121

4.6　应用举例 / 125

第5章　动态力学性能 / 129

5.1　动载荷描述 / 130

5.2　动态力学响应 / 130

5.3　复模量及复柔量 / 132

5.4　黏弹性体的能量耗散 / 135

5.5　黏弹性体的动态力学行为 / 140

5.6　材料常数之间的关系 / 145

5.7　材料参数关系推导 / 147

5.8　应用举例 / 151

第6章　时温等效 / 155

6.1　时间与温度的等效性说明 / 156

6.2　时间与温度的换算法则 / 159

6.3　移位因子计算公式 / 162

6.4　时间-温度-应力等效法则 / 164

6.5　应用举例 / 167

第 7 章　黏弹性空间问题求解 / 168

7.1　三维空间问题求解的基本假定 / 168

7.2　三维空间问题求解的基本方程 / 169

7.3　三维黏弹性本构方程 / 173

7.4　三维微分及积分本构关系的构建
　　　过程 / 177

7.5　线性黏弹性的对应原理 / 180

7.6　应用举例 / 183

第 8 章　非线性黏弹塑性本构模型 / 188

8.1　基于材料参数修正的非线性本构
　　　模型 / 189

8.2　基于非线性本构单元的黏弹性
　　　力学模型 / 202

8.3　基于蠕变损伤的非线性黏弹塑性
　　　力学模型 / 209

参考文献 / 231

第 1 章
绪　论

1.1　流变学与黏弹性

　　按照物体的存在状态可以分为固体及流体两大类，从力学的角度来看，固体与流体的主要区别是在外力作用下二者的力学行为不同。固体可以抵抗一定外力作用，外力作用下固体产生相应的应变。早在 17 世纪，胡克已经阐述了弹性固体应力和应变之间的线性关系，即胡克定律。满足胡克定律的固体为理想弹性固体，其应变只与当前时刻的应力有关，与应力的作用历史无关，当外力不变时，应变不随时间变化而保持定值，当外力去除以后，应变可以瞬时完全回复。流体在外力作用下会产生连续的变形。流体的力学行为与载荷作用时间及历史密切相关，在外载荷作用下，应变随时间的增加而增大，去除外载荷后，应变不能完全回复。在外力作用下流体连续不断变形的宏观性质，通常称为流动性。牛顿阐述了黏性流体的剪应力与剪切速率之间的线性关系，即牛顿定律。符合牛顿定律的流体称为牛顿流体。

　　很多材料的力学性能并不完全符合经典的弹性理论、塑性理论和牛顿流体理论。比如混凝土、塑料、橡胶、玻璃、油漆等工业材料；岩石、矿物、土等地质材料；肌肉、骨骼、血液等生物材料。研究人员很早就认识到材料的性能与时间密切相关，具有显著的时间效应。材料既可以是弹性的，也可以是黏性的。应力随着时间增加而减小的现象，即应力松弛现象；应变随着时间的增加而增大，即蠕变现象。经过对材料性能的长期研究探索，人们得知，一切材料的力学性能都具有时间效应，于是出现了流变学。美国在 1929 年创建了流变学会，1939 年荷兰皇家科学院成立了流变学小组，1940 年英国出现了流变学学会。此后，法国、日本、瑞典、澳大利亚、奥地利、意大利、比利时等也先后成立了流变学学会。我国在1985年由力学学会与化学学会联合成立了流变学专业委员会，自流变学出现之日起，便进入了蓬勃发展的阶段。

随着学科的发展，流变学已经从力学的分支发展成为一门交叉学科，实现了与数学、物理、化学、生物、医学及工程技术等多个领域的融合。流变学的研究和应用领域涵盖了材料加工、医学工程、电子和半导体、机械、汽车、冶金、石油、橡胶、纺织、塑料、化工、涂料、选矿、食品、轻工、污水处理与环境工程等多个行业。流变学的分支学科包括黏弹性流变学、高分子流变学、胶体多相物质流变学、石油流变学、地球物理流变学、岩土流变学、食品流变学、化妆品和药物流变学、电磁流变学、血液流变学、生物和生理流变学等，流变学的分支涵盖了多个领域。

按照流变学创始人Bingham的定义，流变学是研究材料流动和变形的科学。流变学的研究对象主要是流体、软固体或者在某些条件下的固体。具体来说，流变学的研究对象主要是经典弹性理论、塑性理论和牛顿流体理论不能描述其力学特性的材料，主要包括黏弹性流体及黏弹性固体。黏弹性流体如工业中的橡胶、塑料熔体、涂料及各类悬浮液等；生物流体中的血液、细胞液、关节润滑液等。黏弹性固体如混凝土、塑料、橡胶、玻璃、岩石、矿物、土壤等工业和地质材料。流变学的研究不仅关注材料的弹性、塑性和黏性特性，还重点研究这些材料性能的时间相关性。黏弹性力学行为是黏弹性力学的主要研究内容。黏弹性力学，又称黏弹性理论，主要研究黏弹性物质的力学行为、本构关系及其破坏规律，以及黏弹性体在外力和其它因素作用下的变形和应力分布。在一定条件下，黏弹性体既具有弹性性质，又具有黏性性质，可分为线性黏弹性体和非线性黏弹性体。线性黏弹性体的两种极端情况分别为胡克弹性体和牛顿流体。

1.2 研究内容

黏弹性一词来源于模型理论，黏弹性是介于黏性液体和弹性固体之间的一种力学状态，典型的黏弹性力学行为包括静载荷作用下的蠕变、应力松弛及延迟弹性等力学行为；在动载荷作用下的响应滞后及能耗行为。此外，黏弹性材料的力学性能参数如蠕变柔量、松弛模量、复数模量、复数柔量等与加载时间或加载频率密切相关。黏弹性材料的力学性能与加载时间和温度密切相关，而且加载时间与温度对黏弹性材料的力学性能的影响具有等效性，即时温等效原理。进行黏弹性材料力学性能研究的前提和基础是其本构方程，此外还包括三维黏弹性力学问题的求解方法，以上这些问题是黏弹性力学的主要研究内容。

蠕变是指黏弹性材料在恒定的载荷作用下，变形随时间增大的现象。蠕变是载荷作用下黏弹性材料的一种持续的变形行为。应力松弛是黏弹性材料在恒定应变作用下，应力随时间减小的现象。蠕变和应力松弛是物质内部结构变化的宏观体现。

黏弹性材料在外力作用下变形缓慢增加，去除外力后变形缓慢回复。因此，黏弹性材料的变形不能与外力即时达到平衡，而有所滞后的现象称为延迟弹性。黏弹性材料的延迟弹性变形不仅与时间有关，而且与温度有关。

黏弹性材料在动载荷作用下，输入与响应不同步，响应具有滞后性，在一个加卸载循环过程中的应力应变曲线形成迟滞回线，迟滞回线的面积代表一个加卸载过程中的能量损失，即黏弹性材料具有能量耗散特性。

黏弹性材料的延迟弹性及能耗特性可以通过黏弹性材料参数进行研究。如对于延迟弹性可以通过蠕变柔量、松弛模量、延迟时间、松弛时间等参数进行研究。黏弹性材料的动力响应及能耗特性可以通过复数模量、复数柔量、滞后角等参数进行研究。

线性黏弹性材料的本构关系包括微分型和积分型两大类。可用服从胡克定律的弹性元件和服从牛顿黏性定律的黏性元件的不同组合，表征线性黏弹性材料的特性。非线性黏弹性材料的力学行为比较复杂，本构理论种类繁多。常用的非线性黏弹性本构关系有重积分型、单积分型和幂律关系。非线性黏弹性问题求解较为困难，一般采用近似解法或数值解。

黏弹性材料的力学行为与加载时间和温度密切相关。在对黏弹性材料的力学性能进行研究时，需要从时间、温度、应力或时间、温度、应变三个维度开展研究，研究的问题较为复杂。但是时间及温度对黏弹性材料力学性能的影响具有某种等效性，即黏弹性材料满足时温等效原理，这样可以简化研究问题的维度。因此，时温等效特性是黏弹性力学主要的研究内容。

黏弹性力学问题的求解方法与弹性力学相同。基于本构方程、平衡方程、几何方程构成求解问题的方程组，结合一定的边界条件以及初始条件，寻求黏弹性边值问题的解。求解方法有位移法、应力法、逆法、半逆法等。对于准静态的线性黏弹性问题，若边界条件不随时间变化，全部方程经拉普拉斯变换后转变为相应的线弹性问题，将相应弹性问题的解进行逆变换，即为原来黏弹性问题的解，这便是求解黏弹性问题的对应原理。对于不能用对应原理求解的线性黏弹性问题，根据具体问题寻求其解法，包括采用近似解法。

1.3　研究方法

黏弹性力学首先研究黏弹性材料的一般性的宏观力学行为，包括蠕变、应力松弛、能耗特性、动态力学行为及时温等效特性等。这些力学行为反映了黏弹性材料在静载及动载作用下的力学响应特性。这些宏观力学行为的研究依赖于黏弹性材料本构方程的研究。力学模型的建立及本构方程的研究依据黏弹性的模型理论，通过这些理论可以唯象地分析材料的黏弹性力学行为，并对黏弹性材料力学行为的时间相关性进行定量的分析。

除了进行黏弹性理论模型研究之外，在进行具体材料的黏弹性性能研究时，必须结合一定的试验研究手段进行。通过具体材料的唯象性的黏弹性研究，可以使黏弹性理论模型与材料的实际性能联系在一起。基于试验研究确定本构模型参数，通过本构模型可以对材料的性能进行更为广泛的分析与预测。因此离开了具体的试验研究，单纯的理论模型研究将失去其实际应用的意义。以试验作为基本手段的黏弹性力学研究方法称为试验黏弹力学，试验黏弹力学更侧重对于材料宏观力学变形规律的描述与预测。对于工程材料，试验黏弹力学的主要研究目的是通过适当的试验手段，根据生产活动中遇到的实际问题，模拟产生这些问题的应力条件、变形历程、温度及环境，建立经验或半经验-半理论公式来定量地描述材料的黏弹性力学行为。

黏弹性材料的试验包括蠕变试验、应力松弛试验、动载试验等三种最基本的试验方法。

黏弹性材料的蠕变试验有多种试验模式。如对材料施加单轴的拉力或压力，研究材料的拉伸或压缩蠕变行为；利用专门的剪力仪对材料施加恒定的剪应力，研究材料的剪切蠕变性能；利用三轴仪，对材料试件施加轴向应力和静水压力，研究材料的三向压缩蠕变性能；利用流变仪，对材料试件施加恒定的扭力，研究材料的扭转蠕变性能；在梁形试件上施加恒定的弯矩，研究材料挠度蠕变性能的弯曲法等。应力松弛试验是在恒定的应变作用下，测试材料试件应力随时间的变化。利用上述蠕变的试验模式，输入确定的应变，通过仪器测出应力随时间的变化，即为应力松弛试验。

除蠕变和应力松弛这类静载试验之外，还可进行动力响应试验，即对材料试件施加一定周期的振动载荷作用，研究材料的动力效应。具体试验模式可以是控制应力模式或控制应变模式的动载试验，测试相应的动力响应。通过动力响应与输入关系的研究，可以分析材料的能耗特性及动力响应特性。具体试验方法包括固定载荷幅值的频率扫描试验、固定载荷幅值及频率的温度扫描等。

由于黏弹性材料的力学行为与时间及温度密切相关，因此在进行黏弹性材料的试验研究时，要求试验仪器能够精确地控制应力或应变，并且能够精确控制加载速率，加载频率、温度变化速率等输入参量及试验条件。

黏弹性力学在进行材料宏观力学性能的一般规律研究的同时，也注重材料力学性能的机理研究。黏弹性材料的宏观力学性能较为复杂，其力学性能的本质由组成材料的性能及微观结构所决定。通过材料力学性能机理的研究，可以从本质上解释材料的宏观力学性能特性、建立宏观力学性能与材料组成及微观结构之间的联系，可以从本质上了解材料力学行为多样性的本质原因，从而可以更好地掌握材料的力学性能，并为材料性能的改进及新材料的研发提供坚实的基础。比如在高分子合成材料的黏弹性力学研究方面，结合宏观力学性能及材料机理的研究，不仅可以从分子的热物理特性的角度来说明物体产生瞬时弹性、黏弹性及黏性流动的变形机理，而且还可以根据大分子的结构特点来说明一定条件下不同物体产生不同黏弹性力学行为的变形机理，从而可以更好地理解和掌握高分子合成材料的宏观力学性能。

1.4 研究意义

随着科技水平的不断发展，新材料、新结构及新技术的不断出现，在高分子材料、航空航天、土木工程、生物工程及复合材料等领域的黏弹性问题日益突出，因此对于黏弹性问题的研究越来越受到人们的重视。目前世界上聚合物材料的产量已超过金属材料。在对这些材料的力学性能进行的研究中，黏弹性理论起着特殊重要的作用。随着高分子材料结构流变学及高分子材料加工流变学的发展，促进了高分子材料的发展与应用。在航空航天领域，结构材料处在极端的工作条件之下（高温、高压、高速），材料的力学性能与常温下一般的工作条件下的力学性能相比完全不同，必须通过黏弹性的研究才可能更好地研究材料的性能。在土木工程领域，很多工程材料的力学性能、服役性能与材料的黏弹特性密切相关。比如桥梁结构的预应力钢筋及钢铰线、桥梁支座、聚合物桥面铺装材料、地质或生物类的胶结材料、工程结构病害的修复材料等的力学性能及服役性能都与其黏弹性力学性能密切相关。

除此之外，岩土力学、地质力学、地震预报、生物力学等的蓬勃发展也进一步推动了黏弹性理论的发展。如在生物力学中对细胞流变性的研究，红细胞的流变性与红细胞的形态、大小、浓度、电荷、黏弹性等因素有关，同时也受到血浆成分、血管壁性质等外部环境的影响。红细胞流变性的研究对于理解血液流动、血液凝固、血栓形成等方面具有重要意义，同时也与许多疾病的发生、发展密切相关。如果红细胞的流变性发生异常，可能会导致血液黏稠度增加、血栓形成等问题，进而影响到血液循环和氧气供应，对身体健康产生不良影响。因此，红细胞流变性的监测和调节是保障血液健康的重要环节。

黏弹性理论的研究在材料科学的发展以及国防、土建等工程中发挥越来越大的作用。因此，黏弹性理论已成为解决工程实践中材料力学问题的重要研究手段。

古希腊哲学家 Heraclit 曾提出过"一切皆流，一切皆变"的观点，即任何物体和材料都具流变特性。流变学基于"万物皆流"的观点，传统的力学中所谓"固体"和"液体"的区分，实际上只是表面现象。更本质的认识要考虑两个时间尺度：一个是观测（试验）的时间尺度，另一个是物质本身的时间尺度。换句话说，流变学里的材料是"因时而异"的。前面提到的黏弹性流体，究竟是更多地表现为弹性，还是表现为黏性，就看这两个时间的相对大小。在地球科学中，人们很早就知道时间过程这一重要因素。如冰川期以后的上升、层状岩层的褶皱、造山作用、地震成因以及成矿作用等。对于地球内部过程，如岩浆活动、地幔热对流等，都显示了长时间尺度的流动特性。在土木工程中，建筑地基的变形可延续数十年之久。地下隧道竣工数十年后，仍可出现蠕变断裂。因此，随着时间尺度的增加，材料流变特性或黏弹特性的研究具有普遍的意义。

第 2 章
黏性流体的本构模型及黏度

黏性流体的力学行为与弹性固体相比较为复杂。在外力作用下，黏性流体的力学行为既有流动变形也有弹性变形，而且这种流动变形行为的影响因素较为复杂，加载时间和温度都会影响到黏性流体的流动变形行为。基于黏性流体的本构模型可以对其流动变形行为进行定量的描述，进而分析其流动与变形特性。

2.1　牛顿流体

在力的作用下流体会产生流动。流体内部具有流动阻力，使得流场内部各点的流速不同，形成流速梯度，而流速梯度与流体的流动阻力相关。牛顿在 1687 年提出了液体的流动阻力与相邻部分流体相对流动速度成正比的假设，并通过试验进行了验证。

假设在两块平行平板间充满黏性流体，两平板间距离 h。保持下平板固定不动，对上平板施加一个水平的外力 F，使上平板沿所在平面以速度 u 运动，平板的面积为 S，如图 2-1 所示。黏附于上平板表面的流体随平板以速度 u 运动，黏附于下平板表面的流体的流动速度为零，上下平板间的液体呈现层流，流速呈线性分布，平板间流体的流速梯度为 u/h。

某时刻在流场中取一个小的矩形微元体，高度为 $\mathrm{d}y$，上下边的流速差为 $\mathrm{d}u$，经过一个小的时间增量 $\mathrm{d}t$ 后，矩形微元体在上下边流速差的作用下，除了产生水平移动之外，还会发生形状的改变，由初始的矩形变成菱形，如图 2-1 所示。

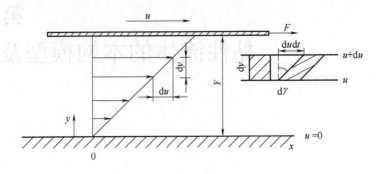

图 2-1　牛顿流体的层流

由于变形较小，矩形微元体角度的改变 $d\gamma$ 可以近似表示成如下形式

$$d\gamma = \frac{du\,dt}{dy} \tag{2-1}$$

于是

$$\frac{d\gamma}{dt} = \frac{du}{dy} \tag{2-2}$$

即

$$\dot\gamma = \frac{du}{dy} \tag{2-3}$$

根据试验得到施加的外力 F 与平板面积 S、流速梯度 u/h 成比例，即

$$F = S\eta \frac{u}{h} \tag{2-4}$$

根据力 F 与平板面积 S 的关系可以得到剪应力 τ

$$\tau = \frac{F}{S} \tag{2-5}$$

根据流速梯度的公式，可以得到下式

$$\frac{du}{dy} = \frac{u}{h} \tag{2-6}$$

由式（2-4）～式（2-6）可以得到

$$\tau = \eta\dot\gamma \tag{2-7}$$

上式即为牛顿内摩擦定律，是线性的本构关系，类似于胡克定律。该本构关系描述了流体流动速率与剪应力之间的关系，其中，η 是黏度，单位为 Pa·s。

满足牛顿内摩擦定律的流体称为牛顿流体。根据公式（2-7）可以得到剪应力与剪

　黏弹性原理

切变形速率之间的关系曲线，如图 2-2 所示，该曲线称为流变曲线。牛顿流体的流变曲线为通过原点的直线。这表明牛顿流体的屈服应力为零，有剪应力的作用就会产生流动。流变曲线的斜率为黏度。牛顿流体的黏度与剪应力及剪切速率无关。黏度是流体内部流动阻力的宏观表现，黏度越大，液体越不容易产生流动。

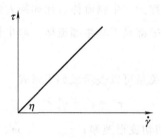

图 2-2　牛顿流体的流变曲线

依据牛顿流体的本构方程可以分析牛顿流体的变形特性。假定牛顿流体承受如图 2-3（a）所示的外力作用，即在 t_1 时刻瞬时施加一个大小恒定的外力，然后在 t_2 时刻去除外力，依据本构方程分析牛顿流体的变形特性。

在恒定外力作用下，通过积分可以得到牛顿流体的应变为

$$\varepsilon(t) = \frac{\sigma_0}{\eta}t \tag{2-8}$$

依据该式可以得到应变随时间的变化曲线，如图 2-3（b）所示。在施加剪应力的瞬间，流动变形为零，表明牛顿流体在施加载荷的瞬间不会产生变形，与胡克弹性体不同，牛顿流体不可能产生瞬时变形。此后随着加载时间的增加，流动变形随时间的增加线性地增大，并且在外力去除以后，变形不能恢复，流动变形具有不可逆性。

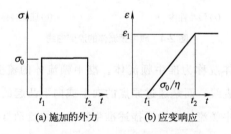

(a) 施加的外力　　　　(b) 应变响应

图 2-3　牛顿流体的流动变形特性

属于牛顿流体的类型不多，水和酒精等大多数纯液体是牛顿流体。此外，一些轻质油、低分子化合物的溶液以及低速流动的气体也属于牛顿流体。

2.2 非牛顿流体

只有极少数流体的本构方程符合牛顿定律，日常生活当中的多数流体的本构关系都不符合牛顿定律，这类流体统称为非牛顿流体。比如绝大多数生物流体、高分子聚合物的浓溶液、悬浮体及多数食品等都属于非牛顿流体。非牛顿流体的本构关系有几种典型的类型。

大多数非牛顿流体的本构关系可以表示成如下形式

$$\tau^m = \tau_y^m + \eta_{pl}^n \dot{\gamma}^n \tag{2-9}$$

式中，τ 为剪应力；$\dot{\gamma}$ 为剪切变形速率；τ_y、η_{pl}、m、n 为材料参数。

当 $\tau_y = 0$、$m = 1$ 时，流变方程转变为幂律模型。

$$\tau = \eta_N \dot{\gamma}^n \tag{2-10}$$

式中，n 为流变指数。

当 $n = 1$ 时即为牛顿流体的本构关系；当 $0 < n < 1$ 时为假塑性体的本构关系；当 $n > 1$ 时为胀流性体的本构关系。假塑性体及胀流性体的流变曲线如图 2-4 所示。

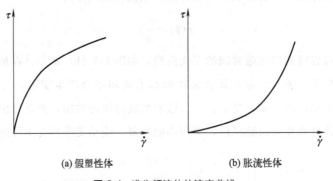

(a) 假塑性体　　　　　　　　　　(b) 胀流性体

图 2-4　准牛顿流体的流变曲线

假塑性体及胀流性体统称为准牛顿流体。准牛顿流体的流变曲线同样通过坐标原点，但已经不是简单的直线，而是通过原点的向上或向下凸起的曲线。牛顿流体黏度的定义不能直接适用于准牛顿流体。为了描述准牛顿流体的流动抵抗力，可以取流变曲线上任一点与原点连线的斜率作为表观黏度。准牛顿流体的黏度不再是常数，而是与剪应力或剪切速率相关。曲线上各点对应的黏度不同。对于假塑性流体，流体的黏度随剪应力或剪切速率的增加而减小，具有剪切变稀性；而对于胀流性流体，流体的黏度随剪应力或剪切速率的增加而增大，具有剪切变稠性。

流变指数 n 在流变学研究领域又称为复合流动度，流变指数 n 的大小代表了准牛顿流体的流动特性及非线性的强弱。当 $n=1$ 时为牛顿流体，为线性流体，黏度与剪应力或剪切变形速率无关。流变曲线为通过原点的直线；当 $n<1$ 时，为假塑性体，流变曲线为通过坐标原点向上凸的曲线，黏度随着剪应力或剪切速率的增加而减小；当 $n>1$ 时，为胀流性体，流变曲线为通过坐标原点向下凸的曲线，黏度随着剪应力或剪切速率的增加而增大。假塑性体及胀流性体为非线性流体，流变指数 n 偏离 1 越大，流体的非线性越强。

当式（2-9）中的 $m=n=1$ 时，流变方程转变为 Bingham 模型

$$\tau=\tau_0+\eta_p\dot{\gamma} \tag{2-11}$$

Bingham 流体的流变曲线见图 2-5。Bingham 流体的主要特点是存在屈服应力，只有液体受到的外力超过屈服应力时才能产生流动。

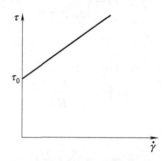

图 2-5　Bingham 流体的流变曲线

屈服应力的存在对 Bingham 流体的流动性有着重要的影响。常见的 Bingham 流体如牙膏和油漆，都存在屈服应力。牙膏只有受到一定的挤压力时才能够流出，这样便于控制牙膏的挤出量。油漆为了保证涂刷质量必须具有一定的屈服应力，涂刷完成后在重力的作用下不致发生流淌，确保油漆的涂刷质量。屈服应力对于高分子材料的成型、保证产品质量意义重大。如混炼丁基橡胶挤出成型轮胎内胎时，如果混炼胶具有较高的屈服强度，挤出的内胎坯外观好，存放时不易变形，可以确保产品质量。

当式（2-9）中的 $m=1$、$n\neq1$ 时，流变方程转变为 Herschel-Bulkley 模型

$$\tau=\tau_H+\eta_H\dot{\gamma}^n \tag{2-12}$$

当式（2-9）中的 $m=n=1/2$ 时，流变方程转变为 Casson 模型

$$\tau^{1/2}=\tau_C^{1/2}+\eta_C^{1/2}\dot{\gamma}^{1/2} \tag{2-13}$$

基于 Casson 模型，引入参数 x，将 Casson 模型转化为如下的广义模型

$$\tau^{1/2} = \frac{\tau_c^{1/2}}{\dot{\gamma}^{1/2} + x} \dot{\gamma}^{1/2} + \eta_c^{1/2} \dot{\gamma}^{1/2} \tag{2-14}$$

广义模型中有三个参数 τ_c、η_c、x，当 $\tau_c = 0$ 时即为牛顿方程，当 $x = 0$ 时，即为 Casson 方程。因此，它同时描述牛顿流体、非线性塑性流体和伪塑性流体的流变行为。

参数 x 可以描述无限大粒子集合体的聚集程度，随着粒子聚集程度的增加而增大。当 $x = 0$ 时体系具有塑性行为，当 $x > 0$ 时，体系具有伪塑性行为。

另一类流变模型可以基于黏度的表达式给出，依据剪切速率为零时及无穷大时对应的黏度 η_0、η_∞，给出黏度的一般表达式

$$\eta = \eta_\infty + (\eta(0) - \eta_\infty) f(\dot{\gamma}) \tag{2-15}$$

并且

$$f(\dot{\gamma}) = \begin{cases} 1, & \dot{\gamma} \to 0 \\ 0, & \dot{\gamma} \to \infty \end{cases} \tag{2-16}$$

式中，$\dot{\gamma}$ 为剪切速率。

当

$$f(\dot{\gamma}) = \frac{1}{1 + K\dot{\gamma}^m} \tag{2-17}$$

即为 Cross 方程

$$\eta_a = \eta_\infty + \frac{\eta_0 - \eta_\infty}{1 + K\dot{\gamma}^m} \tag{2-18}$$

公式中有四个参数 η_0、η_∞、K、m。由上式可知，当 $\dot{\gamma} \to 0$ 时，$\eta_a \to \eta_0$；当 $\dot{\gamma} \to \infty$ 时，$\eta_a \to \eta_\infty$，η_0 和 η_∞ 分别表示低剪切速率和高剪切速率下的渐近黏度，即第一牛顿区和第二牛顿区的恒定黏度，在中间区域，黏度随着加载速率的增加而减小，即剪切变稀的假塑性区。参数 m 反映了材料非线性的强弱。

当

$$f(\dot{\gamma}) = \frac{1}{1 + \alpha_0 \tau^m} \tag{2-19}$$

即为 Meter 方程

$$\eta = \eta_\infty + \frac{\eta(0) - \eta_\infty}{1 + \alpha_0 \tau^m} \tag{2-20}$$

在上式中如果取 $m = 1$，即为 Krieger 和 Dougherty 提出的模型

$$\eta = \eta_\infty + (\eta(0) - \eta_\infty) \frac{1}{1 + \alpha\tau} \tag{2-21}$$

此外，还有很多其它形式的流变模型。

Garrean 提出了黏度与剪切速率的关系公式

$$\eta_a = \frac{a}{(1+b\dot{\gamma})^c} \tag{2-22}$$

式中，a、b、c 为待定参数；$\dot{\gamma}$ 为剪切速率。

当 $\dot{\gamma} \to 0$ 时，由上式可得黏度 $\eta_a = a$，即黏度近似为常数，与剪切速率无关，此时材料处于第一牛顿区，即线性区。当 $\dot{\gamma} \gg 1/b$ 时，得到黏度 $\eta_a = a(b\dot{\gamma})^{-c}$，由式（2-10）及黏度的定义可知，$\eta = \eta_N \dot{\gamma}^{-(1-n)}$，与 Garrean 黏度表达式相似，此时材料处于剪切变稀的假塑性区，即非线性区。当 $\dot{\gamma}$ 与 $1/b$ 值相当时，材料处于由线性区向非线性区转变的过渡区。因此，Garrean 公式既能描述低剪切速率下的牛顿性行为（线性行为），又能描述高剪切速率下的假塑性行为（非线性行为）。

Vinogradov 和 Malkin 在研究高分子熔体的流变性质时发现，在一定的温度条件下，较多的高分子液体的约化黏度与约化剪切速率的试验值都较为接近同一条曲线，通过对这些试验数据进行拟合分析，得到了黏度与剪切速率之间的普适方程。

$$\eta(\dot{\gamma}) = \frac{\eta_0}{1 + A_1(\eta_0\dot{\gamma})^a + A_2(\eta_0\dot{\gamma})^{2a}} \tag{2-23}$$

式中，η_0 为零剪切黏度；A_1、A_2 为两个普适常数，其值取决于黏度和剪切速率的单位；a 为普适幂指数。

上式表明，只要确定了材料的零剪切黏度，就可以得到任一剪切速率下的黏度。上式为普适黏度公式，对于公式的普适参数是有一定的适用范围。为了描述具体材料的黏度，可以不采用参数的普适值，此时公式的待定系数可以通过试验数据的拟合得到。

以上流变模型均为宏观流变模型，宏观流变模型可以描述稳定流动中的流变特性。流体在流动过程中体系可能会发生改变，体系的改变会引起流变模型的变化，而宏观流变模型在表征变化体系的流变行为时具有一定的局限性。如对多相体混合过程中的流变特性的分析方面，需要基于多相体粒子间作用力和结构演化等方面构建适合于体系的流变模型。在体系流变模型的建立方面，有两种方式可以建立考虑体系细观结构特征的流体流变模型，即间接结构模型及直接结构模型。间接结构模型是通过细观结构参数描述体系的细观结构；直接结构模型通过连接颗粒的键来描述团聚体的变化。间接结构模型将细观结构简化为结构因子引入到流变模型之中，实现了结构动力学与宏观流变模型的结合，为研究触变性提供了可能。同时，间接结构模型适合于描述体系流动状态的转变过程，对于剪切局部化问题，可以判断流体是否处于稳态。间接结构模型适用于浆体，可以预测高浓度浆体的流变特性。基于颗粒键数，将颗粒的力平衡与体积分数、级配分布、渗透阈值等参数相结合，可以建立直接结构模型。

将描述体系结构模型的参数引入到本构方程中，可以分析流动、结构及黏度之间的相互关系，从而可以定性地分析触变、屈服等流变行为。通过引入结构参数 λ 描述体系的微观结构来建立流变模型，需要引入一些基本假定，假定存在描述微观结构局部关联程度的结构参数 λ，例如，对于胶体凝胶来说，结构参数 λ 可以是单位体积网络连接数的度量，因为物理凝胶的弹性模量通常与单位体积的网络连接数成正比。对于颗粒状材料，结构参数 λ 可以是衡量颗粒平均堵塞程度的指标。另一条假定认为黏度随 λ 的增加而增大，当流动破坏结构时 λ 减小，并在足够高的剪切速率下达到稳态值。

对于简单的考虑流体结构的流变模型

$$\frac{\mathrm{d}\lambda}{\mathrm{d}t} = \frac{1}{\tau} - \alpha\lambda\dot{\gamma} \tag{2-24}$$

依据黏度与结构参数的模型

$$\eta = \eta_0(1 + \beta\lambda^n) \tag{2-25}$$

式中，τ 是静止状态下微观结构建立的特征时间；η_0 是高剪切速率下的极限黏度；α、β、n 是材料参数。

当结构达到稳定状态，由式（2-24），得到

$$\frac{\mathrm{d}\lambda}{\mathrm{d}t} = 0 \Rightarrow \frac{1}{\tau} = \alpha\lambda_{ss}\dot{\gamma} \Rightarrow \lambda_{ss} = \frac{1}{\alpha\tau\dot{\gamma}} \tag{2-26}$$

将 λ_{ss} 代入到式（2-25），并由 $\eta = \dfrac{\sigma}{\dot{\gamma}}$ 可得

$$\sigma_{ss}(\dot{\gamma}) = \dot{\gamma}\eta_0(1 + \beta \cdot (\alpha\tau\dot{\gamma})^{-n}) \tag{2-27}$$

在高剪切速率下，即为牛顿流体

$$\sigma_{ss}(\dot{\gamma}) = \dot{\gamma}\eta_0 \tag{2-28}$$

还有其它多种考虑微观结构参数的流变模型，比如：

Moore 模型

$$\frac{\mathrm{d}\lambda}{\mathrm{d}t} = a(\lambda_0 - \lambda) - b\dot{\gamma}\lambda \tag{2-29}$$

在平衡状态下，$\dfrac{\mathrm{d}\lambda}{\mathrm{d}t} = 0$ 时，由式（2-29）可以得到结构参数 λ 的平衡值为

$$\lambda_e = \frac{a\lambda_0}{a + b\dot{\gamma}} = \frac{\lambda_0}{1 + \beta\dot{\gamma}} \tag{2-30}$$

式中，$\beta = b/a$；λ_e 是剪切速率的函数。

Worrall 和 Tuliani 在 Bingham 模型中增加了一个结构参数，得到流体的流变模型

$$\tau = \tau_y(\lambda) + \mu(\dot{\gamma}, \lambda)\dot{\gamma} = \lambda\tau_0 + (\eta_\infty(\dot{\gamma}) + c\lambda)\dot{\gamma} \tag{2-31}$$

式中，η_∞ 为 $\lambda = 0$ 时悬浮液的动态黏度（即结构完全破碎）。

Worrall 和 Tuliani 用参数表示的平衡流曲线可以写成与速率方程无关的形式

$$\tau_e = \lambda_0\tau_0 + (\mu_\infty + c\lambda_e)\dot{\gamma} \tag{2-32}$$

2.3 黏度的影响因素

（1）黏度与剪应力（剪切速率）的关系

① 假塑性流体与剪切变稀　假塑性流体的黏度与剪切速率相关。在大的剪切速率范围内，假塑性体黏度随剪切速率的变化如图 2-6 所示。黏度随剪切速率的变化大致分三个阶段。当剪切速率较低时，黏度近似为常值，保持不变，与剪切速率无关。此时剪应力与剪切速率成正比，近似于牛顿流体的性质，因此这一区域称为第一牛顿区，即线性区域。随着剪切速率的提高，黏度随着剪切速率的增加而减小，出现剪切变稀性。这一区域是非线性区。流变曲线为向上凸起的一条曲线，曲线上任一点的切线与坐标轴有交点，类似于 Bingham 流体的屈服应力，因此称为假塑性区域。在假塑性区，黏度随着剪切速率的变化较为敏感。当剪切速率非常高时，此时黏度很小，并且几乎不随剪切速率的增加而发生改变，从而近似保持为定值，材料又呈现出牛顿流体的性质，因此称为第二牛顿区。

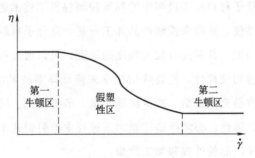

图 2-6　黏度与剪切速率的关系

随着剪切速率的变化，假塑性体的黏度经过三个阶段的变化，存在两个临界剪切速率，即由第一牛顿区向假塑性过渡及由假塑性区向第二牛顿区过渡的两个临界剪切速率。

② 假塑性体剪切变稀现象及其原因　　在图 2-7 中，两个短管和两个长管中装有两种黏性流体。两种流体的静止黏度相同，一种是牛顿流体，一种是假塑性流体。每对管中液面的初始高度相同，打开下部阀门让流体流出，可以看到短管中两种液体几乎同时流完；而对于长管，装有假塑性流体的管子将先流完。这主要与假塑性体黏度和剪应力的关系有关。牛顿流体的黏度与剪切速率无关，因此无论是长管还是短管，流动过程中牛顿流体的黏度保持不变。对于短管，假塑性流体流动时受到的剪应力较小，此时流体处于第一牛顿区，黏度不随剪应力的变化而改变，在液体流动过程中，两个管中流体的黏度始终相同，因此两个管中的流体同时流完。对于长管，假塑性流体流动时受到的剪应力较大，此时流体处于剪切变稀区，流体的黏度受剪应力的影响较大，黏度随着剪应力增加而减小。在流动过程中，假塑性流体的黏度小于短管中牛顿流体的黏度，因此假塑性流体先流完。

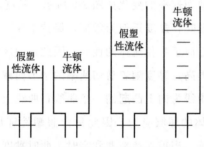

图 2-7　非牛顿流体的剪切变稀现象

非牛顿流体的剪切变稀性对高分子材料的加工工艺及保证产品质量都具有重要的意义。剪切变稀性为高分子材料加工过程中的黏度控制提供了技术途径，即通过控制剪应力或剪切速率来控制黏度，从而来控制产品加工质量。高分子材料在加工过程中，随着剪切速率或剪应力的增加，其黏度有较大幅度的改变。可以通过控制剪切速率来控制黏度，充分利用材料的剪切变稀性，提高剪切速率来降低体系的黏度。在较低的黏度下，可以使高分子材料更容易充模成型、减少机器磨损，节省能耗。同时也由于黏度的大小与剪切速率密切相关，因此，必须严格控制加工过程中的剪切速率，从而确保加工过程中黏度保持稳定，确保产品的外观和加工质量。

剪切变稀是流体流动过程中内摩擦阻力降低的宏观表现。剪切变稀行为与高分子的分子结构及状态密切相关。可以从高分子的结构及流动状态对剪切变稀性产生的机理进行分析。目前对于剪切变稀产生的机理主要有高分子构象改变理论及类橡胶液体理论。

高分子构象改变理论认为剪切变稀性是由于流动过程中高分子的构象改变及恢复作

用的综合结果。在溶液或熔体中的柔性链高分子处于卷曲的线团状。在外力作用下流体发生流动，柔性链高分子卷曲的线团状构象会发生改变，并且这种构象的改变可以恢复。当剪切速率较低时，分子构象的变化较为缓慢，并且分子构形的改变可以充分地恢复，流动过程中分子的构象基本保持不变，因此流动过程中体系的黏度保持不变。此时黏度与剪切速率无关，呈现出牛顿流体的特征，处于第一牛顿区。当剪切速率较大时，大分子链沿着流动方向取向，分子构象改变明显，由于剪切速率较快，分子构象的改变没有时间恢复。分子构象改变并沿流动方向取向，导致内摩擦阻力减小、宏观黏度降低，出现剪切变稀现象。大分子链在剪切应力作用下的分子构象改变如图 2-8 所示。

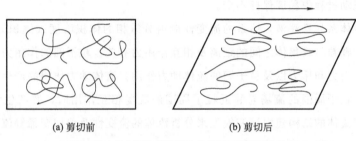

(a) 剪切前　　　　　　　　　　(b) 剪切后

图 2-8　大分子链在剪切应力作用下的流动取向

通过类橡胶液体理论也可以解释高分子液体的剪切变稀现象。剪切变稀与分子链之间的缠结结构状态及其变化有关。充分靠近的大分子之间会形成两种不同的缠结结构。一种是几何缠结，即线团状的柔性分子之间相互扭曲产生的缠结，会形成结构性的缠结点。一种是物理交联，即当两个大分子链充分靠近但没有形成结构性缠结点时，大分子链充分接触点之间会发生物理作用而形成交联，形成另一种形式的缠结点。大分子链的缠结状态如图 2-9 所示。由于缠结点的存在，大分子之间形成空间网状结构。由于以上两种缠结并不是化学交联，因此这种缠结并不牢固，由于缠结形成的空间网状结构也不

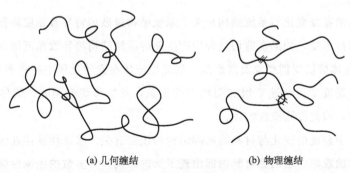

(a) 几何缠结　　　　　　　　　(b) 物理缠结

图 2-9　大分子链缠结的两种类型

稳定。高分子熔体和浓溶液中由于分子缠结所形成的这种不稳定的网状结构，类似于橡胶在高弹态时的结构特征，可以将高分子熔体和浓溶液称为"类橡胶液体"。

大分子链间的缠结点数量处在动态的变化之中，由缠结形成的网状结构同样处于不断的变化状态，这种动态变化包括原有缠结点的破坏和新的缠结点的形成两个过程。当缠结点的数量和网状结构保持不变时，发生流动时体系的黏度保持不变。影响缠结点数量和网状结构的因素包括温度及剪切速率等。在高剪切速率下被破坏的缠结点数量大于新形成的数量，这样拟网状结构被破坏，流动过程中黏度减小，流动阻力降低，出现剪切变稀现象；在低剪切速率下，被破坏的缠结点与新形成的数量基本相当，拟网状结构基本稳定，流动过程中黏度保持不变。

对于分散体系如悬浮液，体系的流变性能由分散相的体积浓度（体积分数）、分散介质的黏度、颗粒与聚集体之间的距离及相互作用力有关。粒子间的作用力包括布朗运动、粒子间的引力和斥力以及粒子间的流体动力作用。流体动力作用的产生发生在悬浮液中，当一个粒子周围的流场与邻近粒子周围的流场相互作用时，便产生流体动力作用。可以根据流体的结构建立流变模型来分析流体的流变性及剪切变稀等流变行为。考虑流体结构的流变模型可以将黏性流体中的颗粒运动的性质、颗粒之间的引力和斥力以及流体动力作用联系起来。

考虑流体结构的微流变模型有三种，第一种微流变模型是利用动力学方程描述聚集体的形成和破坏过程。结构的状态方程描述了粒子间键的断裂和恢复之间的平衡状态。第二类微流变模型描述了流动过程中的能量耗散组成。总耗散能分为结构性耗散和黏性耗散两部分。结构性耗散能是由于粒子间键的断裂产生的能量损失，黏性耗散是由于聚集体或单个粒子在黏性弥散介质的流动中产生的能量损失。第三种微流变模型认为能量损失只来源于流动单元（颗粒或聚集体）周围分散介质的黏性流动。黏性流动是能量耗散的唯一来源。

分散体系的黏度变化与系统结构相关，系统结构被破坏将导致黏度降低，系统结构不变则黏度保持不变，如果在剪切过程中产生新的系统结构将导致黏度增加。

③ 胀流性体剪切变稠现象及其原因　胀流性流体在流动过程中存在剪切变稠现象，即流动过程中黏度随剪切速率增加而增大的现象，发生剪切变稠时，流体的表观"体积"略有膨胀，因此称胀流性流体。

流动过程中黏度的变化与材料的内部结构的改变有关。胀流性流体在流动过程中出现了黏度增大的现象，是因为材料内部出现了新的结构。大多数的胀流性流体材料组成上为多相混合体系，比如固液混合体系。如果固体物含量较多、液体物含量较少，液体物不能充分地浸润固体物，在外力作用下，固液混合体系的混合状态发生改变，产生的新固液混合结构中液相含量进一步减少，液相对固相的浸润效果进一步降低，引起体系的黏度增加，出现剪切变稠现象。

海滩上被海水润湿的砂子踩上去感觉比干砂和水下的砂子都要硬，就是由于被海水润湿的砂子具有剪切变稠性。如图 2-1 所示，被海水润湿的砂子的空隙中存在一定的水，水对砂子具有润滑作用，但水并没有完全充满空隙。在外力作用下会破坏砂子的堆积状态，形成新的较为松散的结构，使砂子颗粒间的空隙增加，砂子的体积增大。随着空隙的增大，空隙中的水分会向下渗透，使得上面砂子中水的含量进一步减少，水对砂子的润滑作用进一步降低，踩上去感觉更为坚硬，即砂子出现了剪切变稠现象。而干砂没有水的浸润，踩上去其结构并未发生变化，因此不存在变硬的感觉。而水下的砂子，水对砂子完全浸润，踩上去其结构也不会发生变化，即同样不会有新的结构形成，因此其黏度不变，感觉比较松软。

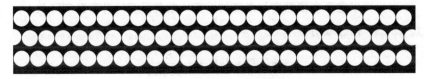
(a) 自然状态时的砂地(水刚露出砂面)

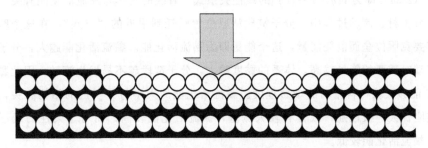
(b) 脚踩砂地时(水被周围吸走)

图 2-10　汀线海滩的剪切变稠现象

（2）黏度与温度的关系

高分子材料黏度的温度敏感性与材料的加工工艺和质量控制密切相关，为了保证产品加工质量，必须严格控制温度。不同的材料，黏度对温度的敏感性不同。对于黏度温度敏感性高的材料，随着温度的升高黏度急剧降低，因此可以采用升温降黏的方法，有利于产品的加工，比如树脂、纤维等材料。同时正是由于黏度对温度变化的敏感性较大，为控制产品的加工质量，必须严格控制加工温度。对于黏度对温度变化的敏感性较小的材料，不宜采取升温降黏的方法，如橡胶的黏度随温度上升变化不大，不宜采取升温的办法对橡胶进行降黏。另外一方面，由于黏度对温度变化不敏感，加工过程中对温度控制的要求较低，产品的质量较为稳定，易于控制。

高分子材料流动过程中的流动阻力与温度密切相关。温度是分子无规则热运动激烈程度的反映，温度越高，分子的运动越激烈。随着分子运动的加剧，分子间的距离增大，由于分子的热振动，使得体系内部形成更多的"空穴"（自由体积），随着分子间距离的增加、体系内空穴的增多，分子运动时的内摩擦阻力减小，分子链段更易发生移动，体系的宏观黏度减小，因而随着温度的升高，体系的黏度降低。

① Andrade方程　在温度高于玻璃化转变温度和熔点时，高分子熔体的黏度与温度的定量关系可以通过Andrade方程进行描述

$$\eta(T) = K\,\mathrm{e}^{\frac{E}{RT}} \tag{2-33}$$

式中，K 为材料常数；R 为摩尔气体常数；E 为黏流活化能。

式（2-33）可以定量表征黏度与温度的关系，随着温度的升高黏度降低。

对式（2-33）两边取对数

$$\lg\eta_0(T) = \lg K + \frac{E}{2.303RT} \tag{2-34}$$

式（2-34）即为 $\lg\eta_0(T)$-$1/T$ 的线性关系式，直线的斜率与黏流活化能有关。

高分子材料流动过程中，分子链段从原位置跃迁到附近的"空穴"，在这个跃迁过程中需要克服位垒而消耗能量，这个能量即为黏流活化能。黏流活化能越大，分子链段发生移动时需要的能量越高，体系的黏度越大，分子链段越不易发生流动。因此黏流活化能 E 能够反映材料流动的难易程度。黏流活化能的大小与分子链的结构有关，如果分子链刚性大，极性强，或含有较大侧基，黏流活化能较高；而对于柔性的线形分子链，其黏流活化能较低。

通过式（2-34）可知，直线 $\lg\eta_0(T)$-$1/T$ 的斜率与黏流活化能有关，因此黏流活化能还可以表征黏度变化的温度敏感性。如果黏流活化能较大，则黏度对温度变化较为敏感，反之则不敏感。黏流活化能 E 是描述材料黏-温依赖性的物理量。

式（2-34）给出了黏度与温度的关系。通过改变温度来测量体系的黏度，通过对黏度与温度的坐标线性拟合即可以得到式（2-34）。在确定的温度下，测量体系的黏度时，因为体系的黏度与剪切应力或剪切速率相关，因此需要在同样的剪切应力或剪切速率下进行黏度测量，这样才可以通过式（2-34）进行线性拟合分析。通过拟合得到的斜率可以求得黏流活化能 E。通过黏流活化能 E 可以对比分析不同材料黏度的温度敏感性。但

必须保证所有材料在测试黏度时，测试的剪应力或剪切速率一致。

有研究表明，通过确定的剪应力或剪切速率测得的黏度，进而得到的黏度与温度的关系不同，即黏流活化能与黏度的测试条件有关。黏流活化能对剪切速率的变化比较敏感，不同剪切速率下得到的黏流活化能不同。黏流活化能对剪应力的变化敏感性较低，特别是在低剪切应力条件下，黏流活化能几乎与剪应力无关。因此采用确定的剪应力测试黏度来计算黏流活化能较为适宜。

② VTF 方程　在温度高于玻璃化转变温度和熔点时，高分子熔体的黏度与温度的定量关系可以用 VTF（Vogel-Tammann-Fulcher）方程进行描述

$$\lg\eta = \lg\eta_0 + \frac{B}{T - T_0} \tag{2-35}$$

式中，η 为黏度；T 为温度；η_0、B、T_0 为常数。

研究表明，玻璃、聚苯乙烯和芳香烃等材料的黏度-温度关系，在高温条件下符合 VTF 方程，在低温条件下符合 Andrade 方程。

根据 Adam-Gibbs 理论，材料的黏度 η 为

$$\eta = \eta_0 \exp \frac{B}{TS_c} \tag{2-36}$$

式中，η_0、B 为常数；S_c 为构型熵。

当 $T > T_g$ 时

$$S_c = \Delta C_p \frac{T - T_0}{T} \tag{2-37}$$

式中，ΔC_p 为构型热容。

S_c 不是常数。这意味着分子的构型随着温度的变化而变化，物质处于平衡状态。将上式代入到式（2-36），即可以得到如下方程

$$\eta = \eta_0 \exp \frac{D}{T - T_0} \tag{2-38}$$

此式即为 VTF 方程。

式中，D 为常数。

当 $T < T_g$ 时

$$S_c = \Delta C_p \frac{T_f - T_0}{T_f} \tag{2-39}$$

其中，ΔC_p 是常数。这里，S_c 是常数。这意味着分子的构型冻结成玻璃态，这是一种以 T_f 为特征的非平衡态，基于式（2-36）即可以得到 Arrhenius 方程

$$\eta = \eta_0 \exp \frac{E}{RT} \qquad (2\text{-}40)$$

③ Walther 方程　Walther 提出的黏度方程为

$$\lg\lg(\mu + 0.8) = b_1 + b_2 \lg T \qquad (2\text{-}41)$$

公式适用于沥青类的高黏度材料，也适用于低黏度流体。例如在进行沥青的组分与黏度关系的研究中，利用 Walther 方程，得到了如下的黏度公式

$$\lg\lg(\mu + 1) = A - B\lg T \qquad (2\text{-}42)$$

式中，A、B 为黏度-温度参数，与沥青的组分相关。

通过回归分析可以得到参数 A、B 与沥青的密度 ρ、H/C、硫含量（S%）和氮含量（N%）之间的回归关系

$$A = -91.1288 + 39.1322\rho + 32.9372\text{H/C} + 2.7109\text{S}\% - 3.4352\text{N}\% \qquad (2\text{-}43)$$

$$B = -34.3529 + 14.2344\rho + 12.7717\text{H/C} + 1.0152\text{S}\% - 1.3589\text{N}\% \qquad (2\text{-}44)$$

通过上述回归关系对沥青的黏度进行预测时的最大误差为 20.14%，虽然误差比较大，但上式给出了考虑沥青的元素含量的黏温关系，同时可以分析沥青组分对黏度的影响，因此扩大了黏度预测公式的适用范围。

④ Saal 方程　Saal 方程为

$$\lg\lg(\eta \times 10^3) = n - m\lg(T + 273.13) \qquad (2\text{-}45)$$

式中，η 为沥青的黏度；m、n 为与沥青物理性质相关的常数。

m 也称为黏度温度敏感性系数（VTS），可以表征沥青的温度敏感性。VTS 值越小，沥青的温度敏感性越低。沥青的温度敏感性受组分间相互作用的影响。沥青的 4 种组分对沥青的温度敏感性的影响不同。基于上式可以研究沥青的 4 组分对沥青温度敏感性的影响。根据以往的研究，沥青黏度的温度敏感性主要由沥青质所决定。随着沥青质含量的增加，沥青的温度敏感性降低。通过深入的研究也发现，沥青的温度敏感性并不总是准确地依赖于沥青质的含量，沥青的其它三个组分与沥青的温度敏感性也有一定的关系。饱和分的低分子量对温度敏感性的影响较大。芳香分可以改善温度敏感性，胶质分由于流动活化能高，可能会对沥青的温度敏感性产生不利影响。在沥青的 4 组分中，胶质分与沥青的温度敏感性相关性最密切，其次是沥青质和芳香分，饱和分与沥青的温度敏感性的相关性相对较弱。

在对 6 种不同牌号的道路沥青的黏温关系的对比研究表明，作为研究对象，Saal 黏温方程的拟合相关性要高于 Walther 方程的相关性，Saal 方程相较于 Walther 方程更适合于表征沥青的黏温关系，通过研究得到了两个较为简单的黏温关系

$$lglg(\eta(T)) = B + (0.41840 - 0.41021B)lgT \qquad (2-46)$$

$$lglg(\eta(T)) = (K - 0.41840)/0.41021 + KlgT \qquad (2-47)$$

⑤ Puttagunta 方程　基于原油的运动黏度与温度的关系，Puttagunta 等提出了黏温关系，见式 (2-48)，常用于常规原油和轻烃的黏度预测。该模型已经被证明能够在参考温度下提供高精度的原油黏度的分析。黏度预测的结果非常好，总体平均绝对误差为 0.82%。

$$lg\eta = \frac{b}{\left(1 + \dfrac{T - 37.78}{310.93}\right)^s} + C \qquad (2-48)$$

式中，T 为温度；b 为 37.78℃；C 是随着温度升高所能达到的黏度值的渐近极限值；S 是决定黏度温度曲线斜率的形状因子。

通过对尼日利亚原油的黏度进行分析，基于上述公式得到 C、S 为

$$\begin{aligned} C &= -0.86214 \\ S &= 0.33255b + 1.5446 \end{aligned} \qquad (2-49)$$

在对沥青和稀释剂混合物黏度的研究中，采用如下的黏度公式

$$lg\mu = \frac{b}{\left(1 + \dfrac{T - 30}{303.15}\right)^s} + C \qquad (2-50)$$

得到 $C = -3.0020$ 和 $S = 0.066940b + 3.5364$。测出 30℃黏度，由上式可以得到参数 b

$$b = lg\mu_{(30℃, 0MPa)} - C \qquad (2-51)$$

通过上式预测的沥青-稀释剂合成原油混合物的黏度的总体平均绝对偏差为 6.4%，沥青-流动溶剂黏度的总体平均绝对偏差为 9.1%，沥青-石脑油混合物黏度的总体平均绝对偏差为 9.7%，在实验数据相当准确的情况下，预测稠油黏度的误差一般在 10%以内。

⑥ 自由体积理论模型　根据自由体积理论，液体被认为是由固有体积（组成单位）和自由体积（空隙空间）组成的，黏度与液体中空隙（自由体积）成反比。随着温度的升高，液体中的自由体积增大，因此黏度减小。基于以上原理有如下的一些黏度模型

Doolittle 方程

$$lg\eta = A + \frac{B}{V_f} \qquad (2-52)$$

Cohen and Turnbull 方程

$$lg\eta = A + 0.5lgT + \frac{B}{V_f} \qquad (2-53)$$

Cohen and Grest 方程

$$\lg\eta = A + \frac{2B}{T - T_0 + [(T - T_0) + 4CT]^{1/2}} \tag{2-54}$$

式中，η 为黏度；T 为温度；V_f 为自由体积；A、B、C、T_0 为常数。

⑦ 混合物黏度模型　在混合物的黏度预测方面有多种黏度模型，如表 2-1～表 2-5 所示。这些黏度模型可以分成如下几种类型。纯混合规则模型：由混合物组成成分的黏度及其组成比例和相关权重，通过简单的迭加得到混合物的黏度，混合物的黏度与纯组分的黏度和组成有关。这些黏度预测公式较为简单，应用较为方便。黏度混合指数的混合规则模型：黏度公式中含有混合指数，公式的应用涉及黏度混合指数的确定，广泛用于从汽油到真空渣油的石油组分的黏度预测。带有附加参数的混合规则模型：在混合规则模型的基础上，引入特定的参数，其中包括根据在特定条件范围内有效的实验数据计算的附加参数。具有二元相互作用参数的混合规则模型：其中包括根据已知的组成成分的黏度或混合黏度值计算的相互作用参数。带有过量函数的混合规则模型：其中包括组分的绝对黏度以及用于解释偏离理想状态的过量函数。

表 2-1　纯混合规则模型

作者/方法	混合规则
Arrhenius	$\lg(v_m) = x_A \lg v_A + x_B \lg v_B$
Chirinos	$\lg\lg(v + 0.7) = w_A \lg\lg(v_A + 0.7)$ $+ w_B \lg\lg(v_B + 0.7)$
Reid	$v = \dfrac{(x_A + x_B) v_A v_B}{x_A v_A + x_B v_B}$
Bingham	$\dfrac{1}{\mu} = \dfrac{x_A}{\mu_A} + \dfrac{x_B}{\mu_B}$
Cragoe	$L = w_A \mu_A + w_B \mu_B$
Kendall and Monroe	$\mu^{1/3} = w_A \mu_A^{1/3} + w_B \mu_B^{1/3}$
Linear	$\mu = x_A \mu_A + x_B \mu_B$

表 2-2　黏度混合指数的混合规则模型

作者/方法	混合规则
Refutas index method	$\mathrm{VBI}_i = 23.097 + 33.469 \lg\lg(v_i + 0.8)$
	$\mathrm{VBI}_\beta = w_A \mathrm{VBI}_A + w_B \mathrm{VBI}_B$
	$v = 10^{10^{\left(\frac{\mathrm{VBI}_\beta - 23.097}{33.469}\right)}} - 0.8$

作者/方法	混合规则
Refutas index method	$v=\mathrm{e}^{\left(\frac{\mathrm{VBI}_{\beta}-10.975}{14.534}\right)}-0.8$
Chevron	$\mathrm{VBI}_{\beta}=\sum_{i=1}^{n}x_i\,\mathrm{VBI}_i$
	$\mu=10^{\left(\frac{3\mathrm{VB}_{\beta}}{1-\mathrm{VBI}_{\beta}}\right)}$

表 2-3 带有附加参数的混合规则模型

作者/方法	混合规则
Cragoe(modified)	$\dfrac{1}{\ln(2000\mu_m)}=\dfrac{x_A}{\ln(2000\mu_A)}+\dfrac{x_B}{\ln(2000\mu_B)}+Cx_Ax_B$
Miadonye(Latour)	$v_m=\exp(\exp(a(1-w_A^n))+\ln v_B+1)\ a=\ln(\ln v_A-\ln v_B+1)\ n$ $=\dfrac{v_B}{0.9029v_B+0.1351}$
Latour	$v=\mathrm{e}^{(\mathrm{e}[a(1-w_B^n)]+\ln v_B-1)}$
Ishikawa	$\dfrac{\mu}{\mu_B}-1=\left[K_v\dfrac{\mu_A}{\mu_B}\right]v_B$
Lobe	$v=\phi_A v_A\mathrm{e}^{\phi_B\alpha_B}+\phi_B v_B\mathrm{e}^{\phi_A\alpha_A}$
Power law	$\mu=(w_A\mu_A^n+w_B\mu_B^n)^{1/n}$
Shu	$\alpha=\dfrac{17.04\Delta\rho^{0.5237}\rho_A^{3.2745}\rho_B^{1.6316}}{\ln\dfrac{\mu_A}{\mu_B}}$
Panchenkov	$v=A_s\rho^{4/3}T^{1/2}[\exp(\varepsilon/RT)-1]$
Reik	$v_i=\dfrac{m_i v_{i0}}{\gamma_i^{1/3}}$
Barrufet and Setiadarma	$\alpha=0.35242695m_B^{-0.71154}$
Walther	$\lg\lg(v+C)=x_A\lg\lg(v_A+C)+x_B\lg\lg(v_B+C)$
Arrhenius(modified)	$\lg v_m=x_A\lg v_A+x_B\lg v_B+Cx_Ax_B$
Lederer	$\ln\mu=x_A'\ln\mu_A+x_B'\ln\mu_B$
Lima	$\lg(\lg v)=\rho\dfrac{m_A I_A+m_B I_B}{m_A M_A+m_B M_B}-2.9$
Twu and Bulls	$\ln\ln(v+0.7)=m\ln T+b$

表 2-4 具有二元相互作用参数的混合规则模型

作者/方法	混合规则
Van der Wyk	$\ln v = m_A^2 \ln \dfrac{v_A v_B}{v_{AB}^2} + 2m_A \ln \dfrac{v_{AB}}{v_B} + \ln v_B$
Grunberg and Nissan	$\ln \mu = m_A \ln \mu_A + m_B \ln \mu_B + m_A m_B G_{AB}$
Tamura and Kurata	$\lg v = m_A v_A x_A + m_B v_B x_B + 2v_{AB} (m_A m_B x_A x_B)^{0.5}$
Han Shan-Peng	$C_{jk} = -0.0613(\lg \mu_j + \lg \mu_k) + 0.134 \lg \mu_m$ $= \sum\limits_{i=1}^{n} w_i \lg \mu_i + \sum\limits_{j=1}^{n-1} \sum\limits_{k=j+1}^{n} C_{jk} w_j w_k$
Han Shan-Peng	$C_{jk} = -0.015(\lg \mu_j + \lg \mu_k) + 8.1202 L_m$ $= \sum\limits_{i=1}^{n} w_i \dfrac{1000 \ln 20}{\ln \mu_i - \ln(5 \times 10^4)} + \sum\limits_{j=1}^{n-1} \sum\limits_{k=j+1}^{n} C_{jk} w_j w_k \mu_m = 5$ $\times 10^4 \exp \dfrac{1000 \ln 20}{L_m}$
Han Shan-Peng	$C_{jk} = -0.0644(\lg\lg \mu_j + \lg\lg \mu_k) + 0.1706 \lg(\lg \mu_m)$ $= \sum\limits_{i=1}^{n} w_i \lg(\lg \mu_i) + \sum\limits_{j=1}^{n-1} \sum\limits_{k=j+1}^{n} C_{jk} w_j w_k$

表 2-5 带有过量函数的混合规则模型

作者/方法	混合规则
Wedlake and Ratcliff	$\ln \mu = \ln \mu^{id} + \beta^E$ $\ln \mu^{id} = \sum w_i \ln \mu_i$ $\beta^E = \beta^S + \beta^G$
Ratcliff and Khan	$(\ln v)^{id} = \sum w_i \ln v_i$ $(\ln v)_{real} = \sum x_i \ln v_i \pm (\ln v)^E$ $(\ln v)^E = a_{AB} w_A w_B$

例如在研究含气沥青的黏度时，采用如下简单的混合物黏度公式

$$f(\overline{\mu}) = \sum_i X_i f(\mu_i) \tag{2-55}$$

式中，$\overline{\mu}$ 为混合物的黏度；μ_i 为混合物各组分的黏度；X_i 为摩尔分数（浓度）。

如果取上式中的函数表达式为

$$f(\mu) = M^{0.5} \lg(\mu + 0.8) \tag{2-56}$$

则可以得到混合物的黏度表达式为

$$\lg(\overline{\mu} + 0.8) = \sum_i x_i (M_i / \overline{M})^{0.5} \lg(\mu_i + 0.8) \tag{2-57}$$

$$= \sum_i v_i \lg(\mu_i + 0.8)$$

式中，$v_i = x_i (M_i / \overline{M})^{0.5}$ 表示质量分数和摩尔分数的几何平均值。

考虑到混合物组分之间的相互作用，在混合物的黏度表达式里可以包括二元或高阶黏性相互作用项，比如在研究沥青-甲苯混合物的黏度时，有如下黏度公式

$$\lg(\overline{\mu} + 0.8) = \sum_i v_i \lg(\mu_i + 0.8) + \sum_i \sum_j v_i v_j B_{ij} \tag{2-58}$$

式中，B_{ij}（$B_{ii} = B_{jj} = 0$，$B_{ij} = B_{ji}$）为二元黏性相互作用项。

沥青的黏度采用 Walther 方程

$$\lg(\mu + 0.8) = 10^{b_1} T^{b_2} \tag{2-59}$$

在 0～200℃温度范围内，N_2、CO、CH_4、CO_2 和 C_2H_6 五种气体的黏度可以表示为

$$\lg(\mu + 0.8) = -10^{b_1} T^{b_2} \tag{2-60}$$

式（2-60）中的参数 b_1、b_2，通过对 273 种纯重烃的参数 b_1、b_2 的研究表明，b_1、b_2 两参数具有线性相关性。根据 b_1、b_2 相关性，可以建立单参数的黏度-温度关系式

$$\lg(\mu + 0.8) = \theta(\Phi T)^b \tag{2-61}$$

式中，θ、Φ 为广义黏度常数；b 为该方程中的单个参数。

对于重烃化合物，θ、Φ 的最佳值分别为 100 和 0.01。

将式（2-59）、式（2-60）代入到式（2-57）、式（2-58）可以得到含气沥青混合物的双参数黏度公式为

$$\lg(\overline{\mu} + 0.8) = \sum_i v_i [\pm 10^{(b_1)_i} T^{(b_2)_i}] \tag{2-62}$$

$$\lg(\overline{\mu} + 0.8) = \sum_i v_i [\pm 10^{(b_1)_i} T^{(b_2)_i}] + \sum_i \sum_j v_i v_j B_{ij} \tag{2-63}$$

在式（2-62）和式（2-63）的第一个求和项中，正号是沥青，负号是气体。将式（2-61）代入到式（2-57）、式（2-58）可以得到含气沥青混合物的单参数黏度公式为

$$\lg(\overline{\mu} + 0.8) = \sum_i v_i \theta(\Phi T)^{(b)_i} \tag{2-64}$$

$$\lg(\overline{\mu} + 0.8) = \sum_i v_i \theta(\Phi T)^{(b)_i} + \sum_i \sum_j v_i v_j B_{ij} \tag{2-65}$$

以上即为基于 Walther 方程建立的考虑了油气交互作用的含气沥青的黏温关系模型。

在进行混合物黏度分析时，还可以直接给出掺量比例与黏度的关系方程。例如在进

行甲醇-水和乙腈-水溶液的黏度建模分析时，需要考虑成分组成和温度两个因素的影响。首先用传统的黏温关系公式（如 Antoine 方程）将纯组分黏度数据作为温度的函数进行分析，然后将甲醇-水和乙腈-水溶液的黏度数据作为成分和温度的函数进行评估和建模，使用二次多项式 $Ax^2 + Bx + C$ 拟合恒定温度下的甲醇-水溶液黏度与成分之间的数据，然后将二次函数的系数 A、B、C 分别与不同温度进行拟合，即可以得到考虑成分影响的黏温关系。这种黏温关系可以有多种形式，如下式所示。

$$\eta(x,T) = (a_1 e^{-a_2 T} + a_3)x^2 + (a_4 e^{-a_5 T} + a_6)x + (a_7 e^{-a_8 T} + a_9) \tag{2-66}$$

$$\eta(x,T) = a_0(T)^N (b_1 x^2 + b_2 x + b_3) \tag{2-67}$$

$$\eta(x,T) = a_1(T - a_2)^2 - b_1(x - b_2)^2 + c_1 \tag{2-68}$$

$$\eta(x,T) = a_0(a_1 e^{-a_2 T} + a_3) - b_1(x - b_2)^2 + c_1 \tag{2-69}$$

（3）黏度与时间的关系

除了剪切速率及温度对黏度有影响之外，加载时间同样会影响流体的黏度。流体的宏观流动过程是流体分子或单体从无规则的热振动状态向有规则的移动状态转变的过程，这一过程分子或单体需要获得能量，能量的获取需要一定的时间，因此流动过程中流动阻力的变化与时间相关，即黏度对时间具有依赖性。加载时间对黏度的影响体现在两个方面。在静载作用下，体系的黏度随加载时间发生变化；在动载荷作用下，加载过程与卸载过程的流变曲线不重合。黏度随加载时间的增加而减小的流体称为触变性流体，而黏度随加载时间的增加而增大的流体称为振凝性流体。触变性流体的黏度随加载时间增加而减小，是因为在加载过程中体系内部的某种结构及分子状态被破坏或改变，而且这种破坏或改变的恢复相当缓慢，流体流动过程中内摩擦阻力减小，表现为宏观黏度随加载时间的增加而降低。比如加载过程大分子的构象改变并产生取向效应，导致流动阻力减小；或者流动过程中大分子之间的缠结状态发生了改变，缠结点数量和密度减小，同样导致流动阻力减小，液体呈现出触变性。对于振凝性流体在流动过程中体系内形成了某种新的结构，使得体系的流动阻力增加，黏度随加载时间的增加而增大。

在动载荷作用下，时间对黏度的影响主要表现为加载与卸载过程中的流变曲线不重合。图 2-11（a）为重复载荷作用下触变性流体的流变曲线。在第一个循环的加载过程中，流变曲线与假塑性流体的流变曲线相同，曲线为向上凸起的曲线，黏度随加载速率的增加而减小，表现为剪切变稀性。然后进行卸载，即减小剪切速率，卸载的流变曲线并不与加载的流变曲线重合，即卸载曲线并不沿加载曲线原路返回，而是通过原点的一条直线，卸载过程中的黏度不变，类似牛顿流体的特点，卸载过程中的黏度为定值但是小于加载过程中的黏度。说明在加载过程中体系结构因剪切遭到的破坏在卸载过程中并没有恢复。卸载完成后再进行第二个加载循环，加载曲线并不与第一次加载过程的曲线重合，而是沿着第一次卸载曲线的切线上升，加载曲线同样表现为剪切变稀性。第二次加载循环的卸载曲线同样沿直线返回原点，不与第二次的加载曲线重合。继续进行加载循环则与上述过程相同，随着加载、卸载持续进行，体系的黏度持续地减小，表现出触变性。对于振凝性流体在加载、卸载过程中，流变曲线正好与触变性流体的变化规律相反，随着加载、卸载时间的持续，流变曲线上升，随时间的增加，体系的黏度增大，图2-11（b）为振凝性流体的流变曲线。

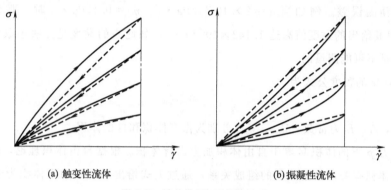

(a) 触变性流体　　　　　　　　　　　　(b) 振凝性流体

图 2-11　流体性质与时间的关系

　　一些高浓度的聚合物溶液及一些填充高分子体系具有触变性。如炭黑混炼橡胶，其内部有由炭黑与橡胶分子链间的物理键形成的连串结构。在加工时，强大的剪切应力会破坏连串结构，使黏度很快下降，表现出触变性。陷入沼泽地的人或动物越挣扎会陷得越深，是因为沼泽地的泥浆同样也具有触变性。适当调和的淀粉糊则具有振凝性，用筷子搅动淀粉糊时，淀粉糊会突然变硬，甚至使筷子折断。

　　依据黏度与剪切速率的关系，流体分为假塑性流体及胀流性流体。依据黏度与时间的关系可以分为触变性流体及振凝性流体。对于触变性流体，在加载过程中的流变曲线是向上凸起的曲线，表现为假塑性流体的特征。而在卸载阶段，卸载曲线可以与加载曲线重合，也可以与加载曲线不重合，如果在加载结束后给流体充分的静止时间，体系破坏的结构会得以恢复，卸载曲线将沿加载曲线返回，否则卸载曲线将沿直线返回。因此触变性流体是剪切变稀的假塑性体，但假塑性流体未必是触变性流体。同样对于振凝性流体，在加载过程中的流变曲线为向下凸起的曲线，表现为胀流性流体的特征，而在卸载阶段，卸载曲线可以与加载曲线重合，也可以与加载曲线不重合，如果在加载结束后给流体充分静止的时间，体系结构会得以恢复，卸载曲线将沿加载曲线返回，否则卸载曲线将沿直线返回。因此振凝性流体是剪切变稠的胀流性流体，但胀流性流体未必是振凝性流体。

（4）黏度与压力的关系

Barus 黏度-压力关系给出了黏度与压力之间简单的关系

$$\eta = \eta_0 e^{\alpha p} \tag{2-70}$$

式中，η_0 为黏度；α 为黏压系数。

Barus 黏度-压力关系在低压力下得到的黏度预测值较为准确，由于黏度与压力以指数函数来表达，在高压力下，黏度随压力的增加较快，此时得到的预测值往往较大，带来较大的预测误差。例如当 $\alpha = 2 \times 10^{-8} 1/Pa \cdot s$、$\eta_0 = 0.1$ Pa·s 时，那么在 $p = 3.0GPa$ 时其给出的黏度值高达 $1.142 \times 10^{25} Pa \cdot s$，如此高的黏度是无法想象和不能接受的，更是不可能测量的。

Doolittle 的黏度公式为

$$\eta = A e^{B(V_{occ}/V_{free})} \tag{2-71}$$

式中，A、B 为常数；V_{occ}、V_{free} 分别为占有体积和自由体积。

在压力 p 下的体积 V 等于自由体积加上占有体积。根据自由体积理论，认为黏度只与自由体积有关，根据体积的组成关系，通过上式给出环境压力下体积为 V_0，可以得到如下黏度公式

$$\eta = \eta_0 \exp \left[B \frac{V_{occ}}{V_0} \left(\frac{1}{\dfrac{V}{V_0} - \dfrac{V_{occ}}{V_0}} - \frac{1}{1 - \dfrac{V_{occ}}{V_0}} \right) \right] \tag{2-72}$$

式中，η_0 为环境压力下的黏度；V 为压力 p 时的总体积。

上式中需要确定 V/V_0。假设 V_{occ} 占有体积与压力无关，根据自由体积概念导出密度与压力的关系式

$$\frac{\rho_0}{\rho} = \frac{V}{V_0} = 1 - \frac{1}{1 + K_0'} \ln \left[1 + \frac{p}{K_0} (1 + K_0') \right] \tag{2-73}$$

式中，K_0 是 $p = 0$ 时的体积模量；K_0' 是 $p = 0$ 时体积模量的压力导数。

通过上式可以确定 V/V_0 与压力 p 的关系。

Yasutomi 等应用 Doolittle 的黏度公式，推导了考虑压力和温度的公式

$$\mu = \mu_g \exp \frac{-2.3 C_1 (T - T_g) F}{C_2 + (T - T_g) F} \tag{2-74}$$

式中，T_g 为玻璃化转变温度。

$$T_g = T_{g0} + A_1 \ln(1 + A_2 p)$$

相对自由体积膨胀率为

$$F = I - B_1 \ln(1 + B_2 p)$$

式中，A_1、A_2、B_1、B_2、C_1、C_2、T_{go} 是待定参数；μ_g、T_g 是与玻璃化转变平行的等黏度参考状态的黏度和温度。

在等温条件下，Roelands 黏压关系为

$$\eta = \eta_0 \exp\{(\ln\eta_0 + 9.67)[-1 + (1 + 5.1 \times 10^{-9} p)^z]\} \tag{2-75}$$

式中，指数 Z 为一无量纲常数，并且 $Z = \alpha/[5.1 \times 10^{-9}(\ln\eta_0 + 9.67)]$，$\alpha$ 为黏度压力系数。

崔金磊等构建了一个由密度求黏度的公式

$$\eta = A \exp\left[C\left(\frac{\bar{\rho}}{\bar{\rho}_{max} - \bar{\rho}}\right)^n\right] \tag{2-76}$$

由此得到黏度方程

$$\bar{\eta} = \exp\left\{C\left[\left(\frac{\bar{\rho}}{\bar{\rho}_{max} - \bar{\rho}}\right)^n - \left(\frac{1}{\bar{\rho}_{max} - 1}\right)^n\right]\right\} \tag{2-77}$$

式中，C 和 n 均为无量纲常数；$\bar{\rho} = \rho/\rho_0$；$\bar{\rho}_{max} = \dfrac{\rho_{max}}{\rho_0}$。

密度与压力的关系由 Dowson-Higginson 方程确定

$$\rho = \rho_0\left(1 + \frac{D_1 p}{1 + D_2 p}\right) \tag{2-78}$$

式中，ρ_{max} 为压力取无穷大时的密度；D_1、D_2 为常数。

在进行碳酸二甲酯、碳酸二乙酯、三甘醇二甲醚和四甘醇二甲醚的黏度分析时，结合 Andrade 方程和 Tait-like 方程

$$\eta(p) = A \exp\left(B\ln\frac{C + p}{C + 0.1}\right) \tag{2-79}$$

得到考虑压力和温度影响的黏度预测公式

$$\eta(P, T) = A \exp\frac{B}{T - C} \exp\left[D\ln\frac{P + E(T)}{0.1 + E(T)}\right] \tag{2-80}$$

式中：

$$B(T) = B_0 + B_1 T + B_2 T^2 \tag{2-81}$$

Boned 等提出了一种广义模型

$$\ln\frac{\eta(p, T)}{\eta(0.1\text{MPa}, T_0)} = (ay^2 + by + c)\ln\left(1 + \frac{p - 0.1}{dy^2 + ey + f}\right) + (gy_0^2 + hy_0 + i)\left(\frac{1}{T} - \frac{1}{T_0}\right)$$

$$\tag{2-82}$$

式中：

$$y = y_0 + (g y_0^2 + h y_0 + i)\left(\frac{1}{T} - \frac{1}{T_0}\right) \tag{2-83}$$

和

$$y_0 = \ln[\eta(0.1\text{MPa}, T_0)] \tag{2-84}$$

式中，T 为温度，℃；p 为压力，MPa，$\eta(0.1\text{MPa}, T_0)$ 为大气压下零度时的黏度。

该模型由 9 个常数（a、b、c、d、e、f、g、h、i）组成，该公式对于三元混合物黏度的预测精度的平均绝对误差为 5.00%，对于五元混合物黏度的预测精度的平均绝对误差为 3.60%。这个模型有 9 个参数，参数较多，并且在低温和高压下，该模型的精度会大幅下降。

Zéberg-Mikkelsen 提出了另一种自由体积黏度模型

$$\eta = \eta_0 + p\ell \frac{\alpha\rho + \dfrac{pM_w}{\rho}}{\sqrt{3RTM_w}} \times \exp\left[B\frac{\alpha\rho + \left(\dfrac{pM_w}{\rho}\right)^{\frac{3}{2}}}{RT}\right] \tag{2-85}$$

式中，$\ell = \dfrac{L^2}{b_f}$；η、η_0、α、ρ、ℓ、M_w、R、B、L^2、b_f 分别为动力黏度、稀薄气体黏度、特征参数、密度、特征分子长度、分子量、气体常数、自由体积重叠特性、平均特征分子二次长度和耗散长度。

这些变量对每种碳氢化合物都不同。除了 α、B 之外，其余变量必须通过试验测量得到。该公式对甲基环己烷黏度预测的平均绝对误差为 1.24%，对顺式十氢化萘黏度的预测误差为 1.22%。

在 Puttagunta 黏度公式的基础上，引入压力的影响项，用于预测沥青和重油的黏度，得到黏度与温度和压力关系的预测公式

$$\ln\eta = 2.3026\left[\frac{b}{1 + \left(\dfrac{T - 37.78}{310.93}\right)^s} + C\right] + B_0 p \exp(dT) \tag{2-86}$$

式中，p 为压力，MPa；T 为温度，℃。

压力参数 B_0 和 d 的值通过黏度-压力值的非线性回归得到

$$B_0 = 0.002889571b + 0.000947732 \tag{2-87}$$

$$d = 0.005914526b - 0.008331984 \tag{2-88}$$

上式中的变量 b 可以通过测量在参考温度和一个大气压下的黏度得到，b 值确定以后，基于上式即可以得到任何温度或任何压力下的黏度。

当对 15 种不同的碳氢化合物的黏度进行测试时，该模型的平均绝对误差为 4.77%。为了进一步提高预测精度，引入如下的黏度表达式

$$\ln\eta = 2.3026\left[\frac{b}{1+\left(\frac{T-37.78}{310.93}\right)^{\Phi}+C}\right]+\Psi p \exp(\Omega T) \tag{2-89}$$

式中，$\Omega = -0.0033170$；Ψ、Φ 分别是压力压缩系数和黏度降低系数。

这种修正提高了该模型对碳氢化合物黏度的预测精度。在对 15 种碳氢化合物溶剂进行测试时，温度范围为 $-39.15 \sim 120℃$，压力范围为 $0.1 \sim 240 MPa$，对黏度总体预测的平均绝对误差为 2.31%，预测精度相对公式 (2-86) 明显提高。

在对调和油的压力-黏度关系进行研究时，基于 Barus 公式

$$\eta_{pt-B1} = \eta_{ot-B1} e^{\alpha_B(p)p} \tag{2-90}$$

式中，η_{pt-Bl}、η_{ot-Bl} 分别是调和油的高压黏度和大气压黏度；p 为压力，GPa；$\alpha_B(p)$ 为各压力下的割线压力-黏度系数。

利用上式进行调和油高压黏度的预测时，需要确定割线压力-黏度系数 $\alpha_B(p)$，为了考虑调和油不同调和组分对黏度的影响，采用如下割线压力-黏度系数计算公式

$$\alpha_B(p)_{-Bl-cal} = \alpha_{pm}\alpha_B(p)_{-Bf-obs}/[(1-w_{p_m-eff})\alpha_{p_m}+w_{p_m-eff}\alpha_B(p)_{-Bf-obs}] \tag{2-91}$$

式中，$\alpha_B(p)_{-Bl-cal}$、$\alpha_B(p)_{-Bf-obs}$、α_{pm} 分别是压力-黏度系数的预测值、测量值及通用值；w_{p_m-eff} 为聚合物的重量混合比，为聚合物加入量 w_{pm} 的有效实际混合比，$w_{pm-eff} = (w_{pm}/100)^c$，指数 c 为常数。

用 $\alpha_B(p)_{-Bl-cal}$ 代替公式中的 $\alpha_B(p)$ 即得到了调和油高压黏度的预测公式

$$\eta_{pt-Bl-cal} = \eta_{ot-Bl} e^{\alpha_B(p)_{-Bl-cal}p} \tag{2-92}$$

在进行高压油的黏度研究时，基于 Barus 黏度与压力的关系方程，结合黏度与温度、压力及密度的关系试验研究结果，得到考虑了温度、压力及密度的黏度方程

$$\ln(\eta_{pt}/\eta_{0t})(\rho_{pt}/\rho_{0t})^3 = \delta p/T \tag{2-93}$$

式中，η_{pt} 为高压黏度；η_{0t} 为零压黏度；p 为压力；T 为温度；ρ_{pt}、ρ_{0t} 分别为密度和零压密度；δ 为黏度系数。

本线性方程的适用范围为压力 $0.0001 \sim 0.26 GPa$，温度 $30 \sim 100℃$。此外，本线性方程的应用仅限于聚 α-烯烃（PAO）、聚烷基乙二醇（PAG）、酯类、烷基苯等典型矿物油和合成油等黏性液体。对 16 种润滑油的黏度预测值的标准差均值为 4.8，该方程

具有较好的预测精度。

根据理想液体的状态方程，绝对零度时的体积和密度是一个与压力无关的常数，并且绝对零度时的黏度也被认为是一个与压力无关的常数。并且可以预测理想液体在绝对零度时的所有其他物理性质（比热容、热导率、折射率、电阻率等）也都是恒定的，与压力无关。研究发现，采用 Walther 黏度方程在进行润滑油的黏-温特性研究时，不同的压力下依据 Walther 方程外推得到的绝对零度黏度并不收敛于同一个值。

通过分析黏度、温度和压力之间的关系，发现黏度的双对数值 lnlnη（p，t）与温度的平方 T^2 成反比，并可推导出各压力下这些值之间的线性方程。依据试验结果，结合绝对零度时不同压力下的黏度不变的收敛条件，得到如下的黏度方程

$$\ln \ln\eta(p,t) = \ln \ln\eta(0) - \frac{T^2}{Bp+C} \tag{2-94}$$

式中，$\eta(p,t)$ 为高压黏度；$\eta(0)$ 为绝对零度黏度的平均值；p 为压力；T 为温度；B、C 为参数。

通过该方程对几种润滑油的高压黏度进行了预测，其误差都在 7% 以内。并且因为绝对零黏度与压力无关，因此可以把绝对零黏度确定为润滑油的一个特定材料常数。

在进行馏分油加压黏度的研究中，采用了如下的黏度公式

$$\ln\eta = a + \frac{b}{T-273.15} + \frac{cp}{T-273.15} + d\ln(T-273.15) \tag{2-95}$$

式中，η 为黏度；p 为压力；T 为温度；a、b、c、d 为关联参数。

该式对新疆九区稠油 7 个馏分油黏度的相关性平均偏差在 1.5% 以内。进一步研究发现，馏分油黏度 $\eta(T，p)$ 与 323.15K、0.1MPa 时的黏度 η_0 相关，进而引入如下的黏度方程

$$\ln\eta = a + \frac{bp}{T-273.15} + c\ln(T-273.15) \tag{2-96}$$

式中，$a = -0.356437 + 3.501419\ln\eta$；$b = 0.138350 + 0.103030a$；$c = 0.0362127 - 0.183531a$。

用上式计算得的馏分油黏度值和试验值相比，总体平均相对偏差为 3.85%，最大偏差为 14.8%，公式的适用温度范围为 303.15～393.15K，压力范围为 0.1～12MPa。

进行火箭煤油黏度的研究中，采用了如下的黏度方程

$$\ln\eta(T,p) = \ln\eta(T)\ln\eta(p)\left(\frac{A}{Tp} + BTp\right) \tag{2-97}$$

式中：

$$\ln\eta(T)=Z_0+\frac{Z_1}{T}-Z_2\ln T-Z_3 T \tag{2-98}$$

$$\ln\eta(p)=E_0+E_1 p+E_2 p^2 \tag{2-99}$$

式中，T 为温度；p 为压力；Z_0、Z_1、Z_2、Z_3、E_0、E_1、E_2、A、B 为拟合参数。

该模型对两种火箭煤油黏度预测值的偏差在 5% 以内。

（5）黏度与外加剂的关系

为了使高分子材料具有较好的加工性能及使用性能，可以通过添加外加剂对体系的黏度进行调整。如在体系中添加碳酸钙、赤泥、陶土、高岭土、炭黑、纤维等材料，都会提高体系的黏度。如在沥青中加入一些外加剂可以提高沥青的黏度，降低高温条件下沥青黏度的温度敏感性，提升沥青的高温性能。如果在体系中添加矿物油及低聚物，则可以使体系黏度下降，改善体系的流动性。如在沥青中通过添加一些轻质油分可以降低沥青的黏度，在相对比较低的温度下沥青同样具有较低的黏度，可以保证沥青混合料压实的要求，实现所谓的温拌施工。

（6）黏度与分子结构的关系

流体的黏度是流体流动过程中内摩擦阻力的宏观体现。流体流动所需克服的内摩擦阻力与分子的长度及结构有关。当分子的平均分子量较大时，高分子为长链结构，长链高分子之间将发生相互缠结，分子间的作用增强，由于分子链间的缠结作用而形成的网状结构会进一步限制分子的移动，分子的流动阻力增加，体系的黏度增大。分子链之间发生有效缠结时的分子量称为临界缠结分子量，当分子量超过临界缠结分子量时，体系的黏度将随分子量的增加迅速增长。线性柔性链高分子的零剪切黏度与分子量基本成正比。

流体的黏度除了与分子量有关之外，还与分子链的结构有关。分子链为直链型还是支化型对流动阻力的影响较大。对于支化型高分子，其黏度与支链的长度及支链的形态有关。长支链对黏度的影响较大，而短支链对黏度的影响较小。对于支化形态而言，梳形支化对黏度的影响较小，而星形支化对黏度的影响较大。高分子的支链形态如图 2-12 所示。当然如果支链较短，支链之间不能形成有效缠结，那么在分子量一定的前提下，由于支链的存在会影响到分子链的长度，使分子变得更为紧凑，可能会降低体系的黏度。

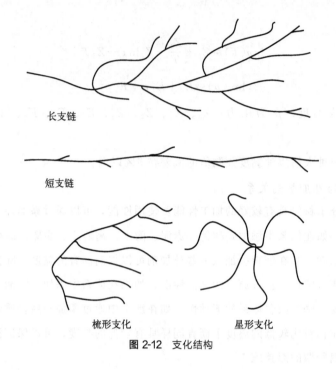

长支链

短支链

梳形支化   星形支化

图 2-12　支化结构

2.4　黏性流体的弹性效应

按照高分子流动的分子构象改变理论，体系在发生流动时，既存在分子位置改变的流动行为，也存在分子构象改变之后可以恢复的弹性行为。即高分子液体流动时不仅表现出黏性行为，还表现出一定的弹性行为。柔性大分子链在外界应力作用下沿流动方向取向，使分子的构象发生改变，这种构象改变在外力去除以后可以部分恢复。因此液体的流动过程包括不可逆的黏性流动与可逆的弹性形变两种复杂的特征，使得高分子流动过程中出现了很多独特的流变现象。

（1）"爬杆"效应

在容器中放入牛顿流体，在插入液体中的圆棒旋转时，流体会被甩向容器壁的边缘，容器壁边缘处的液面会高于圆棒处的液面［如图 2-13（a）所示］，此时圆棒附近的液体压力大于容器边缘处的液体压力。如果在容器中放入的是高分子液体，当圆棒旋转时，液体没有被甩向容器的边缘，而是向圆棒处发生"缠绕"，圆棒处的液面反而高于容器壁边缘处的液面，液体出现沿着圆棒向上爬的效应［如图 2-13（b）所示］。出现这种现象是由于高分子液体的流动过程中具有弹性效应，在圆棒旋转过程中，圆棒附近的大分子链会沿着旋转方向取向，沿着旋转方向产生拉伸变形，产生朝向轴心的压力，容器边缘处的液体压力会大于圆棒附近的液体压力，使得液体向圆棒处移动并沿着圆棒向上爬升。在流线弯曲的剪切流场中，高分子流体元除受到剪切应力外，还存在法向应力差效应。

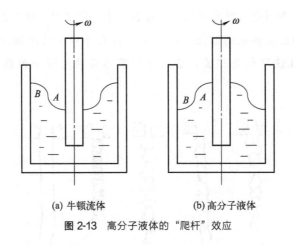

(a) 牛顿流体　　　　　　　　(b) 高分子液体

图 2-13　高分子液体的"爬杆"效应

（2）挤出胀大现象

高分子熔体被从口模中挤出时，挤出后熔体的尺寸会大于口模的尺寸，如图 2-14所示。随着挤出物尺寸的变化，挤出物的截面形状也会发生改变，这种挤出物尺寸和形状的改变称为挤出胀大效应。牛顿流体的挤出胀大效应不明显，而高分子熔体的挤出胀大效应则相当明显。挤出胀大效应说明高分子熔体在流动变形过程中存在弹性效应，由于存在弹性恢复变形产生的胀大行为，由前面的高分子链的构象改变理论，当高分子熔体通过口模时，受到强烈的拉伸和剪切形变作用，分子构象在通过口模时取向作用显著，在通过口模之后，构象改变后的分子会弹性恢复，恢复到构象改变之前的状态，导致挤出物横向的尺寸增大，出现挤出胀大效应。通过升高温度或降低挤出速度可以降低挤出胀大效应。高分子熔体具有的挤出胀大效应会影响到挤出物的尺寸及形状，因此在进行高分子材料的挤出成型加工时，对于挤出成型工艺的控制及口模的设计都需要考虑挤出胀大效应。

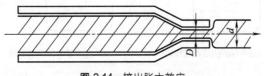

图 2-14　挤出胀大效应

（3）不稳定流动和熔体破裂现象

高分子熔体从口模挤出时，除了具有挤出胀大效应之外，当挤出速度较高而超过某一临界剪切速率时，流体的层流状态会发生改变而出现湍流。出现湍流后会导致挤出物的流动不稳定，会影响挤出物的表面状态，进而影响到产品质量。随着挤出速度的增大，挤出物的表面会呈现出波浪形、鲨鱼皮形、竹节形、螺旋形畸变，或者会导致挤出物断裂，挤出物的状态如图 2-15 所示。这种不规则挤出物外形的改变同样与高分子熔体的弹性恢复行为相关，是高分子熔体流动过程中弹性变形行为的典型表现。

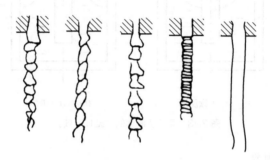

图 2-15　不稳定流动时挤出物的外观

（4）无管虹吸

对于牛顿性流体发生虹吸时，如果虹吸管离开液面，虹吸现象会立即停止。而对高分子液体发生虹吸时，如果虹吸管离开液面，虹吸现象依然会进行下去，这种现象称无管虹吸效应，如图 2-16 所示。高分子液体具有的无管虹吸现象与流动变形过程中的弹性行为有关。这种弹性性质使得高分子液体具有连续稳定的拉伸流动性能，这种性能有利于高分子材料的纺丝和成膜。

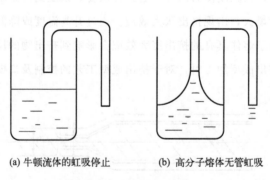

(a) 牛顿流体的虹吸停止　　　　(b) 高分子熔体无管虹吸

图 2-16　无管虹吸效应

2.5　黏度的测量方法

黏度是流体流变性能的重要参数，决定着流体的流动特性。黏度及其影响因素与材料的加工特性、泵送能力、喷雾能力、流动能力和应用性能密切相关。黏度是制造工艺和设备的设计与运行所必需的基本参数之一。比如在铸造技术中，半固态金属加工是生产高质量、低缺陷产品的理想方法。黏度是影响半固态金属流动特性的最重要的物理和化学性质。黏度对于高分子材料加工和成型工艺具有重要的意义，通过控制黏度可以保证产品加工质量。在原油的开采和管道运输中，都需要确保原油具有合适的黏度。黏度是评价润滑油性能最常用的参数。准确测量黏度对于评估不同应用中的机油性能至关重要。黏度是高温熔体的重要基础物理性能之一，直接影响物质传递效率与渣金分离效果。在高温下处理熔体是包括玻璃和金属，或渣金分离等众多产品工业制造的基础。高温黏度在冶金、材料、化工等领域中皆有应用，具有重要的研究意义。在玻璃的生产过程中，从熔制、澄清、均化、成型、加工直到退火都与黏度密切相关。对合金来说，合金熔体的黏度不仅能为冶金生产提供必要的参数，而且也有助于揭示合金熔体微观结构的内在规律。如在冶炼过程中，合金熔体的黏度为冶金反应创造必要的动力学条件；在铸造过程中，合金黏度不仅对充型能力有影响，而且对合金熔体内部的传质和传热也有影响。金属熔体黏度反映了金属熔体中原子迁移能力的大小，宏观反映了其内部微观结构的变化，有助于揭示液态金属结构变化及原子间相互作用。对于模具的工业加工，黏度是决定工艺经济性和产品质量的重要参数。熔体在高温下的黏度对能量转换过程的效率、安全性和可靠性至关重要。在新兴的发电技术如新一代太阳能和核电技术中，熔融金属和盐被用于冷却和传热，除了其他热物理性质，$100 \sim 700 ℃$ 时足够低的黏度是传热材料成功应用的先决条件。由于黏度的重要性，使得黏度测量变得更为重要。通过上面的分析可知，有多种因素会影响到黏度，因此实现黏度的精确测量，对黏度的测量原理和测量仪器具有较高的要求。近年来，流体在大范围压力及温度等条件下的行为预测已成为许多工业和科学领域的一个重要问题。因此，准确测量和评估流体的黏度是至关重要的。

（1）旋转法

① Searle 型旋转黏度计　旋转黏度计被广泛用于研究非牛顿流体的流变特性，旋转黏度计通过旋转产生均匀和恒定的剪切速率，测量相应的剪应力来计算黏度。同心圆筒黏度计主要由两个直径不同的同心圆筒组成，试样处于圆筒之间，通过圆筒的旋转产

生剪应力。旋转黏度计如图 2-17 所示。Searle 型黏度计固定外筒，内筒旋转，例如 Stormer 黏度计和 Brookfield 黏度计。Searle 型黏度计的内筒连接扭矩测量单元。黏度计可以实现对试样的温度控制。黏度通过下式计算

$$\eta = \frac{T}{4\pi LN}\left(\frac{1}{r_i^2} - \frac{1}{r_o^2}\right) \tag{2-100}$$

式中，T 为旋转扭矩；L 为试样高度；N 为转子的角速度；η 为黏度；r_i 为内圆筒半径；r_o 为外圆筒半径。

马达

扭转弹簧

刻度盘

外筒

内筒

图 2-17 旋转黏度计

在 Searle 型黏度计中，快速旋转的流体在内筒附近向外移动，由于圆筒之间的屏障作用，导致流体会出现涡流。随着旋转速度的增加，流动由层流变为湍流，使得扭矩的测量值增大，因此，Searle 型黏度计通常适用于低剪切速率下测量黏度。Couette 型黏度计与 Searle 型黏度计略有不同，Couette 型黏度计内筒固定、外筒旋转，Couette 型黏度计适合于测量高温和高剪切速率条件下的流体黏度。

② 旋转叶片式黏度计　旋转黏度计的旋转体也可以是叶片。旋转叶片式黏度计如图 2-18 所示。黏度计主要由三个部分组成：搅拌器、圆筒和叶片。搅拌器能够控制转速并能测量旋转扭矩。圆筒用于装被测试样，直径 30cm、高 25cm。叶片为互相垂直的双 U 形叶片。叶片完全浸入被测试样中，以恒定的速度旋转，通常在控制速率模式下运行。通过叶片的扭矩测量单元测量旋转扭矩。在叶片旋转过程中，试样的屈服面等效于叶片旋转形成的圆柱体表面。旋转叶片式黏度计的优点是结构简单、易于清洁，并消除了外壁打滑的影响。通过测量扭矩和转速，基于 Reiner-Riwlin 方程计算宾汉体的屈服应力和塑性黏度。Reiner-Riwlin 方程为

$$\Omega = \frac{M}{4\pi h\mu}\left(\frac{1}{R_1^2} - \frac{2\pi h\tau_0}{M}\right) - \frac{\tau_0}{2\mu}\ln\frac{M}{2\pi h\tau_0 R_1^2} \tag{2-101}$$

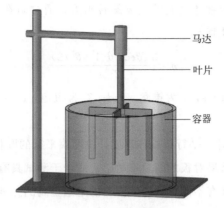

图 2-18　旋转叶片式黏度计

式中，Ω 是转速；M 是扭矩；h 是叶片高度；R_1 是叶片半径；μ 是塑性黏度；τ_0 是屈服应力。

③ 锥板黏度计　锥板黏度计由平板和圆锥体组成，如图 2-19 所示。试样处于平板和圆锥体之间。平板固定，圆锥体进行旋转。伺服机构控制转速，测量旋转体受到的试样的黏性阻力。锥板黏度计优于同轴圆筒黏度计，适合于测量牛顿流体的流变特性，也是测量非牛顿流体流变特性的常用装置。锥板黏度计的几何形状可以提供均匀的剪切速率和法向应力。通过嵌入式热电偶可以进行精确的温度控制，伺服机构可以控制锥体和平板之间的间隙。锥板黏度计可以精确测量具有非常小颗粒的液态金属的黏度，试样中的颗粒应比锥体中的间隙小 5～10 倍，如果颗粒较大，颗粒可能会黏附在圆锥体的表面，从而产生噪声并影响测量结果。锥板法不适合测量固体含量较高的物质的黏度。

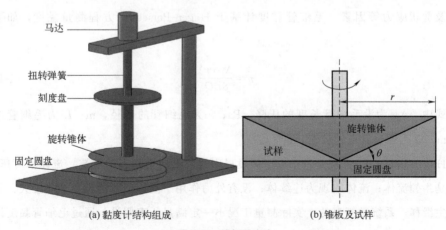

(a) 黏度计结构组成　　　　　(b) 锥板及试样

图 2-19　锥板黏度计

处在固定平板和旋转锥体之间的流体旋转阻力，通过附在锥体上的扭矩计进行测量，利用下式进行黏度计算

$$\eta = \frac{3T\theta\cos^2\theta(1-\theta^2/2)}{2\pi\omega r^3}$$

(2-102)

式中，η 为黏度，Pa·s，θ 为锥角，rad；T 为扭矩；ω 为角速度，rad/s；r 为锥体半径，m。

④ 平行板旋转黏度计　平行板旋转黏度计由两块平行的圆板组成（图 2-20），下板固定，上板旋转。测量结果对板的间隙不敏感，适合于测试具有温度梯度的试样。平行板旋转黏度计可以测量具有不同形状随机颗粒的熔融金属的黏度，也可用于测试从软化到熔融状态各阶段的黏度。

图 2-20　平行板旋转黏度计

（2）毛细管法

① Ostwald 黏度计　毛细管黏度计是测量牛顿流体黏度的最佳测黏仪器。为了确定被测试样的黏度，需要考虑毛细管内流体的流速、压降、毛细管的半径、长度、剪切速率以及剪切应力等因素。毛细管黏度计基于 Hagen-Poiseuille 方程测量黏度，如下式所示

$$\eta = \frac{\Delta p \pi r^4}{8LQ}$$

(2-103)

式中，Δp 为沿毛细管长度的压降，Pa；r 为毛细管的半径，m；L 为毛细管的长度，m；Q 为通过管道的流速，m³/s。

Hagen-Poiseuille 方程是基于以下假设提出的：流动是稳态的层流；流体不可压缩；流体是牛顿流体；流体表现为连续体；没有外力作用于流体；管的长径比非常大；管壁不发生滑移；系统是等温的。实际测量工况不一定满足所有假设。通过毛细管黏度计合理的结构设计及合理的操作，可以最大限度使测量工况符合以上基本假定，并通过引入

校正因子对测量结果进行校正。

　　毛细管法测黏度需要储液器、毛细管、测量流动时间的时钟和调节温度的恒温槽等设备。对于黏度较大的流体施加一定的压力有助于流体流过毛细管。基于给定压力条件下固定量的液体流过毛细管，通过 Hagen-Poiseuille 方程可以实现对黏度的测量。毛细管黏度计的优点是测量结果较为精确、设备便宜，并且可以获得较高的剪切速率。采用毛细管进行黏度测量时，如果流体中夹杂气泡或者有其它夹杂物可能会导致毛细管堵塞，并且在流动过程中剪切力的变化会改变流体结构，进而会影响测量结果。

　　Ostwald 黏度计是最简单的毛细管黏度计，如图 2-21 所示。在毛细管中装入固定体积的样品，将黏度计保持在恒温槽中以达到热平衡。使用秒表记录流体流出容器的上指引线和下标记点之间的时间间隔，即可以获得被测液体的黏度。这种黏度计适用于测量低黏度牛顿流体的黏度。流体是在静水压力作用下产生流动，流动的驱动力较小，因此不适用于高黏度的流体。Ostwald 黏度计的优点是适合于测量流体的运动黏度，结构简单、测量方便、结果准确。这种黏度计的主要问题是毛细管堵塞，在进行测量之前可以通过过滤样品来避免毛细管堵塞。

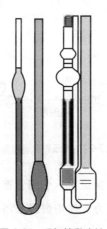

图 2-21　毛细管黏度计

　　玻璃毛细管黏度计是其它类型的毛细管黏度计。玻璃毛细管黏度计结构简单，价格低廉，用于测量低黏度流体的黏度。几何形状类似于 U 形管，至少有两个储液器与毛细管的内径相连。液体在所提供的标记之间流动，并测量流动时间。这种黏度计是基于Ostwald 黏度计的基础上改进的，满足精确的流体黏度的测量需求，并扩大了黏度的测量范围。

　　② 高压毛细管黏度计　在用毛细管法进行黏度测量时，为了便于黏度的测量并保

证测量结果的准确性，需要在流体中产生稳定的压力，并且流体是稳定的层流。为了实现以上两个测量条件，一种新的毛细管黏度计如图 2-22 所示。该黏度计主要由两个压力平衡器和毛细管组成。压力平衡器主要由活塞、气缸和砝码组成。活塞和砝码在重力的作用下，会对气缸内的试样产生稳定的压力。在活塞下降的过程中，活塞在气缸内不停地旋转，可以防止活塞和气缸之间的接触不良。在进行压力平衡校准过程中，如果连接的两个压力平衡器中活塞的下降速率相同，即说明两边的压力是平衡的，压力平衡器间没有发生流体流动。在压力平衡之后，可以通过在其中一个压力平衡器上加载额外的砝码来产生压差，液体发生流动，内部流量可由两个活塞的降速变化量和有效面积计算得出

$$Q = (v_f - v_0)A_e \tag{2-104}$$

式中，Q 为体积流量；A_e 为有效面积；v_0 和 v_f 分别为平衡和流动条件下活塞的下降速率。

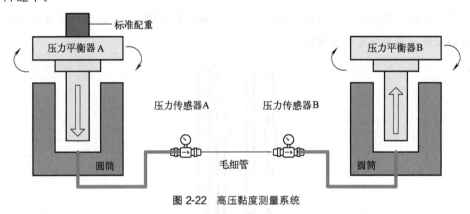

图 2-22 高压黏度测量系统

采用电感式位移传感器测量活塞位置。毛细管连接在两个压力传感器之间，采用压力传感器测量毛细管两端的绝对压力。使用恒温水浴来控制毛细管的温度，恒温水浴的稳定性为±0.01℃。

在得到流量 Q 和压差 Δp 后，即可以通过 Hagen-Poiseuille 方程测得牛顿流体的黏度

$$\mu = \frac{\pi r^4 \Delta p}{8L(v_f - v_0)A_e} \tag{2-105}$$

引入常数 C，上式可以改写为

$$\mu = C \frac{\Delta p}{v_f - v_0} \tag{2-106}$$

其中，C 包含了系统的几何信息。通过上式即可以实现黏度的测量。

③ 基于修正方法的毛细管黏度计　基于 Hagen-Poiseuille 方程进行黏度测量时，毛细管两端压差的准确测量非常重要。当流体流过毛细管时，考虑到毛细管测量系统管径的变化导致的能量损失，会导致额外的压力降低，因此需要对 Hagen-Poiseuille 方程进行修正，Hagenbach 得到的修正方程为

$$\eta_{\mathrm{mod}}=\frac{\pi r^{4}\Delta p}{8LQ}-\frac{m\rho Q}{8\pi L} \tag{2-107}$$

式中，m 为 Hagenbach 因子，是与毛细管动能变化有关的实验常数；ρ 为流体密度。

在进行能量损失修正的同时，还需要对毛细管的端部效应进行修正。当管径变化时，会出现流体的聚合及发散，导致压力的降低。因此，上式中毛细管的长度 L 应当由有效长度 $(L+nr)$ 代替，当 L 比 r 大得多时，末端效应可以忽略不计。在考虑动能损伤和端部效应修正的情况下，Hagen-Poiseuille 方程变为

$$\eta_{\mathrm{corr}}=\frac{\pi r^{4}\Delta p}{8Q(L+nr)}-\frac{m\rho Q}{8\pi (L+nr)} \tag{2-108}$$

根据 Kestin 等的计算，雷诺数小于等于 50 时，常数 n 的值为 0.69 ± 0.0435。

依据修正 Hagen-Poiseuille 方程，在毛细管黏度计的基础上，一种同时测定液体动态黏度和密度的新装置如图 2-23 所示。该仪器主要包括注射泵、毛细管、振动管密度计（VTD）和数据采集系统。具体部件包括：温度指示器、压力和压降指示器、压力传感器、铂探头、注射泵、振动管密度计、计算机、真空泵、阀门和（ESC）净化器。

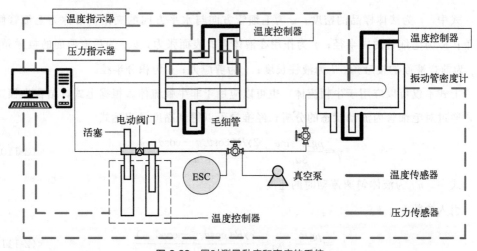

图 2-23　同时测量黏度和密度的系统

毛细管的内半径为 1.27×10^{-4} m，系统压力传感器连接到数字显示器，压力传感器的分辨率为 $\pm 1 \times 10^{-7}$ MPa。换能器校准包括两个压力测量范围，第一个测量范围为 0~30MPa，第二个测量范围为 0~69MPa。系统温度通过两个铂探头来测量，铂探头校准后的最大偏差为 ± 0.008K。

④ 倾斜毛细管黏度计 考虑毛细管有一定的倾斜角度的情况，如图 2-24 所示，假定液柱在倾斜的毛细管中沿轴向匀速流动，并为等温层流，两个弯液面的压力相等，液体为不可压缩流体，毛细管内径均匀。

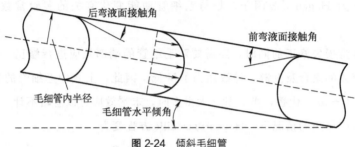

图 2-24 倾斜毛细管

基于上述假设，在液体流动的方向有四个力作用：液体重力沿管轴方向的分力、作用在前弯液面上的表面张力、作用在后弯液面上的表面张力、流体的黏性阻力。当液体在管内匀速流动时，这四种力处于平衡状态。考虑上述作用力，描述液体均匀流动的平衡方程为

$$\pi r^2 l\rho g \sin\alpha + \frac{2\pi R\gamma(\cos\theta_{c,b} - \cos\theta_{c,f})}{\pi R^2}\pi r^2 = 2\pi r l\tau \tag{2-109}$$

式中，ρ 为液体样品的密度；α 为毛细管方向与水平方向的夹角，可称为毛细管倾斜角；R 为毛细管的内半径；γ 为作用在液体上的表面张力；$\theta_{c,b}$ 为后弯液面的接触角；$\theta_{c,f}$ 为前弯液面的接触角；l 为液柱长度；τ 为剪应力；r 为积分半径。

上式不仅可以应用于牛顿流体，也可以应用于非牛顿流体。根据上式，结合牛顿定律，通过对毛细管内流动状态的分析，经推导可以得到黏度的表达式

$$\eta = \frac{\rho g R^2 \sin\alpha}{8u_0} + \frac{2\gamma R(\cos\theta_{c,b} - \cos\theta_{c,f})}{8lu_0} \tag{2-110}$$

式中，u_0 为液体匀速流动时的速度。

引入参数 k_1、k_2

$$k_1 = \frac{\rho g R^2}{8u_0}, \quad k_2 = \frac{2\gamma R(\cos\theta_{c,b} - \cos\theta_{c,f})}{8lu_0} \tag{2-111}$$

由式（2-110）可得

$$\eta = k_1 \sin\alpha + k_2 \tag{2-112}$$

由上式可知，通过毛细管的倾角和对应的液体流速，采用最小二乘法拟合出一条线性曲线，该曲线的斜率为 k_1。通过毛细管内部半径 R 和重力加速度 g，利用式（2-111）中 k_1 的表达式，在流体密度 ρ 已知的条件下，即可以确定液体的黏度。

基于倾斜毛细管原理设计的黏度测量系统包括液体流速测量单元、玻璃管、固定器、注射装置、恒压筒等。流速测量单元由四组光纤传感器组成，可以得到三组液柱的平均速度，可以判断液体是否匀速流动。从开始流动到匀速状态，液柱的加速距离很短，通过适当设置传感器组，三个速度或者至少最后两个速度是相等的，这个速度就是液体匀速流动的速度。

注射装置由储液罐和阀门组成，通过控制阀门，可以在实验玻璃管中得到一段长度的实验液体的液柱。实验单元固定在旋转台上，旋转台上的旋转角度和转速可由相应的控制单元设定。将实验单元和旋转台置于工作体中，工作体内可以实现温度控制。

⑤ 双毛细管动力黏度测量系统　双毛细管动力黏度测量系统如图 2-25 所示，实验装置包括五个系统，分别是流量控制系统、流量校准系统、温度控制系统、黏度测量系统、压力控制系统。黏度测量系统主要包括上下游两个毛细管黏度计，其中上游毛细管设置在 $T_0 = 298\text{K}$ 的水浴中；下游毛细管置于保持在测试温度 T 的恒温箱中。水浴装

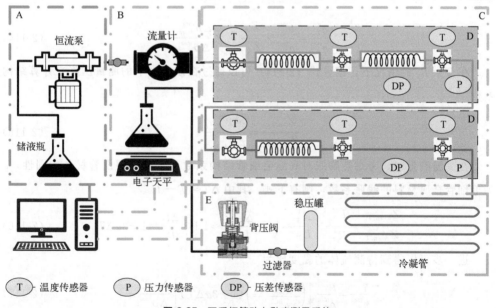

图 2-25　双毛细管动力黏度测量系统

置的容量为 31.5L，通过 PID 调节，温度波动控制在 0.05K 以内。高温恒温箱的温度均匀性和稳定性在 0.5K 以内。毛细管由不锈钢制成，外径为 1/16in（1in＝2.54cm），名义内径为 0.5mm。参考段毛细管的标称长度为 1500mm，毛细管以 79.6mm 的曲率半径盘绕 6 圈。测量段毛细管的标称长度 200mm，采用水平布置。实验流体由恒流泵驱动，最大工作压力 70MPa，流量不确定度为 1.0％。使用 2 个压差传感器测量压降。热流体由冷凝盘管自然冷却，工作压力由背压阀调节。采用质量流量计（最大工作压力 90MPa）测量进入毛细管工质的质量流量，在泵出口处放置一个电子天平来称量系统出口流体的质量，从而监测泵的体积流量。通过标准物质甲苯和环己烷，验证黏度测试系统的准确性。在 321.8～576.6K、0.3～20MPa 的工况范围内测定环己烷的黏度，绝对平均偏差为 1.7％；在 285.3～315.8K、0.3～40MPa 工况下测定甲苯的黏度，绝对平均偏差为 2.0％。

毛细管黏度计的测量原理是基于层流流体动力学的 Hagen-Poiseuille 方程，如下式

$$\eta = \frac{\pi D^4}{128L} \times \frac{\Delta p}{Q} = \frac{\Delta p}{ZQ} = \frac{\Delta p}{Z} \times \frac{\rho}{m} \tag{2-113}$$

式中，D 为毛细管内径；Δp 为流体流过毛细管两端的压降；Q 为体积流量；m 为质量流量；L 为毛细管长度；$Z = 128L/\pi D^4$ 为结构系数。

在稳态层流状态下，待测流体以恒定的质量流量流过两个串联的毛细管，可得到关系式

$$\frac{\eta_T^{mea}}{\eta_{T_0}^{mea}} = \frac{\rho_T^{mea}}{\rho_{T_0}^{mea}} \times \frac{Z_{up,T_0}}{Z_{down,T}} \times \frac{\Delta p_{down,T}^{mea}}{\Delta p_{up,T_0}^{mea}} \tag{2-114}$$

在 $T = T_0$ 的情况下，结合式（2-114）可以通过在该温度下的测量压降来计算结构系数

$$\frac{Z_{up,T_0}}{Z_{down,T_0}} = \frac{\Delta p_{up,T_0}^{lit}}{\Delta p_{down,T_0}^{lit}} \tag{2-115}$$

在高温测量时，考虑热膨胀对高温毛细管结构系数的影响，假设管材各向同性，α 为毛细管金属材料的线胀系数，则有下式，其中 $\Delta T = T - T_0$。

$$\frac{Z_{down,T_0}}{Z_{down,T}} - \frac{L_{T_0}}{R_{T_0}^4} \times \frac{R_T^4}{L_T} \approx \left(1 + \frac{\Delta L}{L}\right)^3 \approx 1 + 3\frac{\Delta L}{L} = 1 + 3\alpha \Delta T \tag{2-116}$$

进一步可以得到待测流体的黏度比为

$$\frac{\eta_T^{mea}}{\eta_{T_0}^{mea}} = \frac{\rho_T^{mea}}{\rho_{T_0}^{mea}} \left[\left(\frac{\Delta p_{up,T_0}^{lit}}{\Delta p_{down,T_0}^{lit}}\right)(1 + 3\alpha \Delta T)\right] \frac{\Delta p_{down,T}^{mea}}{\Delta p_{up,T_0}^{mea}} \tag{2-117}$$

式中，方括号部分为 $T=T_0$ 时的标定实验数据。

通过测量上下游毛细管的压降，可以计算出上下游毛细管不同温度情况下的黏度比值。

（3）流出法

① Saybolt 黏度计　Saybolt 黏度计是常用的一种流出型黏度计，可以测定较高温度时的黏稠石油沥青、乳化沥青、液体石油沥青等的条件黏度。流出型黏度计是通过测量流出一定体积的液体需要的时间来表征黏度。流出型黏度计具有低成本、高可靠性和结构简单等特点，它适合于测量牛顿流体的黏度，不适用于非牛顿流体和绝对黏度的测量。

还有很多其它类型的流出型黏度计，如 Effux 杯黏度计、Zahn 杯黏度计、自动流出黏度计和 Ford 黏度计，适合于油、油漆和乳液等黏度的快速测量。测试过程类似于毛细管黏度计，测量流出时间以确定流体的黏度。对于牛顿流体可以将流出时间转换为运动黏度。图 2-26 是自动流出型黏度计的示意图，是一种低成本的黏度计。

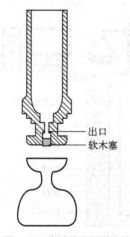

出口
软木塞

图 2-26　自动流出型黏度计

② Anjorin 和 Mebude 黏度计　Anjorin 和 Mebude 黏度计的工作原理类似 Saybolt 黏度计，可以用来测量大豆油和棕榈油的黏度。黏度计由温度槽、加热器、温度计、接收烧瓶、油管、恒温器和支架组成，如图 2-27 所示。通过温度槽、加热器、温度计控制流体的温度，当液体达到所需的温度后，取下软木塞，使液体通过孔口流入到接收瓶中。与此同时，秒表开始记录所用的时间，当液体达到接收瓶上的 60mL 标记时，停止秒表。通过流出时间可以确定液体的黏度。

（4）重力法

① 落球式黏度计　落球式黏度计是利用下落的球体来测黏度。在液体中下落的球

图 2-27 流出型黏度计

体会受到流体的黏滞阻力作用，球体在液体中下落一段距离，并测量其下落速度，可以测得液体的黏度。落球式黏度计结构简单，适用于 $10^{-3} \sim 10^{5}\text{Pa} \cdot \text{s}$ 范围内的黏度测量，并且适合于测量高温黏度。落球式黏度计如图 2-28 所示。

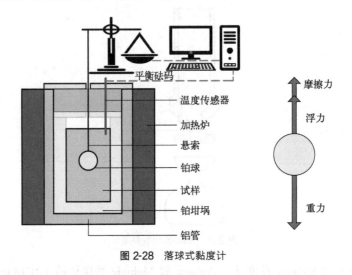

图 2-28 落球式黏度计

球体在液体中下落时受到三个力的作用，重力、浮力和液体的摩擦阻力。根据球体受到的三个力的平衡，可以得到黏度的表达式

$$\eta = \frac{d^2 g (\rho_s - \rho_l)}{18 U_\infty} = K_s \frac{\rho_s - \rho_l}{U_\infty} \tag{2-118}$$

式中，η 为黏度；d 为球体直径；g 为重力加速度；ρ_l 为流体的密度；ρ_s 为球体的密度；U_∞ 为球体在流体中的最终速度。依据上式测得球体的最终速度 U_∞ 即可以得到液体的黏度。

落筒式黏度计是一个实心圆柱体向下降落，下落圆柱体周围液体的流动模式比落球体更为复杂。在圆筒和容器壁之间保持一个间隙，以最大限度地减少误差。落针式黏度计下落的是针，相对而言，针的下落运动更稳定，针头的速度取决于流体和针头之间的相对密度。

对于落针式黏度计，考虑到针的几何形状特征，其黏度表达式为

$$\eta = \frac{gd^2(\rho_s - \rho_l)}{18U_\infty} \times \frac{-k^2(\ln k - 1) - (\ln k + 1)}{1 + k^2} = K_n \frac{\rho_s - \rho_l}{U_\infty} \tag{2-119}$$

式中，$k = d/D$ 为针直径 d 与圆柱形容器直径 D 之比；K_n 为黏度计系数。

当 k 较小时，$[-k^2(\ln k - 1) - (\ln k + 1)]/(1 + k^2)$ 可简化为 $-(\ln k + 1)$，上式是与无限长针相关的解。当系统几何条件 $(L - d)/d$ 大于 2.5 时（L 为针的长度），需要考虑针的端部效应，终端速度的测量值需要通过终端校正因子 ECF 进行修正

$$ECF = U_t/U_\infty \tag{2-120}$$

式中，U_t 为测量速度。当 k 小于 0.1 时，ECF 是接近定值。

通过测量已知黏度的流体可以校准黏度计系数 K_n。

② 磁流体落球式黏度计 磁流体落球式黏度计如图 2-29 所示。钕磁球受到载流线圈的作用静止在液体顶面的上方，关闭电流，球体开始在流体中下落，下落过程中球体动力平衡方程为

$$m\ddot{z} = -mg - 6\pi r\eta\dot{z} + \frac{4}{3}\pi r^3 \rho_f g \tag{2-121}$$

式中，z 为球体的下落高度；η 为液体的黏度；ρ_f 为液体的密度。

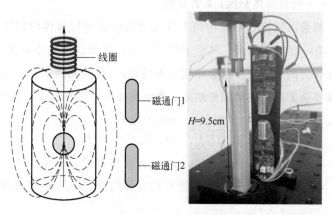

图 2-29 磁流体落球式黏度计

当 $t = 0$ 时，球体的高度为 H，速度为 $v(0) = 0$，依据以上初始条件对上式进行积

分可以得到

$$z(t) = H + g\left(1 - \frac{\rho_f}{\rho_s}\right)\tau^2\left(1 - \frac{t}{\tau} - e^{-t/\tau}\right) \qquad (2\text{-}122)$$

$$\tau = 2\rho_s r^2/9\eta \qquad (2\text{-}123)$$

式中，ρ_s 为球体的密度。

在式（2-122）中忽略指数项 $e^{-t/\tau}$，可以得到

$$z(t) = H + g(1 - \rho_f/\rho_s)\tau^2(1 - t/\tau) \qquad (2\text{-}124)$$

对上式进行求导，即可以得到终点速度的表达式

$$|\dot{z}_\infty| = g\left(1 - \frac{\rho_f}{\rho_s}\right)\tau \qquad (2\text{-}125)$$

基于上式，如果得到了下落球体的轨迹方程，即可以求得液体的黏度，而不用测量球的末端速度。在容器的外侧竖向设置两个磁通门磁度仪，通过测量下落的钕磁球产生的变化磁场即可以得到球下落的轨迹方程，进而可以实现对黏度的测量。

（5）上升气泡法

与落球法测量黏度的原理相似，可以通过气泡在液体中的上浮来测量液体的黏度。这种测量方法在许多行业中被用来测量比较透明液体的黏度。根据流体力学原理，可以得出气泡在无界牛顿液体中的上浮速度为

$$U_\infty = k\,\frac{\rho g a^2}{\eta} \qquad (2\text{-}126)$$

式中，U_∞ 为气泡在无界牛顿液体中的上浮速度；ρ 为液体密度；g 为重力加速度；a 为气泡半径；η 为绝对液体黏度；k 为常数。

依据上式，测量出气泡在液体中的上升速度即可以求得液体的黏度。在实际应用中，还需考虑其它一些影响因素。气泡上升过程中，其形状和大小会发生变化，空气/液体界面的表面张力的变化（可能会导致气泡破裂），容器几何形状（壁面效应）的影响等，这些因素都会影响黏度的测量结果。考虑圆柱形容器的影响，黏度公式为

$$\eta_{\text{BRV}} = \frac{10(\rho/U_\infty)}{4.11 D_b^{-1.42}(D_b/D_c) + 0.98 D_b^{-2.83}} \qquad (2\text{-}127)$$

式中，η_{BRV} 为液体的绝对黏度，$\text{Pa} \cdot \text{s}$；ρ 为液体密度，g/cm^3；U_∞ 为气泡上升速度，cm/s；D_b 为气泡直径，cm；D_c 为圆柱形容器内径，cm，适用范围为 $0.08 < D_b/D_c < 0.53$。

（6）振荡法

① 振荡杯黏度计 当装有液体的容器作振荡运动时，液体与容器的黏性耦合产生

阻尼作用，流体的黏度可通过测量振荡时间和振幅来计算。振荡法是测量金属和合金高温黏度最常用的方法。测量结果比毛细管黏度计更准确、更适合于测量低黏度。

振荡杯法测黏度的原理如下：盛有液体的圆柱形杯受到扭转振荡作用，由于流体黏度的阻尼作用存在能量的耗散，对振荡起到抑制作用。杯子的运动可以用以下二阶微分方程来描述

$$I\left(\frac{\mathrm{d}^2\varphi}{\mathrm{d}t^2}\right)+L\left(\frac{\mathrm{d}\varphi}{\mathrm{d}t}\right)+D(\varphi)=0 \tag{2-128}$$

式中，I 为振荡系统的转动惯量；φ 为扭转角度；t 为时间；D 为扭转丝的力常数；L 为液体试样的密度和黏度、杯的内径和杯中液体高度的函数，L 可以通过求解液体运动的 Navier-Stokes 方程得到。

基于上述振荡法，Roscoe 给出了黏度公式

$$\eta=\left(\frac{I\delta}{\pi R^3HZ}\right)^2\frac{1}{\pi\rho T} \tag{2-129}$$

式中，δ 为对数递减率；R 为杯内半径；T 为振荡周期；ρ 为试样密度；H 为试样的高度。

通过式（2-130）可以求得公式中的 Z

$$Z=\left(1+\frac{R}{4H}\right)a_0-\left(\frac{3}{2}+\frac{4R}{\pi H}\right)\frac{1}{p}+\left(\frac{3}{8}+\frac{9R}{4H}\right)\frac{a_2}{2p^2} \tag{2-130}$$

式中：

$$p=\left(\frac{\pi\rho}{\eta T}\right)^{\frac{1}{2}}R \tag{2-131}$$

$$a_0=1-\frac{3}{2}\Delta-\frac{3}{8}\Delta^2 \tag{2-132}$$

$$a_2=1+\frac{1}{2}\Delta+\frac{1}{8}\Delta^2 \tag{2-133}$$

$$\Delta=\frac{\delta}{2\pi} \tag{2-134}$$

振荡黏度计如图 2-30 所示，黏度计由四个基本系统组成：振荡系统（包括悬挂系统和振荡器）、加热系统、真空系统和振荡检测系统。振荡系统是由振动电机产生振动，通过直径 0.228mm 的钢丝及直径 4mm、长度 490mm 的钨棒连接下面试样容器，由耐热材料（氧化铝、石墨、氮化硼等）制成的杯子放置在石墨容器内。用石墨制成的电阻加热器加热试样，加热器内径为 100mm，热区高度为 450mm。试样处的热场具有极好的均匀性，试样高度上的垂直温度梯度小于 2K，最高温度为 2300℃。采用整体厚度为

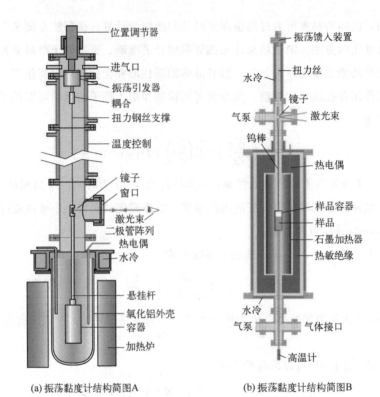

| (a) 振荡黏度计结构简图A | (b) 振荡黏度计结构简图B |

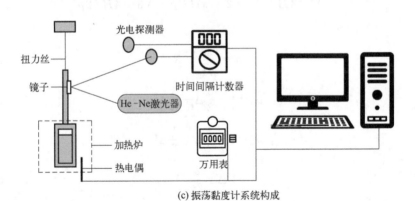

(c) 振荡黏度计系统构成

图 2-30　振荡黏度计

10～15cm 的石墨作为隔热材料。炉膛的水冷式外壁由钢制成，是真空系统的一部分。真空系统使用两台涡轮分子泵和一台旋转叶片泵，正常情况下，泵送时间 12h 后可达到 $10^{-6}\,\mathrm{mbar}$（1bar＝10^5Pa）的压力。在测量过程中，真空室在恒压下充满氩气。通过激光照射钨棒上的镜子，利用光电探测器检测镜子的反射激光来检测振荡数据。

② 振荡体黏度计　振荡体黏度计的振动体是圆柱体或板，与振荡杯黏度计不同，振荡体黏度计的振动圆柱体或板是完全浸入到液体中，通过测量作为时间函数的振荡幅度可以计算黏度。振荡体黏度计适合于测量低黏度的液体，并且适合于快速测量。对于液体的黏度，测量误差小于 2%，对于金属测量误差较高，可能会达到 30% 的测量误差，并且与高温有关。振荡体黏度计的系统组成如图 2-31 所示，主要由振荡器、振荡板、位移传感器、正弦信号发生器等组成。

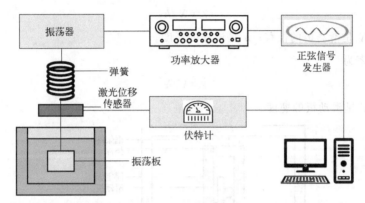

图 2-31　振动体黏度计

（7）滑板法

滑板黏度计是测量细粒材料黏度的最佳方法。滑板黏度计由两块平行的平板组成，试样处在两个平板之间，一块平板不动，另一块平板以恒定速度运动产生剪切速率，如图 2-32 所示。可以控制试样的温度，根据需要可以对试样施加压力。黏度由下式计算

$$\eta = \frac{Fh}{AV} \tag{2-135}$$

式中，F 为力；h 为试样的厚度；A 为移动板的面积；V 为剪切速度。

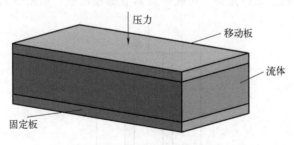

图 2-32　滑板黏度计测黏原理

由于试样的端部和边缘效应，使得通过剪切力计算剪切应力会带来较大的误差。为

了消除边界效应，可以通过剪切应力传感器直接测量试样中部的剪切应力。带有剪切应力传感器的滑板黏度计如图 2-33 所示。试样处在固定板和滑动板之间。滑动板通过精密线性轴承支撑。由伺服液压线性执行器驱动滑动板。剪切应力传感器安装在固定板上，测量试样中心部位的剪切应力。滑板黏度计可以在应变控制或应力控制模式下工作。测试过程中为了避免试样过早破坏，剪切应力或剪切速率逐渐增大，通过测试，剪应变为

$$\gamma = X/h \tag{2-136}$$

式中，X 是滑动板的位移；h 是试样的高度。

剪切速率为

$$\dot{\gamma} = V/h \tag{2-137}$$

式中，V 是滑动板的速度。

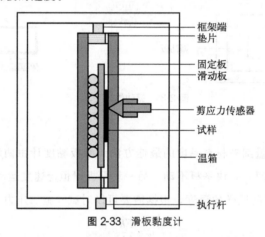

图 2-33　滑板黏度计

三块板式的滑板测黏系统，专门用来测定低温高黏度条件下的沥青黏度。三块板式黏度计构造由主框架、试件托架、荷载针及调节螺栓组成，如图 2-34 所示。采用三块

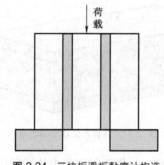

图 2-34　三块板滑板黏度计构造

截面为 20mm×30mm×6.5mm 的金属板，中间夹两层厚度为 Δ 的沥青。两边金属板固定，中间板为自由板，它在力作用下可以竖向移动。由两块板约束滑动板，避免了由于力的作用点不在中心线上而产生的测量误差。

试件在力 P 作用下产生变形。低温条件下变形速率随时间变化呈非线性。设施加于中间金属片的荷载为 P，剪变率为 D，剪应力为 S，η_a 为表观黏度，则

$$D = \frac{x}{\Delta} \tag{2-138}$$

$$S = \frac{P}{2A} \tag{2-139}$$

$$\eta_a = \frac{S}{D} = \frac{P\Delta}{2Ax} \tag{2-140}$$

式中，A 为试样的面积；Δ 为试样厚度；x 为试样的位移，与时间及温度有关。

（8）平行板压缩法

平行板压缩黏度计主要由两块平行板、气动控制器、导向轴和电阻加热炉组成。为了防止平板与试样的粘接，可以在平板设置石墨和氮化硼涂层。将试样放置在两个平行板之间，如图 2-35 所示。通过上平板的自重给试样提供压力。在测试过程中，受控制的上平板在气动和重量的作用下被释放，对试样施加压力，监测试样高度随时间的变化，加热炉保持恒定的测试温度。

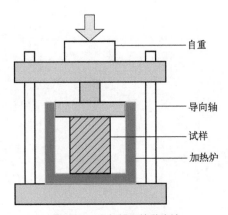

图 2-35 平行板压缩黏度计

加在试样上的压力为

$$F = \frac{-3\mu V^2}{2\pi h^5}\left(\frac{\mathrm{d}h}{\mathrm{d}t}\right) \tag{2-141}$$

式中，F 为施加在试样上的压力；μ 为黏度；h 为高度；V 为试样体积；$\mathrm{d}h/\mathrm{d}t$ 为

压缩速度。……………………………………………………………………………………

对上式进行积分，当 $t=0$ 时，$h=h_0$；$t=t$ 时，$h=h$，结合初始条件可以得到

$$\frac{3Vh_0}{8\pi P_0}\left(\frac{1}{h^4}-\frac{1}{h_0^4}\right)=\frac{t}{\eta} \tag{2-142}$$

通过试验数据，得到 $\left(\frac{3Vh_0}{8\pi P_0}\left(\frac{1}{h^4}-\frac{1}{h_0^4}\right),\ t\right)$ 关系的斜率即为黏度。

第 3 章
微分型本构方程

描述材料应力应变关系的方程为本构方程，本构方程是分析材料力学响应的基本方程，构建材料的本构方程是进行材料力学性能研究的前提和基础。通过本构方程可以研究材料的力学性能，同时本构方程与材料的属性及结构组成有关，本构方程的形式由材料本身的性质所决定，不同的材料本构方程的形式不同。本构方程是进行材料性能研究的基础，因此，构建黏弹性材料的本构方程是黏弹性力学的主要任务。

本构方程的构建需要遵循一些基本原理。确定性原理：物质当前时刻的力学状态可以由此刻以前的全部载荷历史所确定。局部作用原理：物质内任一点的当前应力状态，仅由该点周围无限小邻域的形变历史单值地确定。该原理保证物质内部应力分布的连续性。物质客观性原理：本构方程与坐标系的选择无关，在不同的惯性参考系下本构方程的基本形式相同。本构方程与已知的基本守恒定律相容。

黏弹性本构方程的构建方法包括唯象性方法和分子论方法。唯象性方法是基于黏弹性力学的试验或实际的力学现象，结合弹性力学、流体力学及高分子物理学中关于线性黏弹性本构方程的研究方法及基本理论，构建黏弹性本构方程，研究黏弹性体的应力应变关系及力学响应行为。唯象方法是基于黏弹性的力学现象建立的本构方程，因此不能反映黏弹性力学现象的分子运动机理。分子论方法是基于黏弹性材料分子结构与宏观黏弹性力学性质之间的关系，结合热力学及统计学的基本方法，构建的黏弹性本构方程。分子论方法能够建立描述高分子材料大分子链流动的模型，因此可以从微观结构的角度对黏弹性材料的力学性能进行研究，可以研究黏弹性材料宏观力学性能的微观机理。

黏弹性体的本构方程主要可分为两大类：微分型本构方程和积分型本构方程。微分型本构方程是关于应力应变微分关系的方程，本构方程中包含应力或应变的时间微分。积分型本构方程是在微分型本构方程的基础上，结合迭加原理构建的本构方程，通过对材料作用的应力或应变历史进行积分来描述当前时刻的应变或应力。

本章主要介绍采用唯象方法建立黏弹性体微分型本构方程的方法，并基于本构方程分析黏弹性体蠕变、应力松弛、蠕变恢复等黏弹性力学行为。

3.1　基本元件

（1）弹簧元件（［H］）

一维情况下，理想弹性体的本构模型可以由弹性元件来表征。弹性元件一般用弹簧表示，代表着材料中的弹性成分，如图 3-1 所示。

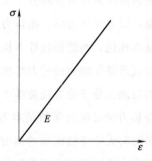

图 3-1　理想弹性元件

当外力作用在弹簧上时，弹簧的长度会瞬时达到最大值，当除去这个外力后其变形会瞬时恢复。弹性元件的本构关系满足胡克定律

$$\sigma = E\varepsilon \tag{3-1}$$

式中，σ 为应力，Pa；ε 为应变；E 为弹簧的弹性模量，Pa。

弹簧的应力应变关系如图 3-2 所示，为通过原点的一条直线，直线的斜率为材料的弹性模量。在弹簧元件的自由端作用如图 3-3（a）所示随时间变化的外力时，相应的应变如图 3-3（b）所示。响应与输入具有同步性，与载荷作用时间无关，外载荷去除后变形可以完全恢复，无残留变形。

图 3-2　弹簧的应力应变关系

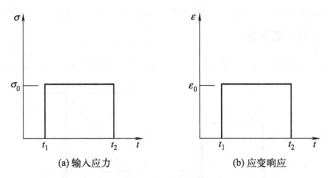

(a) 输入应力　　　　　　　　　　(b) 应变响应

图 3-3　弹簧的应力响应

（2）黏壶元件（[N]）

一维情况下，牛顿流体的本构模型采用黏壶元件来表征，黏壶元件一般用牛顿黏壶表示，代表着材料中的黏性成分，如图 3-4 所示。

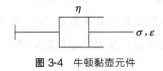

图 3-4　牛顿黏壶元件

牛顿黏壶的微分型本构方程为牛顿定律

$$\sigma = \eta \dot{\varepsilon} \qquad (3-2)$$

式中，σ 为应力，Pa；$\dot{\varepsilon}$ 为应变速率，1/s；η 为牛顿黏壶的动力黏度，Pa·s。

牛顿黏壶的应力应变关系（流变曲线）如图 3-5 所示，为通过原点的一条直线，直线的斜率为材料的黏度。在黏壶元件的自由端作用如图 3-6（a）所示的随时间变化的外力时，根据本构关系式（3-2），可以得到其相应的应变为

$$\varepsilon(t) = \frac{\sigma_0}{\eta} t \qquad (3-3)$$

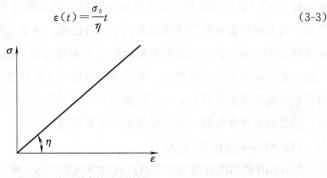

图 3-5　牛顿黏壶的流变曲线

相应的应变如图 3-6（b）所示。外力作用瞬间不会产生变形，变形随时间增加而增大，去除外力后变形不能恢复。

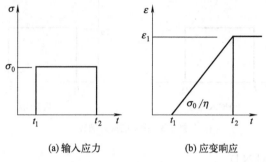

(a) 输入应力   (b) 应变响应

图 3-6　牛顿黏壶的应力响应

（3）塑性元件

为了描述塑性变形，采用滑块元件来表征，如图 3-7 所示。滑块元件的参数为应力阈值 σ_D，当滑块所受外力 σ 小于等于应力阈值 σ_D 时，滑块不滑动；当滑块所受应力 σ 大于应力阈值 σ_D 时，滑块开始滑动，来表征塑性流动变形。

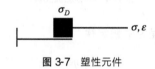

图 3-7　塑性元件

3.2　二元件模型

基于表征理想弹性体弹性性能的弹簧元件［H］及表征牛顿流体黏性性能的牛顿黏壶元件［N］，通过两类元件的串联或者并联，可以得到表征黏弹性体力学性能的本构模型，最基本的黏弹性力学模型由两个元件组成。下面分别介绍由两个基本元件构成的黏弹性力学模型。黏弹性材料典型的静态力学行为包括蠕变、应力松弛及蠕变恢复等，下面分别介绍力学模型的建立、本构方程的推导及如何基于本构方程分析蠕变、应力松弛及蠕变恢复等力学行为。二元件模型由一个弹簧元件［H］和一个黏壶元件［N］构成，包括两个材料参数，因此也称为二参数模型。

（1）Maxwell 模型（［M］）

Maxwell 模型由弹簧元件［H］及黏壶元件［N］串联组成，如图 3-8 所示。包括两个材料参数：弹性模量及黏度系数。模型左端固定，右端作用应力 σ，相应的应变为

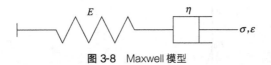

图 3-8　Maxwell 模型

ε。每个元件的应力及应变分别为（σ_1，ε_1）及（σ_2，ε_2），根据模型的串联关系，可以得到如下关系

应变关系

$$\varepsilon = \varepsilon_1 + \varepsilon_2 \tag{3-4}$$

应力平衡条件

$$\sigma = \sigma_1 = \sigma_2 \tag{3-5}$$

每个单元的本构关系

$$\sigma_1 = E\varepsilon_1 \tag{3-6}$$

$$\sigma_2 = \eta \dot{\varepsilon}_2 \tag{3-7}$$

根据以上四个方程，联立求解可以得到 Maxwell 模型的本构方程为

$$\sigma + \frac{\eta}{E}\dot{\sigma} = \eta \dot{\varepsilon} \tag{3-8}$$

① 应力松弛分析　得到模型的本构方程之后，可以对黏弹性体的应力松弛现象进行定量的分析。依据应力松弛的定义，得到应力松弛的初始条件为

$$t = 0, \sigma(0) = \sigma_0, \varepsilon(t) = \varepsilon_0 \tag{3-9}$$

即在 $t = 0$ 时瞬时给模型施加一个初始应变 ε_0，并保持应变不变，使模型瞬时产生 ε_0 应变的初始应力为 σ_0，在这样的初始条件下，求解维持模型的应变 ε_0 保持不变所需要施加的外力随时间的变化。

由于应变为常值，由公式（3-8）可得

$$\sigma + \frac{\eta}{E}\dot{\sigma} = 0 \tag{3-10}$$

结合初始条件式（3-9），可以得到式（3-10）的解为

$$\sigma(t) = \sigma_0 e^{-\frac{t}{\tau}} \tag{3-11}$$

其中

$$\tau = \frac{\eta}{E}, \ \sigma_0 = E\varepsilon_0 \tag{3-12}$$

依据式（3-11）可以得到 Maxwell 模型的应力松弛曲线如图 3-9 所示。随着时间的无限增加，Maxwell 模型的应力可以变为零。即 Maxwell 模型在应变不变的情况下，其

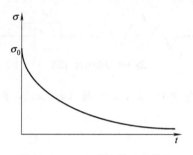

图 3-9　Maxwell 模型的应力松弛

应力可以实现完全松弛。

在公式（3-11）中的 τ 为 Maxwell 模型的松弛时间，单位为 s。下面看一下松弛时间的物理意义。取两种不同的黏弹性材料，其松弛时间分别为 τ_1 和 τ_2，并且 $\tau_1 > \tau_2$，依据应力松弛方程式（3-11），在初始应力相同的条件下，得到两种材料的应力松弛曲线如图 3-10 所示。从图中可以看出，当两种材料应力达到相同的值 σ_1 时，相应的需要的时间 $t_1 > t_2$，即应力松弛时间较大的材料应力松弛到相同的应力所需要的时间较长，反之所需要的时间较短。换言之，就是应力松弛时间较大的黏弹性材料其应力松弛得较慢，而应力松弛时间较小的黏弹性材料其应力松弛得较快。所以应力松弛时间的大小决定了黏弹性材料应力松弛的快慢。

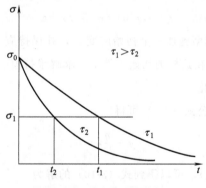

图 3-10　应力松弛的对比

取弹性体、黏性流体及黏弹性体三种不同的材料，在相同的初始应力条件下其应力松弛的对比如图 3-11 所示。弹性体材料不具有应力松弛能力，其应力会一直保持，黏性流体在变形不变的情况下，不需要外力维持变形，即在变形不变的情况下，其应力为零，换言之，黏性流动的应力可以瞬时完全松弛，不需要时间。也就是说弹性体的松弛时间为无穷大，而黏性流体的松弛时间为零。黏弹性体的松弛时间介于黏性流体与弹性体之间。并且黏弹性体的松弛时间越大，越接近于弹性体的力学性能，反之松弛时间越小，越接近黏性流体的力学性能。因此黏弹性体的松弛时间是由黏弹性材料本身的黏性成分与弹性成分的比例关系所决定的。松弛时间 τ 表征了黏弹性材料黏性成分和弹性成分的比例关系，τ 值越大则表现为弹性体的力学行为，越小则表现为黏性流体的力学行为。松弛时间是黏弹性材料固有的特征时间，也称为内部时间。

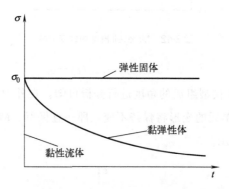

图 3-11 不同材料应力松弛的对比

② 蠕变分析 黏弹性材料另外一个典型的力学行为是蠕变，得到模型的本构方程之后，可以对黏弹性体的蠕变现象进行定量的分析。依据蠕变的定义，得到蠕变的初始条件为

$$\sigma(t) = \sigma_0 \qquad (3\text{-}13)$$

即在 $t=0$ 时瞬时给模型施加一个初始应力 σ_0，并保持应力不变，在这样的初始条件下，求解模型的应变随时间的变化。

由于应力为常值，由式（3-8）可得

$$\sigma = \eta\dot{\varepsilon} \qquad (3\text{-}14)$$

结合初始条件式（3-13），可以得到式（3-14）的解为

$$\sigma(t) = \frac{\sigma_0}{E} + \frac{\sigma_0}{\eta}t \qquad (3\text{-}15)$$

依据式（3-15）可以得到 Maxwell 模型的蠕变曲线如图 3-12 所示。随着时间的无限增加，Maxwell 模型的蠕变增加。但通过模型及式（3-15）可知，Maxwell 模型随时间增加的应变完全由黏壶元件产生，所以 Maxwell 模型的蠕变实质是黏性流体的蠕变，即 Maxwell 模型不能描述黏弹性体的蠕变。

③ 蠕变恢复 蠕变恢复为黏弹性体在变形达到一定值之后，将外力去除，其变形随时间的变化情况，如果以外力去除的时刻作为时间零点，则蠕变恢复的初始条件为

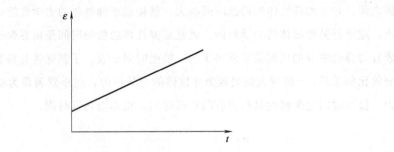

图 3-12 Maxwell 模型的蠕变曲线

$$t=0, \varepsilon(0)=\varepsilon_0, \sigma(t)=0 \tag{3-16}$$

基于图 3-8 Maxwell 模型组成的角度进行分析可知，在外力去除以后弹簧单元的变形会瞬时恢复，而黏壶单元的变形将保持不变，即一直保留。Maxwell 模型的蠕变及蠕变恢复曲线如图 3-13 所示。

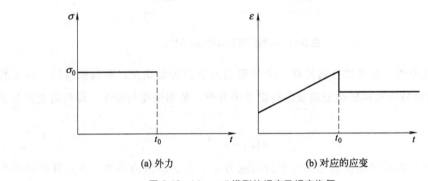

(a) 外力   (b) 对应的应变

图 3-13 Maxwell 模型的蠕变及蠕变恢复

(2) Kelvin 模型（[K]）

Kelvin 模型由弹簧元件 [H] 及黏壶元件 [N] 并联组成，如图 3-14 所示。包括两个材料参数：弹性模量及黏度系数。模型左端固定，右端作用应力 σ，相应的应变为 ε。每个元件的应力及应变分别为 $(\sigma_1, \varepsilon_1)$ 及 $(\sigma_2, \varepsilon_2)$，根据模型的并联关系，可以得到如下关系

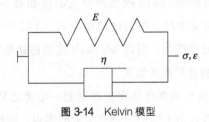

图 3-14 Kelvin 模型

应变关系

$$\varepsilon = \varepsilon_1 = \varepsilon_2 \qquad (3\text{-}17)$$

应力平衡条件

$$\sigma = \sigma_1 + \sigma_2 \qquad (3\text{-}18)$$

每个单元的本构关系

$$\sigma_1 = E\varepsilon_1 \qquad (3\text{-}19)$$

$$\sigma_2 = \eta\dot{\varepsilon}_2 \qquad (3\text{-}20)$$

根据以上四个方程，联立求解可以得到 Kelvin 模型的本构方程为

$$\sigma = E\varepsilon + \eta\dot{\varepsilon} \qquad (3\text{-}21)$$

① 应力松弛分析　根据应力松弛的初始条件式（3-9），结合式（3-21），可以得到 Kelvin 模型的应力松弛方程为

$$\sigma(t) = E\varepsilon \qquad (3\text{-}22)$$

由此可知，Kelvin 模型在应变一定的情况下，其应力保持不变，即 Kelvin 模型不具有应力松弛能力。通过 Kelvin 模型的构成可知，在应变一定的情况下，此时黏壶元件将不起作用，相当于外力作用在弹簧上，因此维持固定变形所需的外力将不再发生变化，即不发生应力松弛。因此 Kelvin 模型不具有应力松弛能力。

② 蠕变分析　依据蠕变的初始条件式（3-13），结合式（3-21），得到 Kelvin 模型的蠕变方程为

$$\varepsilon(t) = \frac{\sigma_0}{E}(1 - e^{-\frac{t}{\tau'}}) \qquad (3\text{-}23)$$

其中，$\tau' = \dfrac{\eta}{E}$。

依据式（3-23）可以得到 Kelvin 模型的蠕变曲线如图 3-15 所示。随着时间的无限增加，Kelvin 模型的蠕变增大，并且当时间无限长时，应变为

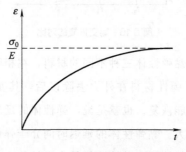

图 3-15　Kelvin 模型的蠕变曲线

$$\varepsilon(\infty) = \frac{\sigma_0}{E} \qquad\qquad (3\text{-}24)$$

即当时间无限长时，Kelvin 模型的应变为有限值。

③ 蠕变恢复　基于蠕变恢复的初始条件式（3-16），并结合式（3-21），可以得到 Kelvin 模型的蠕变恢复方程为

$$\varepsilon(t) = \varepsilon_0 e^{-\frac{t}{\tau'}} \qquad\qquad (3\text{-}25)$$

基于 Kelvin 模型组成的角度进行分析可知，在外力去除以后弹簧单元会收缩，但受到并联黏壶元件的限制，收缩变形会缓慢进行，由于黏壶元件只要受到力的作用就会产生应变，因此当时间无限长时，弹簧的内力变为零，初始变形完全恢复，体系达到稳定状态。因此外力去除以后 Kelvin 模型的变形可以完全恢复。

在式（3-25）中的 τ' 为 Kelvin 模型的延迟时间，单位为 s。下面看一下延迟时间的物理意义。取两种不同的黏弹性材料，其延迟时间分别为 τ_1' 和 τ_2'，并且 $\tau_1' > \tau_2'$，依据蠕变恢复方程式（3-25），在初始应变相同的条件下，得到两种材料的蠕变恢复曲线如图 3-16 所示。从图中可以看出，当两种材料应变恢复到相同的值 ε_1 时，相应的需要的时间 $t_1 > t_2$，即延迟时间较大的材料变形恢复到相同的数值所需要的时间较长，反之所需要的时间较短。换言之，就是延迟时间较长的黏弹性材料其变形恢复得较慢，而延迟时间较短的黏弹性材料其变形恢复得较快。所以延迟时间的大小决定了黏弹性材料变形恢复的快慢。

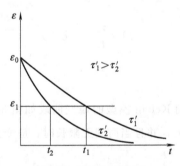

图 3-16　蠕变恢复的对比

取弹性体、黏性流体及黏弹性体三种不同的材料，在相同的初始应变条件下其变形恢复的对比如图 3-17 所示。弹性材料在外力去除以后，其变形会瞬时恢复，黏性流体在外力去除以后，其变形不能恢复。也就是说，弹性体的延迟时间为零，没有延迟，而黏性流体的延迟时间为无穷大。黏弹性体的延迟时间介于弹性体与黏性流体之间。并且黏弹性体的延迟时间越大，越接近于黏性流体的力学性能，反之延迟时间越小，越接近

弹性体的力学性能。因此黏弹性体的延迟时间是由黏弹性材料本身的黏性成分与弹性成分的比例关系所决定的。延迟时间 τ' 表征了黏弹性材料黏性成分和弹性成分的比例关系，τ' 值越大则表现为黏性流体的力学行为，越小则表现为弹性流体的力学行为。延迟时间是黏弹性材料固有的特征时间，也称为内部时间。

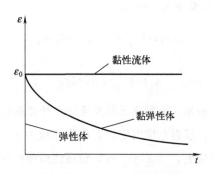

图 3-17　不同材料蠕变恢复的对比

通过以上分析表明，Kelvin 模型可以描述黏弹性体的蠕变及蠕变恢复行为。Kelvin 模型的蠕变及蠕变恢复曲线如图 3-18 所示。

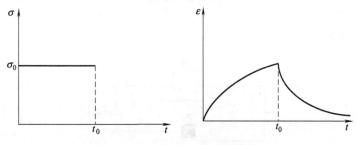

图 3-18　Kelvin 模型的蠕变及蠕变恢复

（3）弹塑性与黏塑性模型

基本元件除了弹簧元件［H］和黏壶元件［N］之外，上面还提到了塑性元件滑块，通过滑块与弹簧或者黏壶的并联可以构成弹塑性及黏塑性模型。

弹塑性模型如图 3-19 所示。由弹簧元件及滑块元件并联组成。包括两个材料参数：

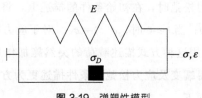

图 3-19　弹塑性模型

弹性模量 E 及应力阈值 σ_D。模型左端固定，右端作用应力 σ，相应的应变为 ε。当 $\sigma \leqslant$ σ_D 时，弹塑性模型不产生应变，当 $\sigma > \sigma_D$ 时，弹塑性模型的应变为

$$\varepsilon(t) = \frac{\sigma - \sigma_D}{E} \tag{3-26}$$

当外力去除之后，其应变恢复方程为

$$\varepsilon(t) = \frac{\sigma - \sigma_D}{E}, \ \sigma_D < \sigma \leqslant 2\sigma_D$$

$$\varepsilon(t) = \frac{\sigma_D}{E}, \ \sigma > 2\sigma_D \tag{3-27}$$

黏塑性模型如图 3-20 所示。由黏壶元件及滑块元件并联组成。包括两个材料参数：黏度系数 η 及应力阈值 σ_D。模型左端固定，右端作用应力 σ，相应的应变为 ε。当 $\sigma \leqslant$ σ_D 时，黏塑性模型不产生应变，当 $\sigma > \sigma_D$ 时，黏塑性模型的应变为

$$\varepsilon(t) = \frac{\sigma - \sigma_D}{\eta} t \tag{3-28}$$

当 $t = t_0$ 时外力去除，其残留应变为

$$\varepsilon(t) = \frac{\sigma - \sigma_D}{\eta} t_0 \tag{3-29}$$

应变不能恢复。

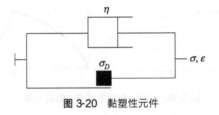

图 3-20　黏塑性元件

3.3　单位阶跃函数、狄拉克函数、拉普拉斯变换

（1）单位阶跃函数

以上在分析蠕变及应力松弛时，在初始条件的描述上，将时间轴分为两部分。对于蠕变，当 $t < 0$ 时，$\sigma(t) = 0$；当 $t \geqslant 0$ 时，$\sigma(t) = \sigma_0$。对于应力松弛，当 $t < 0$ 时，$\varepsilon(t) = 0$；当 $t \geqslant 0$ 时，$\varepsilon(t) = \varepsilon_0$。用这种方式描述载荷的突然施加作用很不方便，为此可以引入单位阶跃函数，可以使得蠕变及应力松弛的条件描述更为方便。

单位阶跃函数的定义如下

$$\Delta(t) = 0, \ t < 0$$

$$\Delta(t) = 1, \ t > 0 \tag{3-30}$$

利用单位阶跃函数，可以将蠕变的初始条件定义为

$$\sigma(t) = \sigma_0 \Delta(t) \tag{3-31}$$

应力松弛的初始条件定义为

$$\varepsilon(t) = \varepsilon_0 \Delta(t) \tag{3-32}$$

（2）狄拉克函数

由于黏弹性本构方程为微分型本构方程，因此结合初始条件，需要求 $\Delta(t)$ 对时间的导数。单位阶跃函数的导数为狄拉克函数，即

$$\dot{\Delta}(t) = \delta(t) \tag{3-33}$$

并且狄拉克函数的定义为

$$\delta(t) = 0, \ t \neq 0$$

$$\delta(t) = +\infty, \ t = 0 \tag{3-34}$$

（3）拉普拉斯变换

在进行复杂黏弹性力学模型本构方程的推导过程中，需要用到拉普拉斯变换及其逆变换。任意函数 $f(t)$ 的拉普拉斯变换可以记为 $\overline{f}(s)$，拉普拉斯变换的定义为

$$\overline{f}(s) = \int_0^\infty f(t) e^{-st} \, dt \tag{3-35}$$

通过拉普拉斯变换，自变量由 t 变为了 s，并且有下面重要的结论成立

$$\overline{f^n}(s) = S^n \overline{f}(s) \tag{3-36}$$

拉普拉斯变换作为一种求解工具，在微分型本构方程的构建及求解过程中有着重要的应用。其重要性在于，通过积分变换，把物理平面上的微分运算转换为拉氏平面上的代数运算，因此微分方程转换为代数方程，而代数方程的求解较为容易。求解出 $\overline{f}(s)$ 后，进行拉普拉斯逆变换，就可得到原问题的解，但多数情况下，求 $\overline{f}(s)$ 的逆变换还存在一定的问题和困难，需要一定的处理方法。

常用的拉普拉斯变换对见表 3-1。

表 3-1 拉普拉斯变换表

序号	$f(t)$	$\overline{f}(s)$
1	$\Delta(t)$	$\dfrac{1}{s}$
2	$\delta(t)$	1

序号	$f(t)$	$\overline{f}(s)$
3	e^{-at}	$\dfrac{1}{a+s}$
4	$1-e^{-at}$	$\dfrac{a}{s(a+s)}$
5	$t-\dfrac{1}{a}(1-e^{-at})$	$\dfrac{a}{s^2(a+s)}$
6	t	$\dfrac{1}{s^2}$
7	t^n	$\dfrac{s^{n+1}}{n!}$
8	te^{-at}	$\dfrac{1}{(a+s)^2}$

3.4 三元件模型

（1）三元件固体模型（[H]-[K]）

三元件固体模型由弹簧元件 [H] 及 Kelvin 单元 [K] 串联组成，如图 3-21 所示。含有三个材料参数，因此也被称为三参数固体模型。下面通过拉普拉斯变换及其逆变换来建立其本构方程。

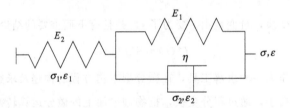

图 3-21 三元件固体模型

在外力作用下，[H] 元件的应力应变为 σ_1、ε_1，[K] 单元的应力应变为 σ_2、ε_2。由模型的构成关系，可以得到如下关系式。

应变关系

$$\varepsilon=\varepsilon_1+\varepsilon_2 \tag{3-37}$$

应力平衡条件

$$\sigma=\sigma_1=\sigma_2 \tag{3-38}$$

[H] 元件及 [K] 单元的本构关系为

$$\sigma_1 = E_2 \varepsilon_1 \tag{3-39}$$

$$\sigma_2 = E_1 \varepsilon_2 + \eta \dot{\varepsilon}_2 \tag{3-40}$$

对式 (3-37)～式 (3-40) 分别进行拉普拉斯变换，注意在对式 (3-40) 进行拉普拉斯变换时，需要用到拉普拉斯变换的微分性质式 (3-36)，得到

$$\bar{\varepsilon}(s) = \bar{\varepsilon}_1(s) + \bar{\varepsilon}_2(s)$$

$$\bar{\sigma}(s) = \bar{\sigma}_1(s) = \bar{\sigma}_2(s)$$

$$\bar{\sigma}_1(s) = E_2 \bar{\varepsilon}_1(s)$$

$$\bar{\sigma}_2(s) = E_1 \bar{\varepsilon}_2(s) + \eta s \bar{\varepsilon}_2(s) \tag{3-41}$$

基于拉普拉斯变换后的方程式 (3-41) 可以得到如下公式

$$\bar{\sigma}(s) \cdot (E_2 + E_1 + s\eta) = E_2(E_1 + s\eta)\bar{\varepsilon}(s) \tag{3-42}$$

以上得到了本构方程拉普拉斯变换后的 $\bar{\sigma}(s)$、$\bar{\varepsilon}(s)$ 之间的关系，接下来只需要对上式进行拉普拉斯逆变换即可以得到本构方程，同样在进行逆变换时也要用到拉普拉斯变换的微分性质公式 (3-36)，逆变换后得到如下公式

$$\sigma(t) \cdot (E_2 + E_1) + \eta \dot{\sigma}(t) = E_1 E_2 \varepsilon(t) + E_2 \eta \dot{\varepsilon}(t) \tag{3-43}$$

即为三参数固体模型的微分型本构方程。

为了简化方程，引入参数 p_1、q_0、q_1，参数的表达式如下

$$p_1 = \eta / (E_1 + E_2)$$

$$q_0 = E_1 E_2 / (E_1 + E_2)$$

$$q_1 = E_2 \eta / (E_1 + E_2) \tag{3-44}$$

则式 (3-43) 可以简写为如下形式

$$\sigma + p_1 \dot{\sigma} = q_0 \varepsilon + q_1 \dot{\varepsilon} \tag{3-45}$$

其中微分方程的系数应满足如下关系

$$q_1 > p_1 q_0 \tag{3-46}$$

① 应力松弛分析　得到本构方程之后，可以结合本构方程对三参数固体模型的应力松弛进行定量分析，通过引入单位阶跃函数，应力松弛的初始条件可以写成如下形式

$$\varepsilon = \varepsilon_0 \Delta(t) \tag{3-47}$$

对上式进行拉普拉斯变换

$$\bar{\varepsilon}(s) = \frac{\varepsilon_0}{s} \tag{3-48}$$

对公式 (3-45) 进行拉普拉斯变换，并将上式代入，得到

$$\bar{\sigma}(s) + p_1 s \bar{\sigma}(s) = \left(\frac{q_0}{s} + q_1 \right) \varepsilon_0 \tag{3-49}$$

由上式求得 $\bar{\sigma}(s)$，为了便于对 $\bar{\sigma}(s)$ 进行逆变换，结合表 3-1 中的变换对，需要对 $\bar{\sigma}(s)$ 的表达式进行处理

$$\bar{\sigma}(s) = \left[\frac{q_0}{(1+p_1 s)s} + \frac{q_1}{1+p_1 s}\right]\varepsilon_0$$

$$= \left[\frac{q_0}{p_1\left(\frac{1}{p_1}+s\right)s} + \frac{q_1}{p_1\left(\frac{1}{p_1}+s\right)}\right]\varepsilon_0 \tag{3-50}$$

对上式进行逆变换，并结合参数关系式（3-44），得到

$$\sigma(t) = \left[q_0\left(1-e^{-\frac{t}{p_1}}\right) + \frac{q_1}{p_1}e^{-\frac{t}{p_1}}\right]\varepsilon_0$$

$$\sigma(t) = \frac{E_2\varepsilon_0}{E_1+E_2}\left(E_1 + E_2 e^{-\frac{E_1+E_2}{\eta}t}\right) \tag{3-51}$$

上式即为三参数固体模型的应力松弛方程。在上式中，分别令 $t=0$、$t=\infty$，得到

$$\sigma(0) = E_2\varepsilon_0$$

$$\sigma(\infty) = \frac{E_1 E_2}{E_1+E_2}\varepsilon_0 \tag{3-52}$$

$\sigma(0)$ 为使模型瞬时产生应变 ε_0 所需要施加的应力。在时间无限长时，三参数固体模型的应力不为零，即三参数固体模型的应力不能完全松弛。三参数固体模型的应力松弛曲线如图 3-22 所示。

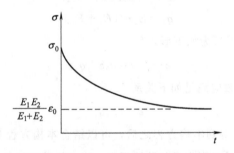

图 3-22　三参数固体模型的应力松弛

得到模型的总应力及应变之后，可以分别分析模型中每个元件的应力及应变。模型中独立弹簧元件命名为弹簧 I，[K] 单元中的弹簧元件命名为弹簧 II，由公式（3-38），可知弹簧 I 的应力为

$$\sigma_{\text{I}}(t) = \frac{E_2\varepsilon_0}{E_1+E_2}(E_1 + E_2 e^{-\frac{E_1+E_2}{\eta}t}) \tag{3-53}$$

由公式（3-39）可知，弹簧 I 的应变为

$$\varepsilon_1(t) = \frac{\varepsilon_0}{E_1 + E_2}(E_1 + E_2 e^{-\frac{E_1 + E_2}{\eta}t}) \tag{3-54}$$

则模型中 [K] 单元的应变为

$$\varepsilon_2(t) = \varepsilon_0 - \varepsilon_1(t) = \frac{E_2 \varepsilon_0}{E_1 + E_2}(1 - e^{-\frac{E_1 + E_2}{\eta}t}) \tag{3-55}$$

上式即为 [K] 中弹簧Ⅱ及黏壶的应变。

则 [K] 中弹簧Ⅱ的应力为

$$\sigma_{\mathrm{II}}(t) = E_1 \varepsilon_2(t) = \frac{E_1 E_2 \varepsilon_0}{E_1 + E_2}(1 - e^{-\frac{E_1 + E_2}{\eta}t}) \tag{3-56}$$

[K] 中黏壶元件的应力为

$$\sigma_2(t) = \sigma(t) - \sigma_{\mathrm{I}}(t) = E_2 \varepsilon_0 e^{-\frac{E_1 + E_2}{\eta}t} \tag{3-57}$$

由式 (3-53)～式 (3-57)，当 $t = 0$ 时

$$\begin{cases} \sigma_{\mathrm{I}}(0) = E_2 \varepsilon_0 \\ \varepsilon_1(0) = \varepsilon_0 \\ \varepsilon_2(0) = 0 \\ \sigma_{\mathrm{II}}(0) = 0 \\ \sigma_2(0) = E_2 \varepsilon_0 \end{cases} \tag{3-58}$$

通过上式可知，使该模型瞬时产生应变 ε_0，所需要的外力为 $E_2 \varepsilon_0$。由模型的性质可知，在载荷施加的一瞬间，独立弹簧会瞬时产生变形，而 [K] 单元不会产生瞬时变形，因此 [K] 单元的应变 $\varepsilon_2(0) = 0$，并且 [K] 单元中的弹簧Ⅱ的应力 $\sigma_{\mathrm{II}}(0) = 0$，所以在加载瞬间黏壶元件的应力等于弹簧Ⅰ的应力，因此 $\sigma_2(0) = E_2 \varepsilon_0$。

由式 (3-53)～式 (3-57)，当 $t = \infty$ 时

$$\begin{cases} \sigma_{\mathrm{I}}(\infty) = \dfrac{E_1 E_2 \varepsilon_0}{E_1 + E_2} \\[2mm] \varepsilon_1(\infty) = \dfrac{E_1 \varepsilon_0}{E_1 + E_2} \\[2mm] \varepsilon_2(\infty) = \dfrac{E_2 \varepsilon_0}{E_1 + E_2} \\[2mm] \sigma_{\mathrm{II}}(\infty) = \dfrac{E_1 E_2 \varepsilon_0}{E_1 + E_2} \\[2mm] \sigma_2(\infty) = 0 \end{cases} \tag{3-59}$$

由模型的性质可知，在时间无限长时，模型力学状态趋于稳定，模型相当于两个弹

簧元件串联，弹簧 I 及弹簧 II 的应力相等，等于串联弹簧的刚度与应变的乘积，即

$\sigma_I(\infty) = \sigma_{II}(\infty) = \dfrac{E_1 E_2 \varepsilon_0}{E_1 + E_2}$，而黏壶的应力 $\sigma_2(\infty) = 0$。

通过本构方程，可以对模型的内应力进行分析。

② 蠕变分析　得到本构方程之后，可以结合本构方程对三参数固体模型的蠕变进行定量分析，通过引入单位阶跃函数之后，蠕变的初始条件可以写成如下形式

$$\sigma = \sigma_0 \Delta t \tag{3-60}$$

对上式进行拉普拉斯变换

$$\bar{\sigma}(s) = \frac{\sigma_0}{s} \tag{3-61}$$

对式（3-45）进行拉普拉斯变换，并将上式代入，得到

$$\sigma_0 \left(\frac{1}{s} + p_1 \right) = (q_0 + q_1 s) \bar{\varepsilon}(s) \tag{3-62}$$

由上式求得

$$\bar{\varepsilon}(s) = \sigma_0 \left(\frac{1}{s} + p_1 \right) \frac{1}{q_0 + q_1 s} \tag{3-63}$$

对上式进行逆变换

$$\varepsilon(t) = \frac{\sigma_0}{E_1 E_2} \left[E_1 + E_2 (1 - e^{-\lambda t}) \right] \tag{3-64}$$

其中 $\lambda = E_1 / \eta$，上式即为三参数固体模型的蠕变方程。

在上式中，分别令 $t = 0$、$t = \infty$，并结合参数关系式（3-44），可以得到

$$\varepsilon(0) = \sigma_0 \frac{p_1}{q_1} = \frac{\sigma_0}{E_2}$$

$$\varepsilon(\infty) = \frac{\sigma_0}{q_0} = \frac{\sigma_0 (E_1 + E_2)}{E_1 E_2} \tag{3-65}$$

$\varepsilon(0)$ 为载荷施加瞬时产生的应变，在载荷作用瞬间即产生有限变形，称该模型具有瞬时弹性；$\varepsilon(\infty)$ 为载荷施加无限长时产生的应变，在载荷作用时间无限长时产生的应变为有限值，称该模型具有渐近弹性。该模型在载荷作用瞬间即产生有限变形，在载荷作用时间无限长时其变形仍为有限值，并且其应力不能完全松弛，因此该模型描述的是固体的力学行为，因此称之为三参数固体模型。三参数固体模型的蠕变曲线如图 3-23 所示。

在外载荷作用下，模型的应变应当持续增加，即

$$\varepsilon(\infty) > \varepsilon(0) \tag{3-66}$$

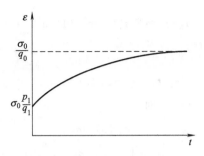

图 3-23 三参数固体模型的蠕变

结合式（3-65），可以得到

$$q_1 > p_1 q_0 \tag{3-67}$$

此式即为式（3-46）。

以上依据蠕变的初始条件通过本构方程的求解，得到了三参数固体模型的蠕变方程式（3-64）。通过三参数固体模型的组成分析可知，三参数固体模型是由弹簧元件和 Kelvin 模型串联而成。通过前面的分析，已经得到了弹簧元件和 Kelvin 模型在外力作用下的蠕变方程为

$$\varepsilon_1(t) = \frac{\sigma_0}{E_2}$$

$$\varepsilon_2(t) = \frac{\sigma_0}{E_1}(1 - e^{-\lambda t}) \tag{3-68}$$

结合三参数固体模型的串联关系，因此模型的总应变为

$$\varepsilon(t) = \varepsilon_1(t) + \varepsilon_2(t) \tag{3-69}$$

将式（3-68）代入到式（3-69），即可以得到蠕变方程

$$\varepsilon(t) = \frac{\sigma_0}{E_2} + \frac{\sigma_0}{E_1}(1 - e^{-\lambda t}) \tag{3-70}$$

该公式整理后与式（3-64）完全一致，由此可以看出，如果模型具有迭加关系，通过迭加的方式进行求解更为简单有效。

得到模型的总应力及应变之后，同样可以分别分析模型中每个单元的应力及应变。弹簧Ⅰ的应力及应变分别为

$$\sigma_{\mathrm{I}}(t) = \sigma_0$$

$$\varepsilon_{\mathrm{I}}(t) = \frac{\sigma_0}{E_2} \tag{3-71}$$

根据公式（3-68）中 [K] 单元的应变，可得弹簧Ⅱ的应力为

$$\sigma_{\mathrm{II}}(t) = E_1 \varepsilon_1(t) = \sigma_0 (1 - \mathrm{e}^{-\frac{E_1}{\eta}t}) \tag{3-72}$$

则 [K] 单元中黏壶的应力为

$$\sigma_2(t) = \sigma_0 - \sigma_{\mathrm{II}}(t) = \sigma_0 \mathrm{e}^{-\frac{E_1}{\eta}t} \tag{3-73}$$

由式 (3-68)~式 (3-73)，当 $t = 0$ 时

$$\begin{cases} \sigma_{\mathrm{I}}(0) = \sigma_0 \\[2mm] \varepsilon_1(0) = \dfrac{\sigma_0}{E_2} \\[2mm] \varepsilon_2(0) = 0 \\[2mm] \sigma_{\mathrm{II}}(0) = 0 \\[2mm] \sigma_2(0) = \sigma_0 \end{cases} \tag{3-74}$$

通过上面的分析可知，在载荷施加的一瞬间，[K] 中的弹簧 II 不会产生变形，其应力及应变均为零。此时相当于弹簧 I 与 [K] 单元中的黏壶串联，所以在载荷施加的一瞬间，弹簧 I 的应力与黏壶的应力相同，均为 σ_0，而在载荷施加的瞬间，黏壶无应变。

由式 (3-68)~式 (3-73)，当 $t = \infty$ 时

$$\begin{cases} \sigma_{\mathrm{I}}(\infty) = \sigma_0 \\[2mm] \varepsilon_1(\infty) = \dfrac{\sigma_0}{E_2} \\[2mm] \varepsilon_2(\infty) = \dfrac{\sigma_0}{E_1} \\[2mm] \sigma_{\mathrm{II}}(\infty) = \sigma_0 \\[2mm] \sigma_2(\infty) = 0 \end{cases} \tag{3-75}$$

由模型的性质可知，在时间无限长时，模型力学状态趋于稳定，模型相当于两个弹簧串联，弹簧 I 及弹簧 II 的应力相等，等于外载 σ_0，而黏壶的应力 $\sigma_2(\infty) = 0$。

③ 蠕变恢复分析　依据三参数固体模型的构成，在载荷 σ_0 作用到 t_0 时刻，去除外力，即进入到蠕变恢复阶段。在 t_0 时刻弹簧元件及 Kelvin 模型所产生的应变分别为

$$\varepsilon_1(t_0) = \frac{\sigma_0}{E_2}$$

$$\varepsilon_2(t_0) = \frac{\sigma_0}{E_1}(1 - \mathrm{e}^{-\lambda t_0}) \tag{3-76}$$

在 t_0 时刻外载荷去除的瞬间，弹簧元件的应变瞬时恢复，而 Kelvin 模型的应变缓

慢恢复，结合前面得到的 Kelvin 模型的蠕变恢复方程式（3-25），可以得到三参数固体的蠕变恢复方程为

$$\varepsilon(t) = \frac{\sigma_0}{E_1}(1 - e^{-\lambda t_0})e^{-\lambda(t - t_0)}\tag{3-77}$$

三参数固体模型的蠕变及蠕变恢复曲线如图 3-24 所示。

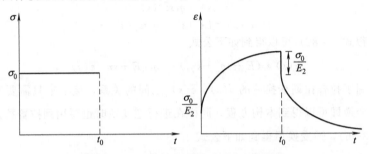

图 3-24　三参数固体模型的蠕变及蠕变恢复

（2）三元件流体模型（[N]-[K]）

三元件流体模型由黏壶元件 [N] 及 Kelvin 单元 [K] 串联组成，如图 3-25 所示。含有三个材料参数，因此也被称为三参数流体模型。下面通过拉普拉斯变换及其逆变换来建立其本构方程。

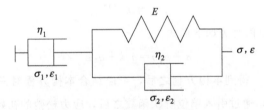

图 3-25　三元件流体模型

在外力作用下，[N] 元件的应力应变为 σ_1、ε_1，[K] 单元的应力应变为 σ_2、ε_2。由模型的构成关系，可以得到如下关系式。

应变关系

$$\varepsilon = \varepsilon_1 + \varepsilon_2\tag{3-78}$$

应力平衡条件

$$\sigma = \sigma_1 = \sigma_2\tag{3-79}$$

每个单元的本构关系

$$\sigma_1 = \eta_1 \dot{\varepsilon}_1\tag{3-80}$$

$$\sigma_2 = E\varepsilon_2 + \eta_2 \dot{\varepsilon}_2 \tag{3-81}$$

对式（3-78）～式（3-81）分别进行拉普拉斯变换，注意在进行拉普拉斯变换时，需要用到拉普拉斯变换的微分性质式（3-36），得到

$$\bar{\varepsilon}(s) = \bar{\varepsilon}_1(s) + \bar{\varepsilon}_2(s)$$
$$\bar{\sigma}(s) = \bar{\sigma}_1(s) = \bar{\sigma}_2(s)$$
$$\bar{\sigma}_1(s) = \eta_1 s \bar{\varepsilon}_1(s)$$
$$\bar{\sigma}_2(s) = E\bar{\varepsilon}_2(s) + \eta_2 s \bar{\varepsilon}_2(s) \tag{3-82}$$

基于方程式（3-82）可以得到如下公式

$$\bar{\sigma}(s) \cdot (E + s\eta_1 + s\eta_2) = s\eta_1(E + s\eta_2)\bar{\varepsilon}(s) \tag{3-83}$$

以上得到了拉普拉斯变换后的 $\bar{\sigma}(s)$、$\bar{\varepsilon}(s)$ 之间的关系，接下来只需要对上式进行拉普拉斯逆变换即可以得到本构方程，同样在进行逆变换时也要用到拉普拉斯变换的微分性质式（3-36），逆变换后得到如下公式

$$E\sigma(t) + (\eta_1 + \eta_2)\dot{\sigma}(t) = E\eta_1\dot{\varepsilon}(t) + \eta_1\eta_2\ddot{\varepsilon}(t) \tag{3-84}$$

即为三参数流体模型的微分型本构方程。

为了简化方程，引入参数 p_1、q_1、q_2，参数的表达式如下

$$p_1 = (\eta_1 + \eta_2)/E$$

$$q_1 = \eta_1$$

$$q_2 = \eta_1\eta_2/E \tag{3-85}$$

则式（3-84）可以简写为如下形式

$$\sigma + p_1\dot{\sigma} = q_1\dot{\varepsilon} + q_2\ddot{\varepsilon} \tag{3-86}$$

① 应力松弛分析　得到本构方程之后，可以结合本构方程对三参数流体模型的应力松弛进行定量分析，通过引入单位阶跃函数之后，应力松弛的初始条件可以写成如下形式

$$\varepsilon = \varepsilon_0\Delta(t) \tag{3-87}$$

对上式进行拉普拉斯变换

$$\bar{\varepsilon}(s) = \frac{\varepsilon_0}{s} \tag{3-88}$$

对式（3-86）进行拉普拉斯变换，并将上式代入，得到

$$\bar{\sigma}(s) + p_1 s\bar{\sigma}(s) = (q_1 + q_2 s)\varepsilon_0 \tag{3-89}$$

由上式求得

$$\bar{\sigma}(s) = \frac{q_1 + q_2 s}{1 + p_1 s}\varepsilon_0 \tag{3-90}$$

为了对上式进行逆变换，需要根据表 3-1 中的基本变换对，对式（3-90）的右边进行处理

$$
\begin{aligned}
\bar{\sigma}(s) &= \left(\frac{q_1}{1+p_1 s} + \frac{q_2 s}{1+p_1 s} \right) \varepsilon_0 \\
&= \left(\frac{q_1}{1+p_1 s} + \frac{q_2}{p_1} - \frac{q_2}{p_1(1+p_1 s)} \right) \varepsilon_0 \\
&= \left(\frac{q_2}{p_1} + \frac{p_1 q_1 - q_2}{p_1(1+p_1 s)} \right) \varepsilon_0 \\
&= \left[\frac{q_2}{p_1} + \frac{p_1 q_1 - q_2}{p_1^2 \left(\frac{1}{p_1} + s \right)} \right] \varepsilon_0
\end{aligned}
\tag{3-91}
$$

利用表 3-1 中的基本变换对对上式进行逆变换

$$
\sigma(t) = \left[\frac{q_2}{p_1} \delta(t) + \frac{p_1 q_1 - q_2}{p_1^2} e^{-\frac{t}{p_1}} \right] \varepsilon_0
\tag{3-92}
$$

并结合参数关系式（3-85），得到

$$
\sigma(t) = \varepsilon_0 \left[\frac{\eta_1 \eta_2}{\eta_1 + \eta_2} \delta(t) + \frac{\eta_1^2 E}{(\eta_1 + \eta_2)^2} e^{-\frac{E}{\eta_1 + \eta_2} t} \right]
\tag{3-93}
$$

上式即为三参数流体模型的应力松弛方程。在上式中，分别令 $t=0$、$t=\infty$，得到

$$
\sigma(0) = \frac{\eta_1 \eta_2 \varepsilon_0}{\eta_1 + \eta_2} \delta(0) + \frac{\eta_1^2 E \varepsilon_0}{(\eta_1 + \eta_2)^2} = \infty
\tag{3-94}
$$

$$
\sigma(\infty) = 0
$$

$\sigma(0)$ 为使模型瞬时产生应变 ε_0 所需要施加的应力。三参数流体模型 $\sigma(0)=\infty$，从三参数流体模型的构成分析可知，该模型是由黏壶元件［N］与 Kelvin 单元［K］串联组成的，因此该模型不具有瞬时弹性。根据应力松弛的描述是在 $t=0$ 的时刻瞬时给模型施加一个应变 ε_0，而 σ（0）为使模型瞬时产生应变 ε_0 所需要施加的应力，由于该模型不具有瞬时弹性，因此该模型不可能在瞬间产生有限变形。理论上来说，要想在加载瞬间产生有限应变所需要的应力必须无穷大，因此 $\sigma(0)=\infty$。由 $\sigma(\infty)=0$ 可知，该模型的应力可以完全松弛。三参数流体模型的应力松弛曲线如图 3-26 所示。

在公式（3-94）中，公式右边的第一项 $\frac{\eta_1 \eta_2 \varepsilon_0}{\eta_1 + \eta_2} \delta$（0）$=\infty$，从该模型的组成可知，当载荷施加一瞬间，弹簧没有伸长，此时的模型相当于两个串联的黏壶。通过前面介绍的本构方程的构建方法，很容易得到串联黏壶的本构方程为

$$
\frac{\sigma}{\eta_1} + \frac{\sigma}{\eta_2} = \dot{\varepsilon}
\tag{3-95}
$$

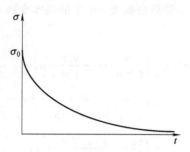

图 3-26　三参数流体模型的应力松弛

依据应力松弛的条件 $\varepsilon = \varepsilon_0 \Delta(t)$，将其代入到上式中，得到

$$\sigma(t) = \frac{\eta_1 \eta_2 \delta(t)}{\eta_1 + \eta_2} \varepsilon_0 \qquad (3\text{-}96)$$

与公式（3-94）中右边的第一项相同。由模型的性质及加载瞬间模型的力学行为特点，决定了 $\sigma(0) = \infty$ 这样特殊的力学响应。这也说明对于没有瞬时弹性的黏弹性力学模型，在 $t = 0$ 的瞬时，模型可以等效为完全由黏壶连接而成，在其应力松弛方程中应当包括 $\delta(t)$ 项。

由于该模型由黏壶元件和 Kelvin 单元串联而成，两个单元的力学行为均与时间相关，因此不能依据前面在三元件固体模型中提到的相关方法来求解模型中各元件的应力和应变，如果需要求模型中各元件的内应力需要用第 4 章的积分型本构模型进行求解。

② 蠕变分析　三参数流体模型由黏壶元件［N］及 Kelvin 单元［K］串联组成，依据前面提出的迭加方法求蠕变方程。通过前面的分析，已经得到了黏壶元件［N］及 Kelvin 单元［K］在外力作用下的蠕变方程为

$$\varepsilon_1(t) = \frac{\sigma_0}{\eta_1} t$$

$$\varepsilon_2(t) = \frac{\sigma_0}{E}(1 - e^{-\lambda t}) \qquad (3\text{-}97)$$

结合三参数流体模型的串联关系，模型的总应变为

$$\varepsilon(t) = \varepsilon_1(t) + \varepsilon_2(t) \qquad (3\text{-}98)$$

将公式（3-97）代入到公式（3-98），即可以得到蠕变方程

$$\varepsilon(t) = \frac{\sigma_0}{\eta_1} t + \frac{\sigma_0}{E}(1 - e^{-\lambda t}) \qquad (3\text{-}99)$$

在上式中，分别令 $t = 0$、$t = \infty$，可以得到

$$\varepsilon(0) = 0$$

$$\varepsilon(\infty) = \infty \qquad (3\text{-}100)$$

该模型在载荷作用瞬间不产生变形，在载荷作用时间无限长时其变形为无穷大，因此该模型不具有瞬时弹性及渐近弹性。同时该模型的应力可以完全松弛，因此该模型描述的是流体的力学行为，因此称之为三参数流体模型。三参数流体模型的蠕变曲线如图 3-27 所示。

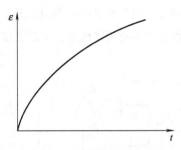

图 3-27　三参数流体模型的蠕变

③ 蠕变恢复分析　依据三参数流体模型的构成，在载荷 σ_0 作用到 t_0 时刻，去除外力，即进入到蠕变恢复阶段。在 t_0 时刻黏壶元件及 Kelvin 单元所产生的应变分别为

$$\varepsilon_1(t_0) = \frac{\sigma_0}{\eta_1} t_0 \tag{3-101}$$

$$\varepsilon_2(t_0) = \frac{\sigma_0}{E}(1 - e^{-\lambda t_0})$$

在 t_0 时刻外载荷去除的瞬间，黏壶元件的应变不能恢复，而 Kelvin 模型的应变缓慢恢复，结合前面得到的 Kelvin 模型的蠕变恢复方程式（3-25），可以得到三参数流体模型的蠕变恢复方程为

$$\varepsilon(t) = \frac{\sigma_0}{\eta_1} t_0 + \frac{\sigma_0}{E}(1 - e^{-\lambda t_0}) e^{-\lambda(t-t_0)} \tag{3-102}$$

三参数流体模型的蠕变及蠕变恢复曲线如图 3-28 所示。

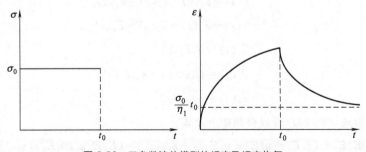

图 3-28　三参数流体模型的蠕变及蠕变恢复

3.5 四元件模型

（1）伯格斯模型（[M]-[K]）

伯格斯模型由 Maxwell 单元 [M] 和 Kelvin 单元 [K] 串联组成，如图 3-29 所示。含有四个材料参数，因此也称为四参数流体模型。下面通过拉普拉斯变换及其逆变换来建立其本构方程。

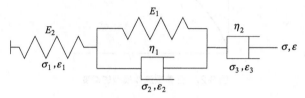

图 3-29　伯格斯模型

在外力作用下，[H] 元件的应力应变为 σ_1、ε_1，[K] 单元的应力应变为 σ_2、ε_2，[N] 单元的应力应变为 σ_3、ε_3。由模型的构成关系，可以得到如下关系式。

应变关系

$$\varepsilon = \varepsilon_1 + \varepsilon_2 + \varepsilon_3 \tag{3-103}$$

应力平衡条件

$$\sigma = \sigma_1 = \sigma_2 = \sigma_3 \tag{3-104}$$

每个单元的本构关系

$$\sigma_1 = E_2 \varepsilon_1 \quad \sigma_2 = E_1 \varepsilon_2 + \eta_1 \dot{\varepsilon}_2 \quad \sigma_3 = \eta_2 \dot{\varepsilon}_3 \tag{3-105}$$

对式（3-103）～式（3-105）分别进行拉普拉斯变换，注意在进行拉普拉斯变换时，需要用到拉普拉斯变换的微分性质式（3-36），得到

$$\bar{\varepsilon}(s) = \bar{\varepsilon}_1(s) + \bar{\varepsilon}_2(s) + \bar{\varepsilon}_3(s)$$

$$\bar{\sigma}(s) = \bar{\sigma}_1(s) = \bar{\sigma}_2(s) = \bar{\sigma}_3(s)$$

$$\bar{\sigma}_1(s) = E_2 \bar{\varepsilon}_1(s) \tag{3-106}$$

$$\bar{\sigma}_2(s) = E_1 \bar{\varepsilon}_2(s) + \eta_1 s \bar{\varepsilon}_2(s)$$

$$\bar{\sigma}_3(s) = \eta_2 s \bar{\varepsilon}_3(s)$$

基于方程式（3-106）可以得到如下公式

$$\bar{\sigma}(s)[E_1 E_2 + (\eta_2 E_1 + \eta_2 E_2 + \eta_1 E_2)s + \eta_1 \eta_2 s^2] = (E_1 E_2 \eta_2 s + E_2 \eta_1 \eta_2 s^2)\bar{\varepsilon}(s)$$

$$\tag{3-107}$$

以上得到了拉普拉斯变换后的 $\bar{\sigma}(s)$、$\bar{\varepsilon}(s)$ 之间的关系，接下来只需要对上式进行拉普拉斯逆变换即可以得到本构方程，同样在进行逆变换时也要用到拉普拉斯变换的微分性质公式（3-36），逆变换后得到如下公式

$$E_1E_2\sigma(t)+(\eta_2E_1+\eta_2E_2+\eta_1E_2)\dot{\sigma}(t)+\eta_1\eta_2\ddot{\sigma}(t)=E_1E_2\eta_2\dot{\varepsilon}(t)+E_2\eta_1\eta_2\ddot{\varepsilon}(t)$$

$$(3\text{-}108)$$

即为伯格斯模型的微分型本构方程。

为了简化方程，引入参数 p_1、p_2、q_1、q_2，参数的表达式如下

$$p_1=(\eta_2E_1+\eta_2E_2+\eta_1E_2)/E_1E_2$$
$$p_2=\eta_1\eta_2/E_1E_2$$
$$q_1=\eta_2$$
$$q_2=\eta_1\eta_2/E_1$$

$$(3\text{-}109)$$

则公式（3-108）可以简写为如下形式

$$\sigma+p_1\dot{\sigma}+p_2\ddot{\sigma}=q_1\dot{\varepsilon}+q_2\ddot{\varepsilon}$$

$$(3\text{-}110)$$

① 应力松弛分析　得到本构方程之后，可以结合本构方程对伯格斯模型的应力松弛进行定量分析，通过引入单位阶跃函数之后，应力松弛的初始条件可以写成如下形式

$$\varepsilon=\varepsilon_0\Delta(t)$$

$$(3\text{-}111)$$

对上式进行拉普拉斯变换

$$\bar{\varepsilon}(s)=\frac{\varepsilon_0}{s}$$

$$(3\text{-}112)$$

对公式（3-110）进行拉普拉斯变换，并将上式代入，得到

$$\bar{\sigma}(s)(1+p_1s+p_2s^2)=(q_1+q_2s)\varepsilon_0$$

$$(3\text{-}113)$$

由上式求得

$$\bar{\sigma}(s)=\frac{q_1+q_2s}{1+p_1s+p_2s^2}\varepsilon_0$$
$$=\frac{q_1+q_2s}{p_2\left(\dfrac{1}{p_2}+\dfrac{p_1}{p_2}s+s^2\right)}\varepsilon_0$$
$$=\frac{q_1+q_2s}{p_2(s+\alpha)(s+\beta)}\varepsilon_0$$

$$(3\text{-}114)$$

其中

$$\left.\begin{array}{c}\alpha\\\beta\end{array}\right\}=\frac{1}{2p_2}(p_1\mp\sqrt{p_1^2-4p_2})\tag{3-115}$$

令

$$\bar{\sigma}(s)=\frac{q_1+q_2s}{p_2(s+\alpha)(s+\beta)}\varepsilon_0\tag{3-116}$$

$$=\left(\frac{A}{s+\alpha}+\frac{B}{s+\beta}\right)\varepsilon_0$$

则

$$A=\frac{q_1-\alpha q_2}{\sqrt{p_1^2-4p_2}}\tag{3-117}$$

$$B=-\frac{q_1-\beta q_2}{\sqrt{p_1^2-4p_2}}$$

对上式进行逆变换得到

$$\sigma(t)=\frac{\varepsilon_0}{\sqrt{p_1^2-4p_2}}\left[(q_1-\alpha q_2)\mathrm{e}^{-\alpha t}-(q_1-\beta q_2)\mathrm{e}^{-\beta t}\right]\tag{3-118}$$

上式即为伯格斯模型的应力松弛方程。

在上式中，分别令 $t=0$、$t=\infty$，得到

$$\sigma(0)=E_2\varepsilon_0\tag{3-119}$$

$$\sigma(\infty)=0$$

伯格斯模型的应力可以完全松弛，伯格斯模型的应力松弛曲线如图 3-30 所示。

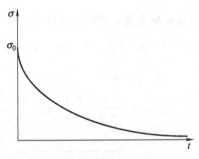

图 3-30 伯格斯模型的应力松弛

② 蠕变分析 伯格斯模型由黏壶元件 [N]、弹簧元件 [H] 及 Kelvin 单元 [K] 串联组成，依据前面提出的迭加的方法求蠕变方程。通过前面的分析，已经得到了黏壶元件 [N]、弹簧元件 [H] 及 Kelvin 单元 [K] 在外力作用下的蠕变方程为

$$\varepsilon_1(t) = \frac{\sigma_0}{E_2}$$

$$\varepsilon_2(t) = \frac{\sigma_0}{E_1}(1 - e^{-\lambda t}) \tag{3-120}$$

$$\varepsilon_3(t) = \frac{\sigma_0}{\eta_2}t$$

结合伯格斯模型的串联关系，模型的总应变为

$$\varepsilon(t) = \varepsilon_1(t) + \varepsilon_2(t) + \varepsilon_3(t) \tag{3-121}$$

将公式（3-120）代入到公式（3-121），即可以得到蠕变方程

$$\varepsilon(t) = \frac{\sigma_0}{E_2} + \frac{\sigma_0}{E_1}(1 - e^{-\lambda t}) + \frac{\sigma_0}{\eta_2}t \tag{3-122}$$

在上式中，分别令 $t=0$、$t=\infty$，可以得到

$$\varepsilon(0) = \frac{\sigma_0}{E_2} \tag{3-123}$$

$$\varepsilon(\infty) = \infty$$

该模型在载荷作用瞬间即产生有限变形，在载荷作用时间无限长时其变形为无穷大，因此该模型具有瞬时弹性而不具有渐近弹性。同时该模型的应力可以完全松弛，因此该模型描述的是流体的力学行为。伯格斯模型的蠕变曲线如图 3-31 所示。

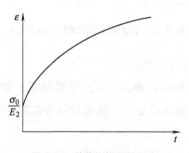

图 3-31　伯格斯模型的蠕变

伯格斯模型的应变分为三部分，分别为弹性应变、延迟弹性应变及黏性流动应变，完全包括了黏弹性体的三种不同的变形成分，真正实现了所谓的"黏弹分离"，因此，伯格斯模型在分析黏弹性力学行为时有着广泛的应用。

③ 蠕变恢复分析　依据伯格斯模型的构成，在载荷 σ_0 作用到 t_0 时刻，去除外力，即进入到蠕变恢复阶段。在 t_0 时刻弹簧元件［H］、黏壶元件［N］及 Kelvin 元件［K］所产生的应变分别为

$$\varepsilon_1(t) = \frac{\sigma_0}{E_2}$$

$$\varepsilon_2(t) = \frac{\sigma_0}{E_1}(1 - e^{-\lambda t_0})$$

$$\varepsilon_3(t) = \frac{\sigma_0}{\eta_2}t_0$$

(3-124)

在 t_0 时刻外载荷去除的瞬间，弹簧元件的应变瞬时恢复，黏壶元件的应变不能恢复，而 Kelvin 单元的应变缓慢恢复，结合前面得到的 Kelvin 单元的蠕变恢复方程式 (3-24)，可以得到伯格斯模型的蠕变恢复方程为

$$\varepsilon(t) = \frac{\sigma_0}{E_1}(1 - e^{-\lambda t_0})e^{-\lambda(t - t_0)} + \frac{\sigma_0}{\eta_2}t_0$$

(3-125)

伯格斯模型的蠕变及蠕变恢复曲线如图 3-32 所示。

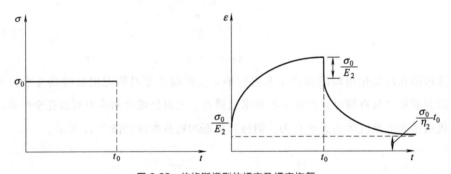

图 3-32　伯格斯模型的蠕变及蠕变恢复

（2）四元件固体模型（[K]-[K]）

四元件固体模型由两个 Kelvin 单元 [K] 串联组成，如图 3-33 所示。含有四个材料参数，因此也称为四参数固体模型。下面通过拉普拉斯变换及其逆变换来建立其本构方程。

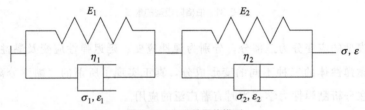

图 3-33　四元件固体模型

在外力作用下，两个 [K] 单元的应力应变分别为 σ_2、ε_2，σ_1、ε_1。由模型的构成关系，可以得到如下关系式。

应变关系

$$\varepsilon = \varepsilon_1 + \varepsilon_2 \qquad (3\text{-}126)$$

应力平衡条件

$$\sigma = \sigma_1 = \sigma_2 \qquad (3\text{-}127)$$

每个单元的本构关系

$$\sigma_1 = E_1\varepsilon_1 + \eta_1\dot{\varepsilon}_1 \quad \sigma_2 = E_2\varepsilon_2 + \eta_2\dot{\varepsilon}_2 \qquad (3\text{-}128)$$

对式（3-126）~式（3-128）分别进行拉普拉斯变换，注意在进行拉普拉斯变换时，需要用到拉普拉斯变换的微分性质式（3-36），得到

$$\bar{\varepsilon}(s) = \bar{\varepsilon}_1(s) + \bar{\varepsilon}_2(s)$$

$$\bar{\sigma}(s) = \bar{\sigma}_1(s) = \bar{\sigma}_2(s)$$

$$\bar{\sigma}_1(s) = E_1\bar{\varepsilon}_1(s) + \eta_1 s\bar{\varepsilon}_1(s) \qquad (3\text{-}129)$$

$$\bar{\sigma}_2(s) = E_2\bar{\varepsilon}_2(s) + \eta_2 s\bar{\varepsilon}_2(s)$$

基于方程式（3-129）可以得到如下公式

$$\bar{\sigma}(s)[E_1 + E_2 + (\eta_1 + \eta_2)s] = [E_1 E_2 + (E_1\eta_2 + E_2\eta_1)s + \eta_1\eta_2 s^2]\bar{\varepsilon}(s) \quad (3\text{-}130)$$

以上得到了拉普拉斯变换后的 $\bar{\sigma}(s)$、$\bar{\varepsilon}(s)$ 之间的关系，接下来只需要对上式进行拉普拉斯逆变换即可以得到本构方程，同样在进行逆变换时也要用到拉普拉斯变换的微分性质公式（3-36），逆变换后得到如下公式

$$(E_1 + E_2)\sigma(t) + (\eta_1 + \eta_2)\dot{\sigma}(t) = E_1 E_2\varepsilon(t) + (E_1\eta_2 + E_2\eta_1)\dot{\varepsilon}(t) + \eta_1\eta_2\ddot{\varepsilon}(t)$$

$$(3\text{-}131)$$

即为四元件固体模型的微分型本构方程。

为了简化方程，引入参数 p_1、q_0、q_1、q_2，参数的表达式如下

$$p_1 = (\eta_1 + \eta_2)/(E_1 + E_2)$$

$$q_0 = E_1 E_2/(E_1 + E_2)$$

$$q_1 = (E_1\eta_2 + E_2\eta_1)/(E_1 + E_2) \qquad (3\text{-}132)$$

$$q_2 = \eta_1\eta_2/(E_1 + E_2)$$

则公式（3-131）可以简写为如下形式

$$\sigma + p_1\dot{\sigma} = q_0\varepsilon + q_1\dot{\varepsilon} + q_2\ddot{\varepsilon} \qquad (3\text{-}133)$$

① 应力松弛分析　由公式（3-130），可得

$$\overline{\sigma}(s) = \frac{[E_1E_2 + (E_1\eta_2 + E_2\eta_1)s + \eta_1\eta_2 s^2]\overline{\varepsilon}(s)}{E_1 + E_2 + (\eta_1 + \eta_2)s} \tag{3-134}$$

将应力松弛条件拉氏变换后的公式 $\overline{\varepsilon} = \dfrac{\overline{\varepsilon}_0}{s}$ 代入到上式中

$$\overline{\sigma}(s) = \frac{[E_1E_2 + (E_1\eta_2 + E_2\eta_1)s + \eta_1\eta_2 s^2]\varepsilon_0}{[E_1 + E_2 + (\eta_1 + \eta_2)s]s} \tag{3-135}$$

公式右面分子和分母都是关于 s 的二次多项式，因此令

$$\overline{\sigma}(s) = \frac{[E_1E_2 + (E_1\eta_2 + E_2\eta_1)s + \eta_1\eta_2 s^2]\varepsilon_0}{[E_1 + E_2 + (\eta_1 + \eta_2)s]s}$$

$$= \varepsilon_0 \left\{ A + \frac{B}{s} + \frac{C}{[E_1 + E_2 + (\eta_1 + \eta_2)s]s} \right\} \tag{3-136}$$

其中，A、B、C 为待定系数，通分并利用比较系数法，可以确定 A、B、C

$$A = \frac{\eta_1\eta_2}{\eta_1 + \eta_2}$$

$$B = \frac{E_1\eta_2^2 + E_2\eta_1^2}{(\eta_1 + \eta_2)^2} \tag{3-137}$$

$$C = -\frac{(E_1\eta_2 - E_2\eta_1)^2}{(\eta_1 + \eta_2)^2}$$

将公式 (3-136) 两边进行逆变换

$$\sigma(t) = \varepsilon_0 \left[\frac{\eta_1\eta_2}{\eta_1 + \eta_2}\delta(t) + \frac{E_1\eta_2^2 + E_2\eta_1^2}{(\eta_1 + \eta_2)^2}\Delta(t) - \frac{(E_1\eta_2 - E_2\eta_1)^2}{(\eta_1 + \eta_2)^2(E_1 + E_2)}(1 - e^{-\frac{E_1 + E_2}{\eta_1 + \eta_2}t}) \right]$$

$$= \varepsilon_0 \left[\frac{\eta_1\eta_2}{\eta_1 + \eta_2}\delta(t) + \frac{E_1E_2}{E_1 + E_2} + \frac{(E_1\eta_2 - E_2\eta_1)^2}{(\eta_1 + \eta_2)^2(E_1 + E_2)}e^{-\frac{E_1 + E_2}{\eta_1 + \eta_2}t} \right]$$

$$\tag{3-138}$$

当 $t = 0$、$t = \infty$ 时

$$\sigma(0) = \varepsilon_0 \left[\frac{\eta_1\eta_2}{\eta_1 + \eta_2}\delta(0) + \frac{E_1E_2}{E_1 + E_2} + \frac{(E_1\eta_2 - E_2\eta_1)^2}{(\eta_1 + \eta_2)^2(E_1 + E_2)} \right] = \infty \tag{3-139}$$

$$\sigma(\infty) = \varepsilon_0 \left[\frac{\eta_1\eta_2}{\eta_1 + \eta_2}\delta(\infty) + \frac{E_1E_2}{E_1 + E_2} \right] = \frac{E_1E_2}{E_1 + E_2}\varepsilon_0$$

因为 [K]-[K] 模型不具瞬时弹性，因此 $\sigma(0) = \infty$。当时间无限长时，模型中的黏壶元件趋于稳定，此时模型相当于两个弹簧元件串联，因此 $\sigma(\infty) = \dfrac{E_1E_2}{E_1 + E_2}\varepsilon_0$。[K]-[K] 模型可以描述应力松弛，并且应力不能完全松弛。四元件固体模型的应力松弛曲线如图 3-34 所示。

② 蠕变分析　四元件固体模型由两个 Kelvin 单元串联组成，依据前面提出的迭加的方法求蠕变方程。通过前面的分析，Kelvin 模型在外力作用下的蠕变方程为

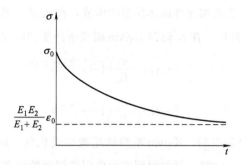

图 3-34　四元件固体模型的应力松弛

$$\varepsilon_1(t) = \frac{\sigma_0}{E_1}(1 - e^{-\lambda_1 t})$$

$$\varepsilon_2(t) = \frac{\sigma_0}{E_2}(1 - e^{-\lambda_2 t})$$

(3-140)

结合四元件固体模型的串联关系，模型的总应变为

$$\varepsilon(t) = \varepsilon_1(t) + \varepsilon_2(t)$$

(3-141)

将公式（3-140）代入到公式（3-141），即可以得到蠕变方程

$$\varepsilon(t) = \frac{\sigma_0}{E_1}(1 - e^{-\lambda_1 t}) + \frac{\sigma_0}{E_2}(1 - e^{-\lambda_2 t})$$

(3-142)

在上式中，分别令 $t=0$、$t=\infty$，可以得到

$$\varepsilon(0) = 0$$

$$\varepsilon(\infty) = \frac{\sigma_0}{E_1} + \frac{\sigma_0}{E_2}$$

(3-143)

该模型在载荷作用瞬间不会产生变形，在载荷作用时间无限长时其变形为有限值。因此该模型不具有瞬时弹性而具有渐近弹性。同时该模型的应力不能完全松弛，因此该模型描述的是固体的力学行为。四元件固体模型的蠕变曲线如图 3-35 所示。

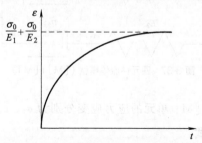

图 3-35　四元件固体模型的蠕变

③ 蠕变恢复分析　依据四元件固体模型的构成，在载荷 σ_0 作用到 t_0 时刻，去除外力，即进入到蠕变恢复阶段。在 t_0 时刻 Kelvin 模型所产生的应变分别为

$$\varepsilon_1(t) = \frac{\sigma_0}{E_1}(1 - e^{-\lambda_1 t_0})$$

$$\varepsilon_2(t) = \frac{\sigma_0}{E_2}(1 - e^{-\lambda_2 t_0})$$

(3-144)

在 t_0 时刻外载荷去除以后，Kelvin 模型的应变缓慢恢复，结合前面得到的 Kelvin 模型的蠕变恢复方程式（3-25），可以得到四元件固体模型的蠕变恢复方程为

$$\varepsilon(t) = \frac{\sigma_0}{E_1}(1 - e^{-\lambda_1 t_0}) e^{-\lambda_1 (t - t_0)} + \frac{\sigma_0}{E_2}(1 - e^{-\lambda_2 t_0}) e^{-\lambda_2 (t - t_0)}$$

(3-145)

四元件固体模型的蠕变及蠕变恢复曲线如图 3-36 所示。

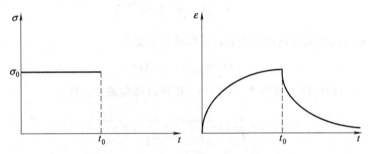

图 3-36　四元件固体模型的蠕变及蠕变恢复

（3）四元件流体模型（[M]I[M]）

四元件流体模型由两个 [M] 单元并联组成，如图 3-37 所示。含有四个材料参数，因此也称为四参数流体模型。下面通过拉普拉斯变换及其逆变换来建立其本构方程。

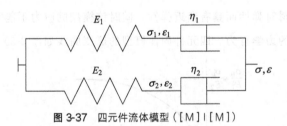

图 3-37　四元件流体模型（[M]I[M]）

在外力作用下，两个 [M] 单元的应力应变分别为 σ_1、ε_1，σ_2、ε_2。由模型的构成关系，可以得到如下关系式。

应变关系

$$\varepsilon = \varepsilon_1 = \varepsilon_2 \tag{3-146}$$

应力平衡条件

$$\sigma = \sigma_1 + \sigma_2 \tag{3-147}$$

每个单元的本构关系

$$\frac{\sigma_1}{\eta_1} + \frac{\dot{\sigma}_1}{E_1} = \dot{\varepsilon}_1 \qquad \frac{\sigma_2}{\eta_2} + \frac{\dot{\sigma}_2}{E_2} = \dot{\varepsilon}_2 \tag{3-148}$$

对式（3-146）~式（3-148）分别进行拉普拉斯变换，注意在进行拉普拉斯变换时，需要用到拉普拉斯变换的微分性质式（3-36），得到

$$\bar{\varepsilon}(s) = \bar{\varepsilon}_1(s) = \bar{\varepsilon}_2(s)$$

$$\bar{\sigma}(s) = \bar{\sigma}_1(s) + \bar{\sigma}_2(s)$$

$$\bar{\sigma}_1(s) + \frac{\eta_1}{E_1} s\bar{\sigma}_1 = \eta_1 s\bar{\varepsilon}_1(s) \tag{3-149}$$

$$\bar{\sigma}_2(s) + \frac{\eta_2}{E_2} s\bar{\sigma}_2 = \eta_2 s\bar{\varepsilon}_2(s)$$

基于方程式（3-149）可以得到如下公式

$$\bar{\sigma}(s)\left[1 + \left(\frac{\eta_1}{E_1} + \frac{\eta_2}{E_2}\right)s + \frac{\eta_1\eta_2}{E_1E_2}s^2\right] = \left[(\eta_1 + \eta_2)s + \left(\frac{\eta_1\eta_2}{E_1} + \frac{\eta_1\eta_2}{E_2}\right)s^2\right]\bar{\varepsilon}(s) \tag{3-150}$$

以上得到了拉普拉斯变换后的 $\bar{\sigma}(s)$、$\bar{\varepsilon}(s)$ 之间的关系，接下来只需要对上式进行拉普拉斯逆变换即可以得到本构方程，同样在进行逆变换时也要用到拉普拉斯变换的微分性质公式（3-36），逆变换后得到如下公式

$$\sigma + \left(\frac{\eta_1}{E_1} + \frac{\eta_2}{E_2}\right)\dot{\sigma} + \frac{\eta_1\eta_2}{E_1E_2}\ddot{\sigma} = (\eta_1 + \eta_2)\dot{\varepsilon} + \left(\frac{\eta_1\eta_2}{E_1} + \frac{\eta_1\eta_2}{E_2}\right)\ddot{\varepsilon} \tag{3-151}$$

即为四元件流体模型的微分型本构方程。

为了简化方程，引入参数 p_1、p_2、q_1、q_2，参数的表达式如下

$$p_1 = \frac{\eta_1}{E_1} + \frac{\eta_2}{E_2}$$

$$p_2 = \frac{\eta_1\eta_2}{E_1E_2}$$

$$q_1 = \eta_1 + \eta_2 \tag{3-152}$$

$$q_2 = \frac{\eta_1\eta_2}{E_1} + \frac{\eta_1\eta_2}{E_2}$$

则公式（3-151）可以简写为如下形式

$$\sigma + p_1\dot{\sigma} + p_2\ddot{\sigma} = q_1\dot{\varepsilon} + q_2\ddot{\varepsilon} \tag{3-153}$$

① 应力松弛分析　四元件流体模型由两个 [M] 单元并联组成，依据前面提出的迭加方法求解应力松弛方程。通过前面的分析，[M] 单元的应力松弛方程为

$$\sigma_1(t) = E_1\varepsilon_0 e^{-\frac{E_1}{\eta_1}t}$$
$$\sigma_2(t) = E_2\varepsilon_0 e^{-\frac{E_2}{\eta_2}t} \tag{3-154}$$

结合四元件流体模型的并联关系，因此模型的总应力为

$$\sigma(t) = \sigma_1(t) + \sigma_2(t) \tag{3-155}$$

将公式（3-154）代入到公式（3-155），即可以得到应力松弛方程

$$\sigma(t) = E_1\varepsilon_0 e^{-\frac{E_1}{\eta_1}t} + E_2\varepsilon_0 e^{-\frac{E_2}{\eta_2}t} \tag{3-156}$$

在上式中，分别令 $t=0$、$t=\infty$，可以得到

$$\sigma(0) = (E_1 + E_2)\varepsilon_0$$
$$\varepsilon(\infty) = 0 \tag{3-157}$$

该模型在载荷作用瞬间相当两个弹簧元件并联，因此 $\sigma(0) = (E_1 + E_2)\varepsilon_0$，在载荷作用时间无限长时应力可以完全松弛。四元件流体模型([M]I[M])的应力松弛曲线如图 3-38 所示。

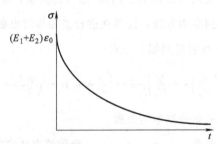

图 3-38　四元件流体模型
（[M]I[M]）的应力松弛

② 蠕变分析　由公式（3-153），可得

$$\bar{\varepsilon}(s) = \frac{(1 + p_1 s + p_2 s^2)\bar{\sigma}(s)}{q_1 s + q_2 s^2} \tag{3-158}$$

将蠕变条件拉氏变换后的公式 $\bar{\sigma} = \dfrac{\bar{\varepsilon}_0}{s}$ 代入到上式中

$$\bar{\varepsilon}(s) = \sigma_0 \frac{1 + p_1 s + p_2 s^2}{s^2(q_1 + q_2 s)} \tag{3-159}$$

公式右面分子是关于 s 的二次多项式，分母是关于 s 的三次多项式，因此令

$$\bar{\varepsilon}(s) = \sigma_0 \frac{1 + p_1 s + p_2 s^2}{s^2(q_1 + q_2 s)} = \sigma_0 \left[\frac{A}{s^2} + \frac{B}{s} + \frac{C}{q_1 + q_2 s} \right] \tag{3-160}$$

其中，A、B、C 为待定系数，通分并利用比较系数法，可以确定 A、B、C

$$A = \frac{1}{q_1}$$

$$B = \frac{p_1}{q_1} - \frac{q_2}{q_1^2} \tag{3-161}$$

$$C = p_2 - \left(\frac{p_1 q_2}{q_1} - \frac{q_2^2}{q_1^2} \right)$$

将公式（3-160）两边进行逆变换

$$\varepsilon(t) = \sigma_0 \left[At + B\Delta(t) + \frac{C}{q_2} e^{-\frac{q_1}{q_2}t} \right] \tag{3-162}$$

基于式（3-162）及式（3-152）的参数关系，可以得到

$$\varepsilon(t) = \sigma_0 \left[\frac{t}{\eta_1 + \eta_2} + \frac{E_1 \eta_2^2 + E_2 \eta_1^2}{E_1 E_2 (\eta_1 + \eta_2)^2} + \left(\frac{1}{E_1 + E_2} - \frac{E_1 \eta_2^2 + E_2 \eta_1^2}{E_1 E_2 (\eta_1 + \eta_2)^2} \right) e^{-\frac{E_1 E_2 (\eta_1 + \eta_2)}{\eta_1 \eta_2 (E_1 + E_2)} t} \right]$$

$$\tag{3-163}$$

当 $t = 0$、$t = \infty$ 时

$$\varepsilon(0) = \frac{\sigma_0}{E_1 + E_2} \tag{3-164}$$

$$\varepsilon(\infty) = \infty$$

[M]I[M] 模型具有瞬时弹性，不具有渐近弹性。四元件流体模型（[M]I[M]）的蠕变曲线如图 3-39 所示。

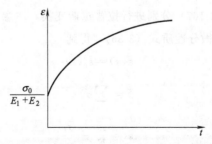

图 3-39　四元件流体模型（[M]I[M]）的蠕变

3.6 广义黏弹性模型

(1) 广义 Maxwell 模型

广义 Maxwell 模型由 n 个 Maxwell 单元并联组成，如图 3-40 所示。含有 $2n$ 个材料参数。下面通过拉普拉斯变换及其逆变换来建立其本构方程。

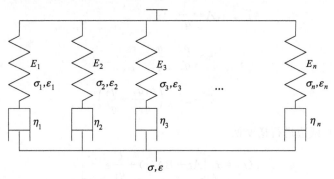

图 3-40 广义 Maxwell 模型

在外力作用下，第 i 个 [M] 单元的应力应变分别为 σ_i、ε_i。由模型的构成关系，可以得到如下关系式。

应变关系

$$\varepsilon = \varepsilon_i \tag{3-165}$$

应力平衡条件

$$\sigma = \sum_{i=1}^{n} \sigma_i \tag{3-166}$$

每个单元的本构关系

$$\dot{\varepsilon}_i = \frac{\dot{\sigma}_i}{E_i} + \frac{\sigma_i}{\eta_i} \tag{3-167}$$

对式（3-165）～式（3-167）分别进行拉普拉斯变换，注意在进行拉普拉斯变换时，需要用到拉普拉斯变换的微分性质式（3-36），得到

$$\bar{\varepsilon}(s) = \bar{\varepsilon}_i(s)$$

$$\bar{\sigma} = \sum_{i=1}^{n} \bar{\sigma}_i \tag{3-168}$$

$$\bar{\varepsilon}s = \frac{s\bar{\sigma}_i}{E_i} + \frac{\bar{\sigma}_i}{\eta_i}$$

基于方程式（3-168）可以得到如下公式

$$\bar{\sigma} = \sum_{i=1}^{n} \frac{\eta_i s}{1 + \dfrac{\eta_i}{E_i} s} \bar{\varepsilon} \tag{3-169}$$

以上得到了拉普拉斯变换后的 $\bar{\sigma}(s)$、$\bar{\varepsilon}(s)$ 之间的关系，接下来只需要对上式进行拉普拉斯逆变换即可以得到本构方程，上式无法直接进行逆变换，需要对上式进行通分处理，得到下式

$$\prod_{i=1}^{n} \left(1 + \frac{\eta_i}{E_i} s\right) \bar{\sigma} = \sum_{i=1}^{n} \left[\prod_{\substack{j=1 \\ j \neq i}}^{n} \left(1 + \frac{\eta_i}{E_i} s\right) \right] \eta_i s \bar{\varepsilon} \tag{3-170}$$

左右两端 $\bar{\sigma}(s)$、$\bar{\varepsilon}(s)$ 的系数均为关于 s 的多项式，展开后 $\bar{\sigma}(s)$、$\bar{\varepsilon}(s)$ 的系数可以表示为

$$P(s) = 1 + p_1 s + p_2 s^2 + \cdots + p_n s^n = \sum_{k=0}^{n} p_k s^k \tag{3-171}$$

$$Q(s) = q_1 s + q_2 s^2 + \cdots + q_n s^n = \sum_{k=1}^{n} q_k s^k$$

上式可以写成

$$\sum_{k=0}^{n} p_k s^k \bar{\sigma} = \sum_{k=1}^{n} q_k s^k \bar{\varepsilon} \tag{3-172}$$

可以简记为

$$P(s)\bar{\sigma}(s) = Q(s)\bar{\varepsilon}(s) \tag{3-173}$$

其中，$P(s)$、$Q(s)$ 表示关于 s 的多项式。利用拉普拉斯变换的微分性质进行逆变换，得到微分型本构方程

$$\sigma + p_1 \dot{\sigma} + p_2 \ddot{\sigma} + \cdots + p_n \sigma^{(n)} = q_1 \dot{\varepsilon} + q_2 \ddot{\varepsilon} + \cdots + q_n \varepsilon^{(n)} \tag{3-174}$$

取微分算子 P 和 Q

$$
\begin{aligned}
& \frac{\mathrm{d}^0 \sigma}{\mathrm{d} t^0} + p_1 \frac{\mathrm{d}^1 \sigma}{\mathrm{d} t^1} + p_2 \frac{\mathrm{d}^2 \sigma}{\mathrm{d} t^2} + \cdots + p_n \frac{\mathrm{d}^n \sigma}{\mathrm{d} t^n} \\
& = \left(\frac{\mathrm{d}^0}{\mathrm{d} t^0} + p_1 \frac{\mathrm{d}^1}{\mathrm{d} t^1} + p_2 \frac{\mathrm{d}^2}{\mathrm{d} t^2} + \cdots + p_n \frac{\mathrm{d}^n}{\mathrm{d} t^n} \right) \sigma \\
& = \sum_{k=0}^{n} p_k \frac{\mathrm{d}^k \sigma}{\mathrm{d} t^k} = P\sigma
\end{aligned} \tag{3-175}
$$

$$
\begin{aligned}
& q_1 \frac{\mathrm{d}^1 \varepsilon}{\mathrm{d} t^1} + q_2 \frac{\mathrm{d}^2 \varepsilon}{\mathrm{d} t^2} + \cdots + q_n \frac{\mathrm{d}^n \varepsilon}{\mathrm{d} t^n} \\
& = \left(q_1 \frac{\mathrm{d}^1}{\mathrm{d} t^1} + q_2 \frac{\mathrm{d}^2}{\mathrm{d} t^2} + \cdots + q_n \frac{\mathrm{d}^n}{\mathrm{d} t^n} \right) \varepsilon \\
& = \sum_{k=1}^{n} q_k \frac{\mathrm{d}^k \varepsilon}{\mathrm{d} t^k} = Q\varepsilon
\end{aligned}
$$

则公式（3-174）变为

$$\sum_{k=0}^{n} p_k \frac{\mathrm{d}^k \sigma}{\mathrm{d}t^k} = \sum_{k=1}^{n} q_k \frac{\mathrm{d}^k \varepsilon}{\mathrm{d}t^k} \qquad (3-176)$$

可以简记为

$$P\sigma = Q\varepsilon \qquad (3-177)$$

其中，P、Q 为微分算子

$$P = \frac{\mathrm{d}^0}{\mathrm{d}t^0} + p_1 \frac{\mathrm{d}^1}{\mathrm{d}t^1} + p_2 \frac{\mathrm{d}^2}{\mathrm{d}t^2} + \cdots + p_n \frac{\mathrm{d}^n}{\mathrm{d}t^n} = \sum_{k=0}^{n} p_k \frac{\mathrm{d}^k}{\mathrm{d}t^k}$$

$$Q = q_1 \frac{\mathrm{d}^1}{\mathrm{d}t^1} + q_2 \frac{\mathrm{d}^2}{\mathrm{d}t^2} + \cdots + q_n \frac{\mathrm{d}^n}{\mathrm{d}t^n} = \sum_{k=1}^{n} q_k \frac{\mathrm{d}^k}{\mathrm{d}t^k} \qquad (3-178)$$

并且有

$$p_0 = 1 ; \left(\frac{\mathrm{d}}{\mathrm{d}t}\right)^0 = 1 \qquad (3-179)$$

公式（3-177）即为广义 Maxwell 模型的微分型本构方程。

例如对于 [K] 单元，其本构方程为

$$\sigma = E\varepsilon + \eta \dot{\varepsilon} \qquad (3-180)$$

可以写成如下形式

$$\sigma = E\varepsilon + \eta \frac{\mathrm{d}}{\mathrm{d}t} \varepsilon = \left(E + \eta \frac{\mathrm{d}}{\mathrm{d}t}\right)\varepsilon \qquad (3-181)$$

所以 [K] 单元的微分算子 P、Q 为

$$P = 1$$
$$Q = \left(E + \eta \frac{\mathrm{d}}{\mathrm{d}t}\right) \qquad (3-182)$$

① 应力松弛分析　得到本构方程之后，可以结合本构方程对广义 Maxwell 模型的应力松弛进行定量分析。通过前面提到的直接迭加的方法，单个 Maxwell 单元的应力松弛方程为

$$\sigma(t) = \sigma_0 \mathrm{e}^{-t/\tau} \qquad (3-183)$$

通过迭加可以得以广义 Maxwell 模型的应力松弛方程为

$$\sigma(t) = \sum_{i=1}^{n} \sigma_i(0) \mathrm{e}^{-t/\tau_i} = \varepsilon_0 \sum_{i=1}^{n} E_i \mathrm{e}^{-t/\tau_i} \qquad (3-184)$$

广义 Maxwell 模型具有瞬时弹性，不具有渐近弹性。

② 模型讨论　在广义 Maxwell 模型当中，当某个 Maxwell 模型存在退化时，其性质将发生改变。如果第 j 个 Maxwell 模型退化后只有黏壶，η_j 为第 j 个黏壶的黏度，如

图 3-41 所示。此时模型的内外应力平衡方程变为

$$\sigma = \sum_{i=1}^{n-1} \sigma_i + \sigma_j \tag{3-185}$$

其拉氏（拉普拉斯）变换为

$$\bar{\sigma} = \sum_{i=1}^{n-1} \bar{\sigma}_i + \bar{\sigma}_j \tag{3-186}$$

黏壶 j 的本构方程为

$$\sigma_j = \eta_j \dot{\varepsilon} \tag{3-187}$$

其拉氏变换为

$$\bar{\sigma}_j = \eta_j s \bar{\varepsilon} \tag{3-188}$$

将式（3-188）代入到公式（3-186）中

$$\bar{\sigma} = \sum_{i=1}^{n-1} \frac{\eta_i s \bar{\varepsilon}}{1 + \dfrac{\eta_i}{E_i} s} + \eta_j s \bar{\varepsilon} \tag{3-189}$$

将应力松弛拉氏变换以后的公式 $\bar{\varepsilon} = \varepsilon_0 \dfrac{1}{s}$ 代入到公式（3-189）中

$$\bar{\sigma} = \sum_{i=1}^{n-1} \frac{\eta_i \varepsilon_0}{1 + \dfrac{\eta_i}{E_i} s} + \eta_j \varepsilon_0 = \sum_{i=1}^{n-1} \frac{E_i \varepsilon_0}{\dfrac{E_i}{\eta_i} + s} + \eta_j \varepsilon_0 \tag{3-190}$$

对上式进行逆变换

$$\sigma(t) = \varepsilon_0 \sum_{i=1}^{n-1} E_i e^{-t/\tau_i} + \varepsilon_0 \eta_j \delta(t) \tag{3-191}$$

根据黏壶 j 的本构方程式（3-187），结合应力松弛的条件 $\varepsilon = \varepsilon_0 \Delta(t)$，可以得到黏壶 j 的应力松弛方程为

$$\sigma_j = \eta_j \varepsilon_0 \delta(t) \tag{3-192}$$

对于图 3-41 的力学模型，其 $n-1$ 个 [M] 单元的应力松弛方程为

$$\sigma(t) = \varepsilon_0 \sum_{i=1}^{n-1} E_i e^{-t/\tau_i} \tag{3-193}$$

根据图 3-41 的力学模型应力迭加关系，其应力松弛方程为

$$\sigma(t) = \varepsilon_0 \sum_{i=1}^{n-1} E_i e^{-t/\tau_i} + \varepsilon_0 \eta_j \delta(t) \tag{3-194}$$

可以得到与公式（3-191）同样的应力松弛方程，因此通过本构方程求解及迭加法求解，可以得到同样的结果。

在广义 Maxwell 模型当中，当第 j 个 Maxwell 模型退化后只有弹簧时，如图 3-42

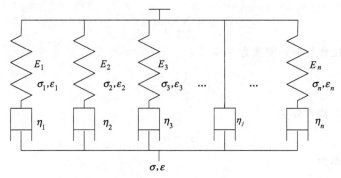

图 3-41 退化广义 Maxwell 模型

所示，弹簧的弹性模量为 E_j。

弹簧 j 的本构方程为

$$\sigma_j = E_j \varepsilon \tag{3-195}$$

其拉氏变换为

$$\bar{\sigma}_j = E_j \bar{\varepsilon} \tag{3-196}$$

将式（3-196）代入到式（3-186）中

$$\bar{\sigma} = \sum_{i=1}^{n-1} \frac{\eta_i s \bar{\varepsilon}}{1 + \dfrac{\eta_i}{E_i} s} + E_j \bar{\varepsilon} \tag{3-197}$$

将应力松弛拉氏变换以后的公式 $\bar{\varepsilon} = \varepsilon_0 \dfrac{1}{s}$ 代入到公式（3-197）中

$$\bar{\sigma} = \sum_{i=1}^{n-1} \frac{\eta_i \varepsilon_0}{1 + \dfrac{\eta_i}{E_i} s} + \eta_j \varepsilon_0 = \sum_{i=1}^{n-1} \frac{E_i \varepsilon_0}{\dfrac{E_i}{\eta_i} + s} + \frac{E_j \varepsilon_0}{s} \tag{3-198}$$

对上式进行逆变换

$$\sigma(t) = \varepsilon_0 \sum_{i=1}^{n-1} E_i e^{-t/\tau_i} + \varepsilon_0 E_j \Delta(t) \tag{3-199}$$

根据弹簧 j 的本构方程式（3-196），结合应力松弛的条件 $\varepsilon = \varepsilon_0 \Delta(t)$，可以得到弹簧 j 的应力松弛方程为

$$\sigma_j = E_j \varepsilon_0 \Delta(t) \tag{3-200}$$

根据图 3-42 的力学模型应力迭加关系，其应力松弛方程为

$$\sigma(t) = \varepsilon_0 \sum_{i=1}^{n-1} E_i e^{-t/\tau_i} + \varepsilon_0 E_j \Delta(t) \tag{3-201}$$

可以得到与公式（3-199）相同的应力松弛方程。

此时，模型具有瞬时弹性及渐近弹性。

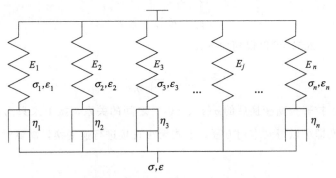

图 3-42 退化广义 Maxwell 模型

（2）广义 Kelvin 模型

广义 Kelvin 模型由 n 个 Kelvin 单元串联组成，如图 3-43 所示。含有 $2n$ 个材料参数。下面通过拉普拉斯变换及其逆变换来建立其本构方程。

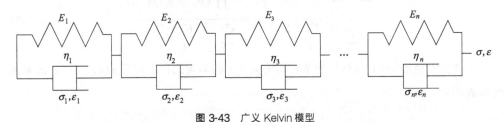

图 3-43 广义 Kelvin 模型

在外力作用下，第 i 个 [K] 单元的应力应变分别为 σ_i、ε_i。由模型的构成关系，可以得到如下关系式。

应变关系

$$\varepsilon = \sum_{i=1}^{n} \varepsilon_i \tag{3-202}$$

应力平衡条件

$$\sigma = \sigma_i \tag{3-203}$$

每个单元的本构关系

$$\sigma_i = E_i \varepsilon_i + \eta_i \dot{\varepsilon}_i \tag{3-204}$$

对式（3-202）~式（3-204）分别进行拉普拉斯变换，注意在进行拉普拉斯变换时，需要用到拉普拉斯变换的微分性质式（3-36），得到

$$\bar{\varepsilon}(s) = \sum_{i=1}^{n} \bar{\varepsilon}_i(s)$$

$$\bar{\sigma} = \bar{\sigma}_i$$ (3-205)

$$\bar{\sigma}_i = E_i \bar{\varepsilon}_i + \eta_i s \bar{\varepsilon}_i$$

基于公式（3-205）可以得到如下公式

$$\bar{\varepsilon} = \sum_{i=1}^{n} \frac{\bar{\sigma}}{E_i + \eta_i s}$$ (3-206)

以上得到了拉普拉斯变换后的 $\bar{\sigma}(s)$、$\bar{\varepsilon}(s)$ 之间的关系，接下来只需要对上式进行拉普拉斯逆变换即可以得到本构方程，上式无法直接进行逆变换，需要对上式进行通分处理

$$\sum_{i=1}^{n} \left[\prod_{\substack{j=1 \\ j \neq i}}^{n} (E_i + \eta_i s) \right] \bar{\sigma} = \prod_{i=1}^{n} (E_i + \eta_i s) \bar{\varepsilon}$$ (3-207)

进一步对上式进行处理，使得公式左端展开后多项式的常数项为 1。

$$\frac{\sum_{i=1}^{n} \left[\prod_{\substack{j=1 \\ j \neq i}}^{n} (E_i + \eta_i s) \right] \bar{\sigma}}{\sum_{i=1}^{n} \left[\dfrac{E_1 E_2 \cdots E_n}{E_i} \right]} = \frac{\prod_{i=1}^{n} (E_i + \eta_i s) \bar{\varepsilon}}{\sum_{i=1}^{n} \left[\dfrac{E_1 E_2 \cdots E_n}{E_i} \right]}$$ (3-208)

上式左右两端 $\bar{\sigma}(s)$、$\bar{\varepsilon}(s)$ 的系数均为关于 s 的多项式，展开后 $\bar{\sigma}(s)$、$\bar{\varepsilon}(s)$ 的系数可以表示为

$$P(s) = 1 + p_1 s + p_2 s^2 + \cdots + p_{n-1} s^{n-1} = \sum_{k=0}^{n-1} p_k s^k$$ (3-209)

$$Q(s) = q_0 + q_1 s + q_2 s^2 + \cdots + q_n s^n = \sum_{k=0}^{n} q_k s^k$$

则公式（3-209）可以记为

$$\sum_{k=0}^{n-1} p_k s^k \bar{\sigma} = \sum_{k=0}^{n} q_k s^k \bar{\varepsilon}$$ (3-210)

可以简记为

$$P(s) \bar{\sigma}(s) = Q(s) \bar{\varepsilon}(s)$$ (3-211)

其中，$P(s)$、$Q(s)$ 表示关于 s 的多项式。利用拉普拉斯变换的微分性质进行逆变换，得到微分型本构方程

$$\sigma + p_1 \dot{\sigma} + p_2 \ddot{\sigma} + \cdots + p_{n-1} \sigma^{(n-1)} = q_0 \varepsilon + q_1 \dot{\varepsilon} + q_2 \ddot{\varepsilon} + \cdots + q_n \varepsilon^{(n)}$$ (3-212)

取微分算子 P 和 Q

$$\frac{d^0\sigma}{dt^0} + p_1\frac{d^1\sigma}{dt^1} + p_2\frac{d^2\sigma}{dt^2} + \cdots + p_{n-1}\frac{d^{n-1}\sigma}{dt^{n-1}}$$

$$= \left(\frac{d^0}{dt^0} + p_1\frac{d^1}{dt^1} + p_2\frac{d^2}{dt^2} + \cdots + p_{n-1}\frac{d^{n-1}}{dt^{n-1}}\right)\sigma$$

$$= \sum_{k=0}^{n-1} p_k\frac{d^k\sigma}{dt^k} = P\sigma \tag{3-213}$$

$$q_0\frac{d^0\varepsilon}{dt^0} + q_1\frac{d^1\varepsilon}{dt^1} + q_2\frac{d^2\varepsilon}{dt^2} + \cdots + q_n\frac{d^n\varepsilon}{dt^n}$$

$$= \left(q_0\frac{d^0}{dt^0} + q_1\frac{d^1}{dt^1} + q_2\frac{d^2}{dt^2} + \cdots + q_n\frac{d^n}{dt^n}\right)\varepsilon$$

$$= \sum_{k=0}^{n} q_k\frac{d^k\varepsilon}{dt^k} = Q\varepsilon$$

则公式（3-212）变为

$$\sum_{k=0}^{n-1} p_k\frac{d^k\sigma}{dt^k} = \sum_{k=0}^{n} q_k\frac{d^k\varepsilon}{dt^k} \tag{3-214}$$

可以简记为

$$P\sigma = Q\varepsilon \tag{3-215}$$

其中，P、Q 为微分算子

$$P = \frac{d^0}{dt^0} + p_1\frac{d^1}{dt^1} + p_2\frac{d^2}{dt^2} + \cdots + p_{n-1}\frac{d^{n-1}}{dt^{n-1}} = \sum_{k=0}^{n-1} p_k\frac{d^k}{dt^k}$$

$$Q = q_0\frac{d^0}{dt^0} + q_1\frac{d^1}{dt^1} + q_2\frac{d^2}{dt^2} + \cdots + q_n\frac{d^n}{dt^n} = \sum_{k=0}^{n} q_k\frac{d^k}{dt^k} \tag{3-216}$$

并且有

$$\left(\frac{d}{dt}\right)^0 = 1 \tag{3-217}$$

公式（3-215）即为广义 Kelvin 模型的微分型本构方程，并且可以看出方程的形式与广义 Maxwell 模型的本构方程相同，因此公式（3-217）为广义微分型本构方程的一般形式。

① 蠕变分析　得到本构方程之后，可以结合本构方程对广义 Kelvin 模型的蠕变进行定量分析。通过前面提到的直接迭加的方法，单个 Kelvin 模型的蠕变方程为

$$\varepsilon(t) = \frac{\sigma_0}{E_i}(1 - e^{-t/\tau}) \tag{3-218}$$

通过迭加可以得到广义 Kelvin 模型的蠕变方程为

$$\varepsilon(t) = \sigma_0 \sum_{i=1}^{n} \frac{1}{E_i} (1 - e^{-t/\tau_i}) \tag{3-219}$$

② 模型讨论　在广义 Kelvin 模型当中，当 Kelvin 模型存在退化时，其性质将发生改变。当第 j 个 Kelvin 单元退化后只有黏壶时，如图 3-44 所示。此时根据迭加原理可以给出模型的蠕变方程为

$$\varepsilon(t) = \sigma_0 \left(\frac{t}{\eta_j} + \sum_{i=1}^{n-1} \frac{1}{E_i} (1 - e^{-t/\tau_i}) \right) \tag{3-220}$$

η_j 为第 j 个黏壶的黏度。模型不具有瞬时弹性及渐近弹性，并且其应力可以完全松弛。

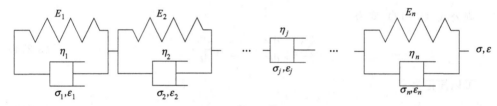

图 3-44　退化广义 Kelvin 模型

在广义 Kelvin 模型当中，当第 j 个 Kelvin 模型退化后只有弹簧时，如图 3-45 所示。此时根据迭加原理可以给出模型的蠕变方程为

$$\varepsilon(t) = \sigma_0 \left(\frac{1}{E_j} + \sum_{i=1}^{n-1} \frac{1}{E_i} (1 - e^{-t/\tau_i}) \right) \tag{3-221}$$

E_j 为第 j 个弹簧的弹性模量。模型具有瞬时弹性及渐近弹性，并且其应力不能够完全松弛。

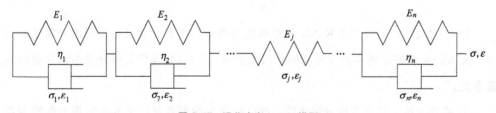

图 3-45　退化广义 Kelvin 模型

当然上述两种情况下的蠕变方程也可以通过本构方程的求解得到，基于拉氏变换后的本构方程式（3-206），对于上述两种情况下的本构方程分别为

$$\bar{\varepsilon} = \sum_{i=1}^{n-1} \frac{\bar{\sigma}}{E_i + \eta_i s} + \frac{\bar{\sigma}}{\eta_j s}$$

$$\bar{\varepsilon} = \sum_{i=1}^{n-1} \frac{\bar{\sigma}}{E_i + \eta_i s} + \frac{\bar{\sigma}}{E_j} \tag{3-222}$$

将应力松弛条件的拉氏变换 $\sigma = \dfrac{\sigma_0}{s}$ 代入到上式中

$$\bar{\varepsilon} = \sum_{i=1}^{n-1} \frac{\sigma_0}{s(E_i + \eta_i s)} + \frac{\sigma_0}{\eta_j s^2}$$

$$\bar{\varepsilon} = \sum_{i=1}^{n-1} \frac{\sigma_0}{s(E_i + \eta_i s)} + \frac{\sigma_0}{E_j s} \tag{3-223}$$

对上式进行逆变换

$$\varepsilon(t) = \sigma_0 \left(\frac{t}{\eta_j} + \sum_{i=1}^{n-1} \frac{1}{E_i}(1 - e^{-t/\tau_i}) \right)$$

$$\varepsilon(t) = \sigma_0 \left(\frac{1}{E_j} + \sum_{i=1}^{n-1} \frac{1}{E_i}(1 - e^{-t/\tau_i}) \right) \tag{3-224}$$

可以得到与式（3-220）及式（3-221）相同的形式。

3.7　模型性质讨论

以上建立了黏弹性力学模型并推导得到了相应的本构方程，常见的力学模型及其对应的本构方程见表 3-2。

表 3-2　黏弹性力学模型及其本构方程

名称	模型	微分本构方程
弹性体		$\sigma = q_0 \varepsilon$
黏性流体		$\sigma = q_1 \dot{\varepsilon}$
Maxwell		$\sigma + p_1 \dot{\sigma} = q_1 \dot{\varepsilon}$

名称	模型	微分本构方程
Kelvin	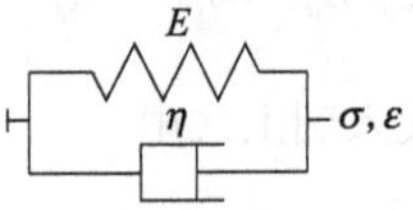	$\sigma = q_0\varepsilon + q_1\dot{\varepsilon}$
三参数固体模型	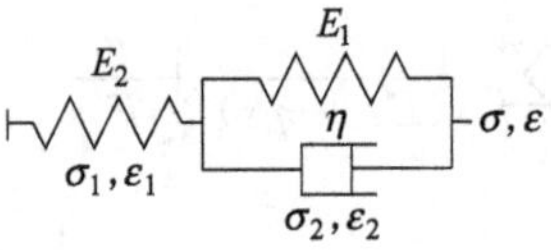	$\sigma + p_1\dot{\sigma} = q_0\varepsilon + q_1\dot{\varepsilon}$
三参数流体模型	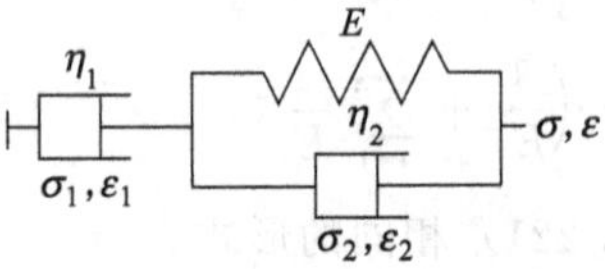	$\sigma + p_1\dot{\sigma} = q_1\dot{\varepsilon} + q_2\ddot{\varepsilon}$
四参数固体模型	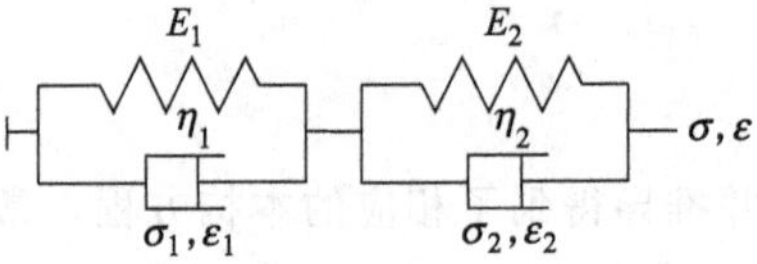	$\sigma + p_1\dot{\sigma} = q_0\varepsilon + q_1\dot{\varepsilon} + q_2\ddot{\varepsilon}$
四参数流体模型	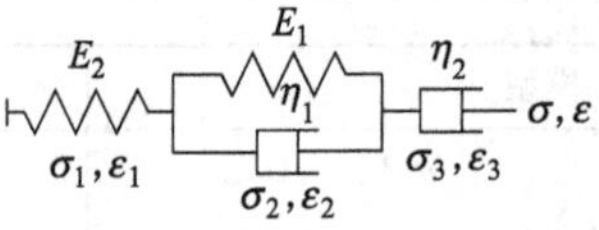	$\sigma + p_1\dot{\sigma} + p_2\ddot{\sigma} = q_1\dot{\varepsilon} + q_2\ddot{\varepsilon}$

对于一般形式的黏弹性本构方程

$$\sigma + p_1\dot{\sigma} + p_2\ddot{\sigma} + \cdots + p_m\sigma^{(m)} = q_0\varepsilon + q_1\dot{\varepsilon} + q_2\ddot{\varepsilon} + \cdots + q_n\varepsilon^{(n)} \tag{3-225}$$

通过力学模型与本构方程的对比，可以得到如下基本规律：

① 由有限个元件组成的黏弹性模型的微分型本构方程，其微分方程的阶数等于力学模型中所含黏壶的个数。注意这里黏壶的个数应为等效黏壶的个数，比如多个黏壶的串联或者多个黏壶的并联，仍然视为一个黏壶。

例如对于如图 3-46 所示的串联及并联黏壶，其本构方程分别为

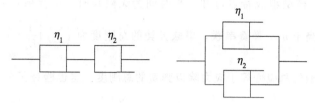

图 3-46 串联及并联黏壶

$$\sigma = \frac{\eta_1 \eta_2}{\eta_1 + \eta_2} \dot{\varepsilon}, \sigma = (\eta_1 + \eta_2)\dot{\varepsilon} \tag{3-226}$$

尽管有两个黏壶，但其本构方程仍然是一阶微分方程。

② 模型中有串联的黏壶时，$q_0 = 0$，此时为黏性流体模型；模型中没有串联的黏壶时，$q_0 \neq 0$，此时为弹性固体模型。

对以上结论进行说明如下，黏弹性力学模型描述的是弹性固体还是黏性流体，主要取决于模型是否具有渐近弹性。如果具有渐近弹性，则其在外力作用下变形为有限值，并且应力不能完全松弛，则为弹性固体；如果没有渐近弹性，则其在外力作用下变形为无限值，并且应力可以完全松弛，则为黏性流体。因此判断是流体还是固体主要看模型是否具有渐近弹性。为此结合蠕变进行分析。

结合蠕变的条件

$$\sigma = \sigma_0 \Delta(t) \tag{3-227}$$

将上式代入到公式（3-225）中，当时间无穷大时，得到

$$\sigma_0 = q_0 \varepsilon + q_1 \dot{\varepsilon} + q_2 \ddot{\varepsilon} + \cdots + q_n \varepsilon^{(n)} \tag{3-228}$$

对上式进行讨论，当 $q_0 \neq 0$ 时，公式左边为有限值，当时间无限长时，关于应变的微分项必然全都为零，此时得到

$$\varepsilon(\infty) = \frac{\sigma_0}{q_0} \tag{3-229}$$

对于广义 [K] 模型，由其本构方程式（3-208）的形式可知，公式右边展开后可以得到 q_0

$$q_0 = \frac{1}{\displaystyle\sum_{i=1}^{n} \left[\frac{1}{E_i}\right]} \tag{3-230}$$

由以上两式可得

$$\varepsilon(\infty) = \sigma_0 \sum_{i=1}^{n} \left[\frac{1}{E_i}\right] \tag{3-231}$$

由广义［K］模型组成特点可知，当时间为无限长时，系统稳定后黏壶将不起作用，此时模型相当于 n 个弹簧串联，串联弹簧的总刚度为 $\left(\sum_{i=1}^{n}\left[\dfrac{1}{E_i}\right]\right)^{-1}$，因此在时间为无穷长时，模型的总应变等于应力除以弹簧的总刚度。这也验证了公式 $\varepsilon(\infty)=\dfrac{\sigma_0}{q_0}$ 的正确性。

对于一般性的本构模型，由于黏壶的蠕变作用，在时间无限长时，将使得与黏壶串联的弹簧恢复原长而失去作用，因此对一般的本构模型来说，q_0 为模型中去除黏壶及与黏壶串联的弹簧后剩余的弹簧系统的总刚度。

例如对于图 3-42 的本构模型，模型具有渐近弹性。其本构方程拉氏变换后的形式为

$$\bar{\sigma}=\sum_{i=1}^{n-1}\frac{\eta_i s\bar{\varepsilon}}{1+\dfrac{\eta_i}{E_i}s}+E_j\bar{\varepsilon} \tag{3-232}$$

将上式转变为

$$\prod_{i=1}^{n-1}\left(1+\frac{\eta_i}{E_i}s\right)\bar{\sigma}=\sum_{i=1}^{n-1}\left[\prod_{\substack{j=1\\j\neq i}}^{n-1}\left(1+\frac{\eta_i}{E_i}s\right)\right]\eta_i s\bar{\varepsilon}+E_j\prod_{i=1}^{n-1}\left(1+\frac{\eta_i}{E_i}s\right)\bar{\varepsilon} \tag{3-233}$$

展开后可以得到

$$q_0=E_j \tag{3-234}$$

对于该模型，在时间无限长时，蠕变为

$$\varepsilon(\infty)=\frac{\sigma_0}{q_0}=\frac{\sigma_0}{E_j} \tag{3-235}$$

对于图 3-42 所示的模型，在确定的应力作用下，由于黏壶的蠕变作用，在时间无限长时，与黏壶串联的弹簧将恢复到原长，因此在时间无限长时，只有独立的弹簧 j 在起作用，此时模型的弹性模量即为 $q_0=E_j$。这也再次验证了公式 $\varepsilon(\infty)=\dfrac{\sigma_0}{q_0}$ 的正确性。

通过上面的分析表明，当 $q_0\neq0$ 时，模型具有渐近弹性，为弹性固体。

当 $q_0=0$ 时，公式（3-228）变为

$$\sigma_0=q_1\dot{\varepsilon}+q_2\ddot{\varepsilon}+\cdots+q_n\varepsilon^{(n)} \tag{3-236}$$

公式左边为有限值，当时间无限长时，至少 $q_1\neq0$，即 $\dot{\varepsilon}\neq0$。

当时间无限长时

$$\varepsilon(\infty)=\infty \tag{3-237}$$

此时模型不具有渐近弹性，为黏性流体。

当然也可以通过应力是否可以完全松弛来判断是流体还是固体。应力松弛的条件为

$$\varepsilon = \varepsilon_0 \Delta(t) \tag{3-238}$$

将上式代入到公式（3-225）中

$$\sigma + p_1 \dot{\sigma} + p_2 \ddot{\sigma} + \cdots + p_m \sigma^{(m)} = q_0 \varepsilon_0 \tag{3-239}$$

当时间无穷大时，得到

$$\sigma(\infty) = q_0 \varepsilon_0 \tag{3-240}$$

对上式进行讨论，当 $q_0 \neq 0$ 时，$\sigma(\infty) = q_0 \varepsilon_0 \neq 0$，即应力不能完全松弛，此时模型为弹性固体；当 $q_0 = 0$ 时，$\sigma(\infty) = q_0 \varepsilon_0 = 0$，即应力可以完全松弛，此时模型为黏性流体。

③ 模型中有串联的弹簧时，材料有瞬时弹性，此时 $m = n$；模型中没有串联的弹簧时，材料没有瞬时弹性，此时 $m < n$；而当 $m > n$ 时，微分方程不能成为描述黏弹性体的本构方程。

对以上结论进行说明如下，在公式（3-225）中，假定 $m = n$，公式两边进行 n 次积分

$$\underbrace{\int_0^t \int_0^t \cdots \int_0^t}_{n \text{次}} (\sigma + p_1 \dot{\sigma} + p_2 \ddot{\sigma} + \cdots + p_m \sigma^{(m)}) \mathrm{d}t$$
$$= \underbrace{\int_0^t \int_0^t \cdots \int_0^t}_{n \text{次}} (q_0 \varepsilon + q_1 \dot{\varepsilon} + q_2 \ddot{\varepsilon} + \cdots + q_n \varepsilon^{(n)}) \mathrm{d}t \tag{3-241}$$

则有

$$\underbrace{\int_0^t \int_0^t \cdots \int_0^t}_{n \text{次}} \sigma \mathrm{d}t + \underbrace{\int_0^t \int_0^t \cdots \int_0^t}_{n-1 \text{次}} p_1 \sigma \mathrm{d}t + \underbrace{\int_0^t \int_0^t \cdots \int_0^t}_{n-2 \text{次}} p_2 \sigma \mathrm{d}t + p_m \sigma(t)$$
$$= \underbrace{\int_0^t \int_0^t \cdots \int_0^t}_{n \text{次}} q_0 \varepsilon \mathrm{d}t + \underbrace{\int_0^t \int_0^t \cdots \int_0^t}_{n-1 \text{次}} q_1 \varepsilon \mathrm{d}t + \underbrace{\int_0^t \int_0^t \cdots \int_0^t}_{n-2 \text{次}} q_2 \varepsilon \mathrm{d}t + q_n \varepsilon(t) \tag{3-242}$$

在上式中，积分上限取零，则有

$$p_m \sigma(0) = q_n \varepsilon(0) \tag{3-243}$$

假定瞬间施加的应力

$$\sigma(0) = \sigma_0 \tag{3-244}$$

则根据公式（3-243），可得

$$\varepsilon(0) = \frac{p_m}{q_n}\sigma_0 \tag{3-245}$$

对上式进行讨论，当 $m = n$ 时，应力施加即产生有限变形，所以材料具有瞬时弹性；当 $m < n$ 时，$p_m = 0$，$q_n \neq 0$，则 $\varepsilon(0) = 0$，此时应力施加不会产生有限变形，所以材料不具有瞬时弹性；当 $m > n$ 时，$p_m \neq 0$，$q_n = 0$，则 $\varepsilon(0) = \infty$，此时应力施加瞬间即产生无穷大变形，这种情况不存在，此时的微分方程不能成为描述黏弹性体的本构方程。

此外，如果假定施加的是瞬时应变

$$\varepsilon(0) = \varepsilon_0 \tag{3-246}$$

则根据公式（3-243），可得

$$\sigma(0) = \frac{q_n}{p_m}\varepsilon_0 \tag{3-247}$$

同样，对上式进行讨论，当 $m = n$ 时，应力 $\sigma(0)$ 为有限值，因此，由前述的分析可知，模型具有瞬时弹性；当 $m < n$ 时，$p_m = 0$，$q_n \neq 0$，则 $\sigma(0) = \infty$，即此时使模型瞬时产生 ε_0 的应变，需要施加无穷大的力，根据前面的分析，此时模型不具有瞬时弹性；当 $m > n$ 时，$p_m \neq 0$，$q_n = 0$，则 $\sigma(0) = 0$，此时产生应变却没有应力，这种情况不存在，所以此时的微分方程不能成为描述黏弹性体的本构方程。

由公式（3-247）可知，当 $m = n$ 时，$\dfrac{q_n}{p_m}$ 为加载瞬时模型的等效弹性模量，即为等效独立弹簧构成的弹性模量，通过对前面具有瞬时弹性的模型进行分析，如 ［H］、［M］、［H］-［K］ 及 ［M］-［K］ 模型，其 $\dfrac{q_n}{p_m}$ 均为独立弹簧的弹性模量，这也验证了上述结论的正确性。

由黏弹性本构方程拉氏变换之后的表达式可以得到

$$\bar{\sigma} = \frac{Q(s)}{P(s)}\bar{\varepsilon} \tag{3-248}$$

代入应力松弛条件拉氏变换以后的关系式，求解应力松弛

$$\bar{\sigma} = \varepsilon_0 \frac{Q(s)}{sP(s)} \tag{3-249}$$

如果 $m = n$，则公式（3-249）右边分母为 $n+1$ 次多项式，而分子为 n 次多项式，在将多项式分解成真分式时不会出现常数项。如果 $m < n$，则公式（3-249）右边分子分母均为 n 次多项式，在将多项式分解成真分式时会出现常数项，因此其逆变换中将包括

一个 $\delta(t)$ 项，当 $t=0$ 时 $\sigma(0)=\infty$，即此时模型不具有瞬时弹性。

④ 如果模型中串联有独立的弹簧，那么模型具有瞬时弹性；如果模型中串联有独立的黏壶，那么模型不具有渐近弹性，并且应力能够完全松弛。

⑤ 流体模型与固体模型的组成特点及性质对比见表 3-3。

表 3-3　流体模型与固体模型的对比表

类型	组成特点	瞬时弹性	渐近弹性	应力松弛	变形恢复（蠕变恢复）
流体模型	串联独立黏壶	不确定	无	完全松弛	有残留
固体模型	没有串联独立黏壶	不确定	有	不能完全松弛	完全恢复

3.8　应用举例

例 1：某力学模型由若干个胡克弹簧元件及牛顿黏壶元件构成，其微分型本构方程的拉普拉斯变换以后的形式为 $P\bar{\sigma}=Q\bar{\epsilon}$，其中，$P(s)=1+p_1 s+p_2 s^2+p_3 s^3$，$Q(s)=q_0+q_1 s+q_2 s^2+q_3 s^3$，系数均不为零，绘出一种可能的力学模型。

分析：依据拉普拉斯变换后的形式，该力学模型应当有三个黏壶；微分本构方程左右两边微分方程阶数相同，即 $m=n$，因此该模型具有瞬时弹性，$q_0\neq 0$，模型中没有串联的黏壶。依据以上分析，给出一种可能的模型如图 3-47 所示。

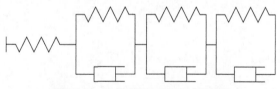

图 3-47　一种满足以上要求的力学模型

例 2：如图 3-48 所示的力学模型，模型自由端的外力如图 3-49 所示。绘出模型自由端应变 $\epsilon(t)$ 随时间的变化曲线，并在图中标出当时间 $t=0$、$t=t_1$、$t=\infty$ 时模型的瞬时应变 $\epsilon(0)$、瞬时恢复应变 $\epsilon(t_1)$ 及最终应变 $\epsilon(\infty)$ 的表达式。

分析：该模型串联有独立弹簧，因此具有瞬时弹性，可以直接求出其瞬时弹性变形为 $\epsilon(0)=\dfrac{\sigma_1}{E}$，在 $t=t_1$ 去除外载荷的瞬时，变形可以瞬时恢复，即 $\epsilon(t_1)=\dfrac{\sigma_1}{E}$，在 $t=t_1$

时两个黏壶的变形为 $\varepsilon(t_1) = \dfrac{\sigma_1}{\eta_2}t_1 + \dfrac{\sigma_1}{\eta_3}t_1$，并且这部分变形在外载荷去除以后将一直保持不变，因此当时间无限长时，该模型的应变为 $\varepsilon(\infty) = \dfrac{\sigma_1}{\eta_2}t_1 + \dfrac{\sigma_1}{\eta_3}t_1$。因此可以绘出应变随时间的变化曲线如图 3-50 所示。

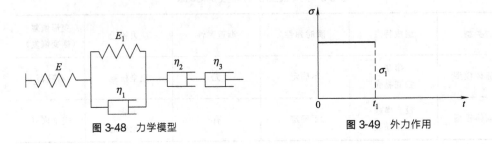

图 3-48　力学模型　　　　　　　　　　　图 3-49　外力作用

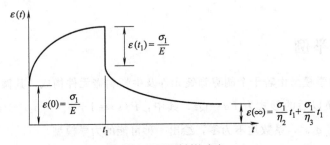

图 3-50　不同时刻的应变

第 4 章
积分型本构方程

通过黏弹性力学模型所建立的微分型本构方程，本构方程的物理意义明确，并且结合蠕变及应力松弛的物理描述，可以基于微分型本构方程直观地分析黏弹性体的蠕变及应力松弛等黏弹性力学行为。实际黏弹性体的受力模式十分复杂，并不像蠕变或应力松弛受力模式那么简单，为了分析复杂受力模式下黏弹性体的力学行为，需要建立积分型本构方程，以研究黏弹性材料力学行为的时间相关性。

4.1 蠕变柔量及松弛模量

第 3 章分析得到各种模型的蠕变方程及应力松弛方程见表 4-1。

表 4-1 各种模型的蠕变方程及应力松弛方程

力学模型	蠕变方程	应力松弛方程
Maxwell模型	$\varepsilon(t)=\sigma_0\left(\dfrac{1}{E}+\dfrac{1}{\eta}t\right)$	$\sigma(t)=\varepsilon_0 E\mathrm{e}^{-Et/\eta}$
Kelvin 模型	$\varepsilon(t)=\sigma_0\dfrac{1-\mathrm{e}^{-t/\tau'}}{E}$	$\sigma(t)=\varepsilon_0 E$
三元件固体模型	$\varepsilon(t)=\sigma_0\left[\dfrac{1}{E_2}+\dfrac{1}{E_1}(1-\mathrm{e}^{-\lambda t})\right]$	$\sigma(t)=\varepsilon_0\left(\dfrac{E_1 E_2}{E_1+E_2}+\dfrac{E_2^2}{E_1+E_2}\mathrm{e}^{-\frac{E_1+E_2}{\eta}t}\right)$

力学模型	蠕变方程	应力松弛方程
三元件流体模型	$\varepsilon(t)=\sigma_0\left[\dfrac{1}{\eta_1}t+\dfrac{1}{E}(1-e^{-\frac{Et}{\eta_2}})\right]$	$\sigma(t)=\varepsilon_0\left[\dfrac{\eta_1\eta_2}{\eta_1+\eta_2}\delta(t)+\dfrac{\eta_1{}^2E}{(\eta_1+\eta_2)^2}e^{-\frac{E}{\eta_1+\eta_2}t}\right]$
四元件固体模型	$\varepsilon(t)=\sigma_0\left[\dfrac{1}{E_1}(1-e^{-\lambda_1 t})+\dfrac{1}{E_2}(1-e^{-\lambda_2 t})\right]$	$\sigma(t)=\varepsilon_0\left[\begin{array}{l}\dfrac{\eta_1\eta_2}{\eta_1+\eta_2}\delta(t)+\dfrac{E_1E_2}{E_1+E_2}\Delta(t)\\[2mm]+\dfrac{(E_1\eta_2-E_2\eta_1)^2}{(\eta_1+\eta_2)^2(E_1+E_2)}e^{-\frac{E_1+E_2}{\eta_1+\eta_2}t}\end{array}\right]$
四元件流体模型	$\varepsilon(t)=\sigma_0\left[\dfrac{1}{E_2}+\dfrac{1}{\eta_2}t+\dfrac{1}{E_1}(1-e^{-\frac{Et}{\eta_1}})\right]$	$\sigma(t)=\varepsilon_0\dfrac{(q_1-\alpha q_2)e^{-\alpha t}-(q_1-\beta q_2)e^{-\beta t}}{\sqrt{p_1^2-4p_2}}$

通过表 4-1 可以看出蠕变方程及应力松弛方程的规律性。蠕变方程及应力松弛方程可以写成如下形式

$$\varepsilon(t)=\sigma_0 J(t) \tag{4-1}$$
$$\sigma(t)=\varepsilon_0 Y(t)$$

即蠕变及应力松弛方程都可以表示为施加的广义载荷乘以一个关于时间的函数。自变量时间 t 代表了广义应力（σ_0 或者 ε_0）的作用时间。函数的系数由黏弹性材料参数构成。$J(t)$ 和 $Y(t)$ 分别描述了黏弹性体的蠕变及应力松弛行为，因此 $J(t)$ 和 $Y(t)$ 分别称为蠕变柔量及松弛模量。蠕变柔量的物理意义为每单位作用应力产生的应变；松弛模量的物理意义为产生并维持单位应变所需要的应力。

蠕变柔量为单调的增函数，其值域为 $[a,b]$，当材料具有瞬时弹性时，$a\neq0$，当材料没有瞬时弹性时，$a=0$；当材料具有渐近弹性时，b 为确定值，当材料不具有渐近弹性时，$b=\infty$。

松弛模量为单调的减函数，其值域为 $[a,b]$，当材料具有渐近弹性时，$a\neq0$，当材料不具有渐近弹性时，$a=0$；当材料具有瞬时弹性时，b 为确定值，当材料没有瞬时弹性时，$Y(t)$ 的表达式中包含 $\delta(t)$ 函数，$b=\infty$。

在本构方程已知的条件下，可以得到蠕变柔量的一般性求解公式，根据蠕变的初始条件，结合蠕变柔量的定义式及本构方程，可以得到

$$\sigma=\sigma_0\Delta t$$
$$\varepsilon(t)=\sigma_0 J(t) \tag{4-2}$$
$$P\sigma=Q\varepsilon$$

分别对上式进行拉普拉斯变换，得到

$$\overline{\sigma} = \sigma_0 s^{-1}$$
$$\overline{\varepsilon}(s) = \sigma_0 \overline{J}(s)$$
$$P(s)\overline{\sigma} = Q(s)\overline{\varepsilon}$$

(4-3)

通过上式，可以得到

$$P(s)\sigma_0 s^{-1} = Q(s)\sigma_0 \overline{J}(s)$$

(4-4)

求解得到

$$\overline{J}(s) = \frac{P(s)}{sQ(s)}$$

(4-5)

上式即为蠕变柔量拉普拉斯变换后的一般性表达式，在本构方程已知的情况下，通过上式进行拉普拉斯逆变换，即可以得到蠕变柔量。

在本构方程已知的条件下，同样可以得到松弛模量的一般性求解公式，根据应力松弛的初始条件，结合松弛模量的定义式及本构方程，可以得到

$$\varepsilon = \varepsilon_0 \Delta t$$
$$\sigma(t) = \varepsilon_0 Y(t)$$
$$P\sigma = Q\varepsilon$$

(4-6)

分别对上式进行拉普拉斯变换，得到

$$\overline{\varepsilon} = \varepsilon_0 s^{-1}$$
$$\overline{\sigma}(s) = \varepsilon_0 \overline{Y}(s)$$
$$P(s)\overline{\sigma} = Q(s)\overline{\varepsilon}$$

(4-7)

通过上式，可以得到

$$P(s)\varepsilon_0 \overline{Y}(s) = Q(s)\varepsilon_0 s^{-1}$$

(4-8)

求解得到

$$\overline{Y}(s) = \frac{Q(s)}{sP(s)}$$

(4-9)

上式即为松弛模量拉普拉斯变换后的一般性表达式，在本构方程已知的情况下，通过上式进行拉普拉斯逆变换，即可以得到松弛模量。

通过式（4-5）及式（4-9），可以得到蠕变柔量及松弛模量拉普拉斯变换后满足如下关系

$$\overline{J}(s)\overline{Y}(s) = s^{-2}$$

(4-10)

4.2 蠕变柔量及松弛模量的求解

蠕变柔量及松弛模量是黏弹性材料非常重要的两个静态力学性能参数。下面举例说明如何求解蠕变柔量及松弛模量。

（1）利用通用公式求解

式（4-5）及式（4-9）是求解蠕变柔量及松弛模量的一般性表达式，在本构方程已知的条件下，可以通过上式求蠕变柔量及松弛模量。下面举例说明。

① 弹簧元件　弹簧元件的本构方程为

$$\sigma = E\varepsilon \tag{4-11}$$

对上式进行拉普拉斯变换

$$\bar{\sigma} = E\bar{\varepsilon} \tag{4-12}$$

据此得到

$$P(s) = 1, Q(s) = E \tag{4-13}$$

将上式代入到式（4-5）及式（4-9）中得到

$$\bar{J}(s) = \frac{1}{sE}$$
$$\bar{Y}(s) = \frac{E}{s} \tag{4-14}$$

对上式进行逆变换，得到

$$J(t) = \frac{\Delta(t)}{E} \tag{4-15}$$

$$Y(t) = E\Delta(t)$$

② 黏壶元件　黏壶元件的本构方程为

$$\sigma = \eta\dot{\varepsilon} \tag{4-16}$$

对上式进行拉普拉斯变换

$$\bar{\sigma} = \eta s\bar{\varepsilon} \tag{4-17}$$

据此得到

$$P(s) = 1, Q(s) = \eta s \tag{4-18}$$

将上式代入到式（4-5）及式（4-9）中得到

$$\bar{J}(s) = \frac{1}{\eta s^2} \tag{4-19}$$

$$\bar{Y}(s) = \eta$$

对上式进行逆变换，得到

$$J(t) = \frac{t}{\eta} \tag{4-20}$$

$$Y(t) = \eta\delta(t)$$

可以看出，由于黏壶单元没有瞬时弹性，所以在其松弛模量的表达式中含有 $\delta(t)$。

③ Maxwell 模型　Maxwell 模型的本构方程为

$$\sigma + \frac{\eta}{E}\dot{\sigma} = \eta\dot{\varepsilon} \tag{4-21}$$

对上式进行拉普拉斯变换

$$\bar{\sigma} + \frac{\eta s}{E}\bar{\sigma} = \eta s\bar{\varepsilon} \tag{4-22}$$

据此得到

$$P(s) = 1 + \frac{\eta s}{E}, Q(s) = \eta s \tag{4-23}$$

将上式代入到式（4-5）及式（4-9）中得到

$$\bar{J}(s) = \frac{1}{\eta s^2} + \frac{1}{Es} \tag{4-24}$$

$$\bar{Y}(s) = \frac{E\eta}{E + \eta s}$$

对上式进行逆变换，得到

$$J(t) = \frac{t}{\eta} + \frac{\Delta(t)}{E} \tag{4-25}$$

$$Y(t) = Ee^{-Et/\eta}$$

④ Kelvin 模型　Kelvin 模型的本构方程为

$$\sigma = E\varepsilon + \eta\dot{\varepsilon} \tag{4-26}$$

对上式进行拉普拉斯变换

$$\bar{\sigma} = E\bar{\varepsilon} + \eta s\bar{\varepsilon} \tag{4-27}$$

据此得到

$$P(s) = 1, Q(s) = E + \eta s \tag{4-28}$$

将上式代入到式（4-5）及式（4-9）中得到

$$\bar{J}(s) = \frac{1}{s(E + \eta s)} \tag{4-29}$$

$$\bar{Y}(s) = \frac{E + \eta s}{s}$$

对上式进行逆变换，得到

$$J(t) = \frac{1}{E}(1 - \mathrm{e}^{-\frac{E}{\eta}t})$$ (4-30)

$$Y(t) = E\Delta(t) + \eta\delta(t)$$

同样，由于 Kelvin 模型没有瞬时弹性，所以在其松弛模量的表达式中含有 $\delta(t)$。

（2）利用定义及迭加的方式进行求解

以上是基于蠕变柔量及松弛模量的通用公式进行求解。在本构方程未知的情况下，可以通过蠕变柔量及松弛模量的定义并结合迭加的方式求解，有时这种方式更为简单适用，下面举例说明。

如图 4-1 所示黏弹性力学模型，黏壶 1 的黏度 $\eta = \dfrac{1}{At^2 + Bt + C}$，并且 $A > 0$，$B \neq 0$，$C \neq 0$，求该模型的蠕变柔量。

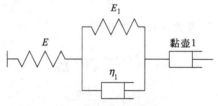

图 4-1　黏弹性力学模型

对于以上模型，利用迭加原理求蠕变柔量更为简单。根据迭加原理，该力学模型的蠕变柔量满足如下关系

$$J(t) = J_1(t) + J_2(t) + J_3(t)$$ (4-31)

弹簧单元的蠕变柔量为

$$J_1(t) = \frac{1}{E}$$ (4-32)

黏壶 1 的蠕变柔量，可以根据蠕变柔量的定义求解

$$J_2(t) = \int_0^t \frac{\sigma_0}{\eta}\mathrm{d}t = \int_0^t \frac{1}{\eta}\mathrm{d}t = \int_0^t (At^2 + Bt + C)\mathrm{d}t = \frac{At^3}{3} + \frac{Bt^2}{2} + Ct$$ (4-33)

Kelvin 模型的蠕变柔量为

$$J_3(t) = \frac{1 - \mathrm{e}^{-tE_1/\eta_1}}{E_1}$$ (4-34)

由式（4-32）～式（4-34），可得该模型的蠕变柔量为

$$J(t) = \frac{1}{E} + \frac{At^3}{3} + \frac{Bt^2}{2} + Ct + \frac{1 - \mathrm{e}^{-tE_1/\eta_1}}{E_1}$$ (4-35)

4.3 松弛时间谱和推迟时间谱

对于广义 Maxwell 模型，由 n 个 Maxwell 单元组成，通过迭加可以得到广义 Maxwell 模型的松弛模量为

$$Y(t) = \sum_{i=1}^{n} E_i e^{-t/\tau_i} \tag{4-36}$$

式中，τ_i 为第 i 个 Maxwell 单元的松弛时间；E_i 为第 i 个 Maxwell 单元的弹性模量。

如果模型由无穷多个 Maxwell 单元并联组成，则松弛时间 τ_i 及弹性模量 E_i 将由离散分布变为连续分布。引入一个连续函数 $f(\tau)$，用 $f(\tau)\mathrm{d}\tau$ 这个权重函数代替 E_i，则上述求和变成积分形式

$$Y(t) = \int_0^\infty f(\tau) e^{-t/\tau} \mathrm{d}\tau \tag{4-37}$$

式中，$f(\tau)$ 称为松弛时间分布函数或者松弛时间谱。它是一种谱密度，$f(\tau)\mathrm{d}\tau$ 表明了松弛时间处在 $[\tau, \tau+\mathrm{d}\tau]$ 之间的 Maxwell 单元对应力松弛的贡献。

同样，对于无穷多个广义 Kelvin 单元串接构成的广义模型，其蠕变柔量可以写成

$$J(t) = \int_0^\infty D(\tau')(1 - e^{-t/\tau'})\mathrm{d}\tau' \tag{4-38}$$

式中，$D(\tau')$ 称为延迟时间分布函数或者延迟时间谱。它是一种谱密度，$D(\tau')\mathrm{d}\tau$ 表明了延迟时间处在 $[\tau, \tau+\mathrm{d}\tau]$ 之间的 Kelvin 单元对蠕变的贡献。

4.4 Boltzmann 迭加原理

在处理复杂加载条件下的黏弹性力学问题时，Boltzmann 迭加原理是一个有效的处理方法，Boltzmann 迭加原理包括两点：材料当前时刻的力学响应与此时刻之前的载荷作用过程有关，是载荷作用历史的函数；不同时刻作用的载荷对当前时刻力学响应的影响是独立的，通过此时刻之前各载荷所引起的力学响应的线性迭加，可以得到当前时刻材料的力学响应。

对于前面推导的线性黏弹性力学模型，均符合 Boltzmann 迭加原理，这一点可以进行验证。下面通过伯格斯模型来验证 Boltzmann 迭加原理的正确性。

在如图 4-2（a）所示的应力作用下，在外载荷去除以后，结合蠕变恢复的理论分

析，可以得到 $t > t_0$ 时的应变为

$$\varepsilon(t) = \frac{\sigma_0}{E_1}(1 - e^{-\lambda t_0})e^{-\lambda(t - t_0)} + \frac{\sigma_0}{\eta_2}t_0 = \frac{\sigma_0}{E_1}(e^{-\lambda(t - t_0)} - e^{-\lambda t}) + \frac{\sigma_0}{\eta_2}t_0 \quad (4\text{-}39)$$

伯格斯模型的蠕变柔量为

$$J(t) = \frac{1}{E_2} + \frac{1}{\eta_2}t + \frac{1}{E_1}(1 - e^{-\lambda t}) \quad (4\text{-}40)$$

在图 4-2（b）的等效应力组合模式下，如果伯格斯模型满足 Boltzmann 迭加原理，则当 $t > t_0$ 时，应变可写成

$$\varepsilon(t) = \sigma_0 J(t) - \sigma_0 J(t - t_0)$$

$$= \frac{\sigma_0}{E_2} + \frac{\sigma_0}{\eta_2}t + \frac{\sigma_0}{E_1}(1 - e^{-\lambda t}) - \frac{\sigma_0}{E_2} - \frac{\sigma_0}{\eta_2}(t - t_0) - \frac{\sigma_0}{E_1}(1 - e^{-\lambda(t - t_0)}) \quad (4\text{-}41)$$

$$= \frac{\sigma_0}{\eta_2}t_0 + \frac{\sigma_0}{E_1}(e^{-\lambda(t - t_0)} - e^{-\lambda t})$$

由此可以看出，式（4-41）与式（4-39）的结果完全相同，这就说明，伯格斯模型确实满足 Boltzmann 迭加原理。

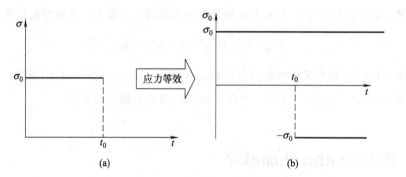

图 4-2　蠕变恢复模式应力迭加

对于非线性本构模型则不满足 Boltzmann 迭加原理，下面举例说明。

对于伯格斯模型，如果将独立黏壶的黏度表示为 $\eta = Ae^{Bt}$（A、B 为参数），即得到修正伯格斯模型，修正伯格斯模型的蠕变柔量为

$$J(t) = \frac{1}{E_2} + \frac{1}{AB}(1 - e^{-Bt}) + \frac{1}{E_1}(1 - e^{-\lambda t}) \quad (4\text{-}42)$$

在如图 4-2（a）所示的应力作用下，在外载荷去除以后，结合蠕变恢复的理论分析，可以得到 $t > t_0$ 时修正伯格斯模型的应变为

$$\varepsilon(t)=\frac{\sigma_0}{E_1}(e^{-\lambda(t-t_0)}-e^{-\lambda t})+\frac{\sigma_0}{AB}(1-e^{-Bt_0}) \tag{4-43}$$

图 4-2（b）的等效应力组合模式下，如果修正伯格斯模型满足 Boltzmann 迭加原理，则当 $t>t_0$ 时，应变可写成

$$
\begin{aligned}
\varepsilon(t)&=\sigma_0 J(t)-\sigma_0 J(t-t_0)\\
&=\frac{\sigma_0}{E_2}+\frac{\sigma_0}{AB}(1-e^{-Bt})+\frac{\sigma_0}{E_1}(1-e^{-\lambda t})\\
&\quad-\frac{\sigma_0}{E_2}-\frac{\sigma_0}{AB}(1-e^{-B(t-t_0)})-\frac{\sigma_0}{E_1}(1-e^{-\lambda(t-t_0)})\\
&=\frac{\sigma_0}{AB}(e^{-B(t-t_0)}-e^{-Bt})+\frac{\sigma_0}{E_1}(e^{-\lambda(t-t_0)}-e^{-\lambda t})
\end{aligned}
\tag{4-44}
$$

由此可以看出，式（4-44）与式（4-43）的结果完全不同，这就说明，修正伯格斯模型不满足 Boltzmann 迭加原理。

需要指出的是，Bolzmann 叠加原理属于线性迭加理论，原则上只适用于小形变过程。对于描述有限大形变过程和非线性黏弹函数是不适用的。如果要使该原理对大形变过程也适用，必须加以推广或加以说明。具体方法有：

① 把问题变换到恰当的坐标系下去分析（如在讨论速率型本构方程时，选择在随流坐标系中讨论偏应力张量的时间微商）。

② 假定对应于大应变过程，其分割的每一个子应变过程的应力响应足够小，小到还是可以进行线性迭加。例如可以把一个材料在一段历史中受到的一般应变过程近似分割为若干个小阶跃应变过程，每一个子应变过程对体系现在时刻的应力响应（严格讲是残留的应力响应）可以进行线性迭加，然后求和取极限。

4.5　积分型本构方程

对于图 4-3 所示的弹性杆，在 $t=0$、$t=t'$ 时刻分别作用两个不同的应力，即其应力作用模式为

$$
\begin{aligned}
t&=0,\sigma=\sigma_0\\
t&=t',\sigma=\sigma_0+\Delta\sigma
\end{aligned}
\tag{4-45}
$$

对于弹性体的应变只与当前时刻作用的总应力有关，而与载荷作用的具体时间没有关系，因此在上述应力作用下，其对应产生的应变可以表示为

$$t < t', \varepsilon_0 = \sigma_0/E$$

$$t \geqslant t', \varepsilon_1 = (\sigma_0 + \Delta\sigma)/E \tag{4-46}$$

应力与应变的对应关系如图 4-3 所示。

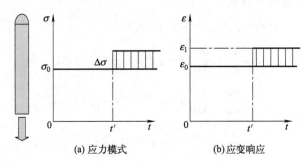

(a) 应力模式   (b) 应变响应

图 4-3 弹性体的应变迭加

在图 4-3 中，如果材料变成黏弹性杆，作用同样的应力模式，根据 Boltzmann 迭加原理，两个不同时刻的应力作用对杆应变的影响是独立的，则根据蠕变柔量的定义，可以得到 σ_0 作用下产生的应变为

$$\varepsilon(t) = \sigma_0 J(t) \tag{4-47}$$

$\Delta\sigma$ 是在 $t = t'$ 时刻作用的，因此根据蠕变柔量的定义，$\Delta\sigma$ 作用下产生的应变为

$$\varepsilon(t) = \Delta\sigma J(t - t') \tag{4-48}$$

根据 Boltzmann 迭加原理，每一阶段施加的载荷对当前时刻应变的贡献是独立的，因而最终形变是各阶段载荷所引起的形变的线性迭加。因此，黏弹性杆的应变为

$$t < t', \varepsilon(t) = \sigma_0 J(t)$$

$$t \geqslant t', \varepsilon(t) = \sigma_0 J(t) + \Delta\sigma J(t - t') \tag{4-49}$$

对应的应变曲线如图 4-4 所示。

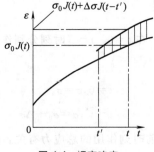

图 4-4 蠕变响应

图 4-3 中在不同时刻施加了两个固定大小的外力。对于更一般的情况，如果施加的外力随时间连续变化，如图 4-5 所示。此时可以将连续载荷离散成 n 个等值的 $\Delta\sigma_i$ 小载荷的迭加，每个小载荷增量的作用时刻为 t_i，同样根据 Boltzmann 迭加原理，应变可以写成

$$\varepsilon(t) = \sigma_0 J(t) + \sum_{i=1}^{n} \Delta\sigma_i J(t - t_i) \tag{4-50}$$

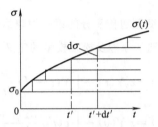

图 4-5　任意变化的载荷的迭加

当 $\Delta\sigma_i$ 取等量无穷小的增量 $\mathrm{d}\sigma$，t_i 将在 $[0, t]$ 之间形成连续分布，此时上式将成为积分的形式

$$\varepsilon(t) = \sigma_0 J(t) + \int_0^t J(t - t') \frac{\mathrm{d}\sigma}{\mathrm{d}t'} \mathrm{d}t' \tag{4-51}$$

上式表明，对于任意给定的 t 时刻应变 $\varepsilon(t)$，与 t 时刻以前的所有作用应力有关，是 t 时刻之前的整个应力作用历史的函数。这一点和弹性材料不同，在弹性材料中，任何时刻的应变仅仅依赖于该时刻作用的应力。

对上式进行分步积分

$$\begin{aligned} \varepsilon(t) &= \sigma_0 J(t) + \int_0^t J(t - t') \mathrm{d}\sigma(t') \\ &= \sigma_0 J(t) + J(t - t')\sigma(t')\big|_0^t - \int_0^t \sigma(t') \frac{\mathrm{d}J(t - t')}{\mathrm{d}t'} \mathrm{d}t' \end{aligned} \tag{4-52}$$

可以得到另外一种表达式

$$\varepsilon(t) = \sigma_t J(0) + \int_0^t \sigma(t') \frac{\mathrm{d}J(t - t')}{\mathrm{d}(t - t')} \mathrm{d}t' \tag{4-53}$$

式（4-51）与式（4-53）所表达的物理意义不同。前者将 t 时刻的总应变 $\varepsilon(t)$ 分成两部分：初始载荷 σ_0 引起的应变加上后续载荷增量 $\dfrac{\mathrm{d}\sigma}{\mathrm{d}t'}$ 引起的应变；后者同样将 t 时刻的总应变分成两部分：在 t 时刻的总应力 σ_0 瞬时施加产生的应变加上 t 时刻以前作用

的全部应力 $\sigma(t')$ 所产生的附加应变。如果材料没有瞬时弹性，则在 t 时刻的总应力 σ_0 瞬时施加产生的应变为零。

以上根据 Boltzmann 迭加原理及蠕变柔量的定义，得到了两个基本方程

$$\varepsilon(t) = \sigma_0 J(t) + \int_0^t J(t - t') \frac{d\sigma}{dt'} dt'$$

$$\varepsilon(t) = \sigma_t J(0) + \int_0^t \sigma(t') \frac{dJ(t - t')}{d(t - t')} dt' \tag{4-54}$$

以上两个方程分别称为蠕变型遗传积分的第一种表达式及蠕变型遗传积分的第二种表达式。同样根据 Boltzmann 迭加原理及松弛模量的定义，可以得到另外两个方程

$$\sigma(t) = \varepsilon_0 Y(t) + \int_0^t Y(t - t') \frac{d\varepsilon}{dt'} dt'$$

$$\sigma(t) = \varepsilon_t Y(0) + \int_0^t \varepsilon(t') \frac{dY(t - t')}{d(t - t')} dt' \tag{4-55}$$

以上两个方程分别称为松弛型遗传积分的第一种表达式及松弛型遗传积分的第二种表达式。

同时要注意，由于非线性本构模型并不满足 Boltzmann 迭加原理，因此由非线性本构模型不能得到积分型本构方程。

以上给出了应力为连续函数时遗传积分的表达式。一般的情况下，如果应力不连续，如图 4-6 所示，对于这种情况，当 $t > t_2$ 时，积分型表达式为

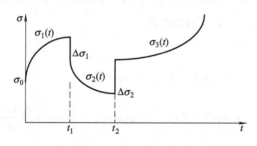

图 4-6　一般情况下的应力作用

$$\varepsilon(t) = \sigma_0 J(t) + \int_0^{t_1} J(t - t') \frac{d\sigma_1(t')}{dt'} dt' + \int_{t_1}^{t_2} J(t - t') \frac{d\sigma_2(t')}{dt'} dt'$$

$$+ \int_{t_2}^t J(t - t') \frac{d\sigma_3(t')}{dt'} dt' + \Delta\sigma_1 J(t - t_1) + \Delta\sigma_2 J(t - t_2) \tag{4-56}$$

应用时要注意积分号里是对 t' 进行积分，变量 t 视为常数，同时要注意 $\Delta\sigma$ 的正负。

4.6 应用举例

① 如图 4-7 所示的力学模型，其中独立弹簧表征弹性应变，并且其弹性模量与其应变相关，假定 $E = A\varepsilon + B$。[K] 模型表征延迟弹性应变，[N] 表征黏性流动应变。弹性应变与延迟弹性应变为可恢复应变，黏性流动应变为不可恢复应变。模型自由端所受的外力为 $\sigma(t)$，并且 $\sigma(t) = \begin{cases} t, & 0 \leqslant t \leqslant t_0 \\ 2t, & t_0 < t \leqslant 2t_0 \\ 0, & 2t_0 < t \end{cases}$。当 $t = 3t_0$ 时，求该力学模型可恢复应变与不可恢复应变的比值。

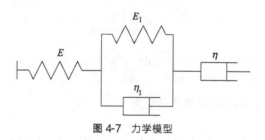

图 4-7 力学模型

分析：根据题目，可以绘出加载应力的变化曲线，如图 4-8 所示，得到应力的表达式分别为

$$
\begin{aligned}
&\sigma_1(t') = t', \quad t' < t_0 \\
&\sigma_2(t') = 2t', \quad t_0 < t' < 2t_0 \\
&\sigma_3(t') = 0, \quad 2t_0 < t' \\
&\Delta\sigma_1 = 2t_0 - t_0 = t_0 \\
&\Delta\sigma_2 = 0 - 4t_0 = -4t_0
\end{aligned} \tag{4-57}
$$

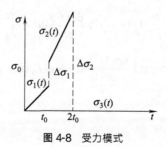

图 4-8 受力模式

在 $t=3t_0$ 时外加载荷为零，此时独立弹簧的变形已瞬时恢复完成，此时的可恢复应变为 Kelvin 模型的应变，不可恢复应变为独立黏壶的应变，因此应当分别求解 $t=3t_0$ 时 Kelvin 模型的应变及独立黏壶的应变。需要利用积分型本构方程进行求解。Kelvin 模型及独立黏壶的蠕变柔量为

$$J_1(t)=\frac{1}{E_1}(1-e^{-\frac{E_1}{\eta_1}t})$$

(4-58)

$$J_2(t)=\frac{t}{\eta}$$

依据公式（4-57）得到

$$\frac{d\sigma_1(t')}{dt'}=1$$

$$\frac{d\sigma_2(t')}{dt'}=2$$

(4-59)

$$\frac{d\sigma_3(t')}{dt'}=0$$

根据公式（4-56），Kelvin 模型的应变为

$$\varepsilon_1(t)=\sigma_0 J_1(t)+\int_0^{t_0} J_1(t-t')\frac{d\sigma_1(t')}{dt'}dt'+\int_{t_0}^{2t_0} J_1(t-t')\frac{d\sigma_2(t')}{dt'}dt'$$

$$+\int_{2t_0}^t J_1(t-t')\frac{d\sigma_3(t')}{dt'}dt'+t_0 J_1(t-t_0)-4t_0 J_1(t-2t_0)$$

(4-60)

$$=\int_0^{t_0}\frac{1}{E_1}(1-e^{-\frac{E_1}{\eta_1}(t-t')})dt'+\int_{t_0}^{2t_0}\frac{2}{E_1}(1-e^{-\frac{E_1}{\eta_1}(t-t')})dt'$$

$$+\frac{t_0}{E_1}(1-e^{-\frac{E_1}{\eta_1}(t-t_0)})-\frac{4t_0}{E_1}(1-e^{-\frac{E_1}{\eta_1}(t-2t_0)})$$

独立黏壶的应变为

$$\varepsilon_2(t)=\sigma_0 J_2(t)+\int_0^{t_0} J_2(t-t')\frac{d\sigma(t')}{dt'}dt'+\int_{t_0}^{2t_0} J_2(t-t')\frac{d\sigma_2(t')}{dt'}dt'$$

$$+\int_{2t_0}^t J(t-t')\frac{d\sigma_3(t')}{dt'}dt'+t_0 J_2(t-t_0)-4t_0 J(t-2t_0)$$

(4-61)

$$=\frac{7t_0^2}{2\eta}$$

当 $t=3t_0$ 时

$$\varepsilon_1(3t_0)=\frac{\eta_1}{E_1^2}(\mathrm{e}^{-\frac{3E_1}{\eta_1}t_0}+\mathrm{e}^{-\frac{2E_1}{\eta_1}t_0}-2\mathrm{e}^{-\frac{E_1}{\eta_1}t_0})+\frac{t_0}{E_1}(4\mathrm{e}^{-\frac{E_1}{\eta_1}t_0}-\mathrm{e}^{-\frac{2E_1}{\eta_1}t_0})$$

$$\tag{4-62}$$

$$\varepsilon_2(3t_0)=\frac{7t_0^2}{2\eta}$$

所以，可恢复应变与不可恢复应变的比值为

$$\frac{\varepsilon_1(3t_0)}{\varepsilon_2(3t_0)}=\frac{2\eta}{7t_0^2}\left(\frac{\eta_1}{E_1^2}(\mathrm{e}^{-\frac{3E_1}{\eta_1}t_0}+\mathrm{e}^{-\frac{2E_1}{\eta_1}t_0}-2\mathrm{e}^{-\frac{E_1}{\eta_1}t_0})+\frac{t_0}{E_1}(4\mathrm{e}^{-\frac{E_1}{\eta_1}t_0}-\mathrm{e}^{-\frac{2E_1}{\eta_1}t_0})\right) \tag{4-63}$$

② 已知由若干弹簧和黏壶元件组成的某力学模型 [X]，其微分型本构方程为 $P\sigma=Q\varepsilon$。在此模型上串联或并联一个 [N]，[N] 的材料参数为 η，分别得到模型 [X]-[N] 及 [X]I[N]。

求 [X]-[N] 及 [X]I[N] 微分型本构方程拉氏变换以后的表达式 $P\bar{\sigma}=Q\bar{\varepsilon}$。

令 [X] 的蠕变柔量及松弛模量分别为 $J_{[X]}(t)$、$Y_{[X]}(t)$，[N] 的蠕变柔量及松弛模量分别为 $J_{[N]}(t)$、$Y_{[N]}(t)$，[X]-[N] 的蠕变柔量为 $J(t)$，[X]I[N] 的松弛模量为 $Y(t)$。证明下式成立：$J(t)=J_{[X]}(t)+J_{[N]}(t)$，$Y(t)=Y_{[X]}(t)+Y_{[N]}(t)$。

设模型 [X]-[N] 的应力、应变为 (σ,ε)，[X] 及 [N] 的应力、应变分别为 σ_1、ε_1，σ_2、ε_2。根据模型的串联关系

$$\sigma_1=\sigma_2=\sigma$$

$$\varepsilon_1+\varepsilon_2=\varepsilon$$

$$P\sigma_1=Q\varepsilon_1 \tag{4-64}$$

$$\sigma_2=\eta\dot{\varepsilon}_2$$

将上式进行拉氏变换

$$\bar{\sigma}_1=\bar{\sigma}_2=\bar{\sigma}$$

$$\bar{\varepsilon}_1+\bar{\varepsilon}_1=\bar{\varepsilon}$$

$$P\bar{\sigma}_1=Q\bar{\varepsilon}_1$$

$$\bar{\sigma}_2=\eta s\bar{\varepsilon}_2 \tag{4-65}$$

由此得到

$$(P\eta s+Q)\bar{\sigma}=Q\eta s\bar{\varepsilon} \tag{4-66}$$

由蠕变柔量的通用表达式，则

$$\bar{J}(s)=\frac{P(s)}{sQ(s)}=\frac{P\eta s+Q}{Q\eta s^2}=\frac{P}{sQ}+\frac{1}{\eta s^2}=\bar{J}_{[X]}(s)+\bar{J}_{[N]}(s) \tag{4-67}$$

因此

$$J(t)=J_{[X]}(t)+J_{[N]}(t) \tag{4-68}$$

设模型[X]l[N]的应力、应变为 σ、ε，[X] 及 [N] 的应力、应变分别为 σ_1、ε_1，σ_2、ε_2，根据并联模型的关系

$$\sigma_1 + \sigma_2 = \sigma$$

$$\varepsilon_1 = \varepsilon_2 = \varepsilon$$

$$P\sigma_1 = Q\varepsilon_1 \tag{4-69}$$

$$\sigma_2 = \eta \dot{\varepsilon}_2$$

将上式进行拉氏变换

$$\bar{\sigma}_1 + \bar{\sigma}_2 = \bar{\sigma}$$

$$\bar{\varepsilon}_1 = \bar{\varepsilon}_1 = \bar{\varepsilon}$$

$$P\bar{\sigma}_1 = Q\bar{\varepsilon}_1 \tag{4-70}$$

$$\bar{\sigma}_2 = \eta s \bar{\varepsilon}_2$$

由此得到

$$P\bar{\sigma} = (Q + P\eta s)\bar{\varepsilon} \tag{4-71}$$

由松弛模量的通用表达式，则

$$\bar{Y}(s) = \frac{Q(s)}{sP(s)} = \frac{P\eta s + Q}{sP} = \frac{Q}{sP} + \eta = \bar{Y}_{[X]}(s) + \bar{Y}_{[N]}(s) \tag{4-72}$$

对上式进行逆变换

$$Y(t) = Y_{[X]}(t) + Y_{[N]}(t) \tag{4-73}$$

第 5 章
动态力学性能

    通过前面基于微分型本构方程及积分型本构方程的分析可知，对于黏弹性材料，无论是简单加载模式下的蠕变及应力松弛行为，还是基于积分型本构方程分析得到的复杂加载模式下的力学行为都与时间密切相关。材料当前时刻的应力应变都是时间的函数。除了蠕变及应力松弛这样简单的静载问题之外，还存在动态加载问题，即周期性交变载荷，其大小和方向呈现周期性变化。在这种载荷作用下，黏弹性材料的力学响应将更为复杂。

    对于简单的静态力学问题，加载过程当中，材料微小单元的运动产生的加速度较小，加速度和质量的乘积与其它力相比非常小，因此可以不考虑惯性力的作用，在体系的平衡方程中不考虑惯性力的影响。对于周期加载的动态问题，材料微小单元的运动产生的加速度较大，比如共振问题，因此体系的平衡方程中要考虑惯性力的影响。

    基于蠕变及应力松弛行为的试验现象可以研究黏弹性材料在静载作用下的力学行为。除了基于静载荷作用下的蠕变及应力松弛等黏弹性研究之外，基于动态加载试验研究黏弹性材料的动态力学响应，测试黏弹性材料的动态力学性能参数已经成为了一个重要的研究手段。在动态载荷作用下，黏弹性材料存在能量耗散和损伤演化，为了分析能量耗散和损伤演化过程，需要研究动载荷作用下黏弹性材料的应力应变响应关系，即动态本构方程，基于本构方程可以实现能耗及损伤等行为的定量描述，进而可以分析黏弹性材料在动载荷作用下复杂的力学行为。

5.1　动载荷描述

为了描述静载荷作用下的蠕变及应力松弛，输入的常应力及常应变可以描述为

$$\sigma(t) = \sigma_0 \Delta(t) \tag{5-1}$$

$$\varepsilon(t) = \varepsilon_0 \Delta(t)$$

除了大小和方向不变的静载荷之外，另一类特殊载荷就是大小和方向呈现周期性变化的载荷，即交变动载荷，这类载荷由载荷幅值及加载频率两个参数来描述，交变应力及交变应变用如下公式描述

$$\sigma(t) = \sigma_0 e^{i\omega t} = \sigma_0 (\cos\omega t + i\sin\omega t) \tag{5-2}$$

$$\varepsilon(t) = \varepsilon_0 e^{i\omega t} = \varepsilon_0 (\cos\omega t + i\sin\omega t)$$

式中，σ_0、ε_0 分别为应力及应变幅值；ω 是加载频率。

5.2　动态力学响应

前面分析了在静载荷作用下黏弹性体的蠕变及应力松弛响应特性，下面分析几个基本黏弹性力学模型在交变载荷作用下的黏弹性响应。

（1）弹簧元件

弹簧元件的本构方程为

$$\sigma = E\varepsilon \tag{5-3}$$

交变应力的表达式为

$$\sigma = \sigma_0 e^{i\omega t} \tag{5-4}$$

将交变应力代入到本构方程中，得到相应的应变为

$$\varepsilon = \frac{\sigma_0}{E} e^{i\omega t} \tag{5-5}$$

从响应的结果可以看出，弹簧元件的应变响应与输入载荷的周期相同，并且响应与输入之间的相位差为零，表明对于弹簧元件代表的理想弹性体在动态响应过程中没有能量损耗。

（2）黏壶元件

黏壶元件的本构方程为

$$\dot{\varepsilon} = \frac{\sigma}{\eta} \tag{5-6}$$

动态交变应力为

$$\sigma = \sigma_0 e^{i\omega t} \tag{5-7}$$

将此式代入到黏壶的本构方程中，得到黏壶元件的应变响应为

$$\varepsilon = -i \frac{\sigma_0}{\omega \eta} e^{i\omega t} = \frac{\sigma_0}{\omega \eta} e^{i\left(\omega t - \frac{\pi}{2}\right)} \tag{5-8}$$

从响应的结果可以看出，黏壶元件的应变响应与输入载荷的周期相同，但是响应与输入之间的相位差值为 $90°$，表明对于黏壶元件代表的黏性流体在动态响应过程中没有对外做功过程，动态响应过程中输入的能量完全被消耗掉了。

（3）Maxwell 模型

Maxwell 模型的本构方程为

$$\frac{\sigma}{\eta} + \frac{\dot{\sigma}}{E} = \dot{\varepsilon} \tag{5-9}$$

动态交变应力为

$$\sigma = \sigma_0 e^{i\omega t} \tag{5-10}$$

将此式代入到 Maxwell 模型的本构方程之中，得到 Maxwell 模型的应变响应为

$$\varepsilon = \frac{\sigma_0}{E} \sqrt{1 + \frac{1}{\omega^2 \tau^2}} e^{i(\omega t - \delta)} \tag{5-11}$$

其中

$$\tan \delta = \frac{1}{\omega \tau}, \tau = \frac{\eta}{E} \tag{5-12}$$

从响应的结果可以看出，Maxwell 模型的应变响应与输入载荷周期相同，响应与输入载荷之间的相位差为 δ，并且 $0° < \delta < 90°$，表明对于 Maxwell 模型代表的黏弹性体在动态响应过程中，交变应力所做的功，一部分被贮存、一部分被消耗。

（4）Kelvin 模型

Kelvin 模型的本构方程为

$$\sigma = E\varepsilon + \eta \dot{\varepsilon} \tag{5-13}$$

假定动态输入为交变的应变

$$\varepsilon = \varepsilon_0 e^{i\omega t} \tag{5-14}$$

代入到 Kelvin 模型的本构方程之中，得到应力响应为

$$\sigma = E\sqrt{1+\omega^2\tau^2}\,\varepsilon_0\,e^{i(\omega t+\delta)} \tag{5-15}$$

其中

$$\tan\delta = \omega\tau,\ \tau = \frac{\eta}{E} \tag{5-16}$$

从响应的结果可以看出，Kelvin 模型的应力响应与输入应变周期相同，并且响应与输入应变之间的相位差为 δ，$0°<\delta<90°$，同样对于 Kelvin 模型代表的黏弹性体在动态响应过程中，交变应变所做的功，一部分被贮存、一部分被消耗。

以上分析了四种基本力学模型的动力响应情况，其中弹簧元件代表理想弹性体、黏壶元件代表黏性流体，而 Maxwell 模型和 Kelvin 模型代表黏弹性体。对于理想弹性体，相位角 $\delta=0°$；对于黏性流体，相位角 $\delta=90°$；对于黏弹性体，相位角 $0°<\delta<90°$。对于理想弹性体 $\delta=0°$，不存在能量的消耗；对于纯黏性液体 $\delta=90°$，能量被完全消耗；对于所有的黏弹性材料，$0°<\delta<90°$，能量部分被储存，部分被消耗。δ 表明材料偏离弹性性质的程度，换言之，δ 可以表征黏弹性材料弹性与黏性的比例关系。δ 越大，说明材料中黏性成分所占的比例越多，材料越接近黏性流体的力学性质；反之，δ 越小，说明材料中弹性成分所占的比例越多，材料越接近弹性材料的力学性质。

不同材料动力响应的对比如图 5-1 所示。

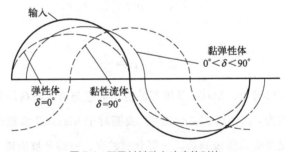

图 5-1　不同材料动力响应的对比

5.3　复模量及复柔量

以上分析了几个典型力学模型的动力响应情况，通过前面的分析，可以得到以上几个简单模型对交变应力及交变应变的响应情况汇总，见表 5-1。

表 5-1 模型对交变载荷的响应

模型	交变应力	对交变应力的响应	交变应变	对交变应变的响应
[N]		$\varepsilon = \dfrac{-i}{\omega\eta}\sigma(\omega)$		$\sigma = i\omega\eta\varepsilon(\omega)$
[H]		$\varepsilon = \dfrac{1}{E}\sigma(\omega)$		$\sigma = E\varepsilon(\omega)$
[M]	$\sigma(\omega) = \sigma_0 e^{i\omega t}$	$\varepsilon = \left(\dfrac{\omega\eta - iE}{E\omega\eta}\right)\sigma(\omega)$	$\varepsilon(\omega) = \varepsilon_0 e^{i\omega t}$	$\sigma = \dfrac{E\omega^2\eta^2 + iE^2\omega\eta}{E^2 + \omega^2\eta^2}\varepsilon(\omega)$
[K]		$\varepsilon = \dfrac{E - i\omega\eta}{E^2 + \eta^2\omega^2}\sigma(\omega)$		$\sigma = (E + i\eta\omega)\varepsilon(\omega)$

下面分析一般情况下力学模型的响应情况。设应变随时间简谐变化，用复数表示为

$$\varepsilon = \varepsilon_0 e^{i\omega t} \tag{5-17}$$

假定材料的微分型本构方程为

$$P\sigma = Q\varepsilon \tag{5-18}$$

其中，微分算子

$$P = \sum_{k=0}^{m} p_k \frac{d^k}{dt^k}, Q = \sum_{k=0}^{n} q_k \frac{d^k}{dt^k} \tag{5-19}$$

将式（5-17）代入到式（5-18）中，可得

$$\sum_{k=0}^{m} p_k \frac{d^k\sigma}{dt^k} = \sum_{k=0}^{n} q_k (i\omega)^k \varepsilon_0 e^{i\omega t} \tag{5-20}$$

解此方程，首先两边进行拉普拉斯变换及逆变换，可以得到

$$\sigma(t) = \frac{Q(i\omega)}{P(i\omega)}\varepsilon_0 e^{i\omega t} \tag{5-21}$$

其中，算子

$$P(i\omega) = \sum_{k=0}^{m} p_k (i\omega)^k, Q(i\omega) = \sum_{k=0}^{n} q_k (i\omega)^k \tag{5-22}$$

通过表 5-1 可知，一般情况下，模型对于交变应变的响应可以写成如下形式

$$\sigma = E(i\omega)\varepsilon(\omega) \tag{5-23}$$

对比公式（5-21）可得

$$E(i\omega) = \frac{Q(i\omega)}{P(i\omega)} \tag{5-24}$$

定义 $E(i\omega)$ 为复数模量。复数模量与加载频率有关，而与加载幅值无关。它是表征材料在稳定振动中动态力学性质的材料参数，并且一般情况下，复数模量为复数

$$E(i\omega) = E_1(\omega) + iE_2(\omega) \tag{5-25}$$

以上是输入交变应变情况下的力学响应，如果输入的是交变应力，即

$$\sigma = \sigma_0 e^{i\omega t} \tag{5-26}$$

将上式代到微分型本构方程式（5-18）中，得到

$$\sum_{k=0}^{n} q_k \frac{\mathrm{d}^k \varepsilon}{\mathrm{d}t^k} = \sum_{k=0}^{m} p_k (i\omega)^k \sigma_0 e^{i\omega t} \tag{5-27}$$

解此方程，首先两边进行拉普拉斯变换及逆变换，可以得到

$$\varepsilon(t) = \frac{P(i\omega)}{Q(i\omega)} \sigma_0 e^{i\omega t} \tag{5-28}$$

通过表 5-1 可知，一般情况下，模型对于交变应力的响应可以写成如下形式

$$\varepsilon(t) = G(i\omega)\sigma_0 e^{i\omega t} \tag{5-29}$$

对比公式（5-28）可得

$$G(i\omega) = \frac{P(i\omega)}{Q(i\omega)} \tag{5-30}$$

定义 $G(i\omega)$ 为复柔量。复柔量与加载频率有关，而与加载幅值无关。它是表征材料在稳定振动中动态力学性质的材料参数，并且一般情况下，复柔量为复数

$$G(i\omega) = G_1(\omega) + iG_2(\omega) \tag{5-31}$$

由式（5-24）及式（5-30），可以得到复数模量与复柔量的关系

$$E(i\omega)G(i\omega) = 1 \tag{5-32}$$

结合式（5-25）、式（5-31）及式（5-32），可得到如下关系式

$$E_1 = \frac{G_1}{G_1^2 + G_2^2} \quad E_2 = -\frac{G_2}{G_1^2 + G_2^2}$$
$$G_1 = \frac{E_1}{E_1^2 + E_2^2} \quad G_2 = -\frac{E_2}{E_1^2 + E_2^2} \tag{5-33}$$

假定输入的是交变应变，如下形式

$$\varepsilon = \cos\omega t + i\sin\omega t \tag{5-34}$$

代入到公式（5-23），整理得到应力响应，将应力响应写成实部加虚部的形式，并且与输入交变应变进行对比，如图 5-2 所示。响应的实部对应输入的实部，响应的虚部对应输入的虚部。根据这种对应关系，可以发现明确的规律，即对应输入相应的输出都包括两部分：与 E_1 相关的项与输入的相位差为 0°；与 E_2 相关的项与输入的相位差为 90°。通过前面的分析表明，相位角为 0°，代表弹性响应，表征弹性成分，不存在能量消耗，代表储存能量的能力；相位角为 90°，代表黏性响应，表征黏性成分，能量完全

被消耗，代表能量耗散的能力；因此复数模量的实部 E_1 被称为储能模量，复数模量的虚部 E_2 被称为损耗模量。因此对黏弹性体，在动态响应中，包含弹性及黏性两种响应成分，既有能量的储存，又有能量的消耗，因此部分能量被储存，部分能量被消耗。通过同样的分析，类似的，可以得到对于交变应力的输入，应变响应具有同样的结论，类似的，复柔量的实部 G_1 被称为储能柔量，复柔量的虚部 G_2 被称为损耗柔量。

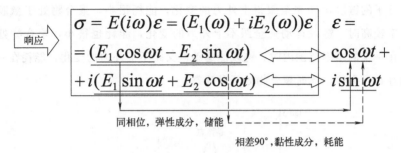

图 5-2　动态输出及输入的对比

对于应力响应进一步可以写成如下形式

$$\sigma = |E|[\cos(\omega t + \delta) + i\sin(\omega t + \delta)] = |E|\mathrm{e}^{i(\omega t + \delta)} \tag{5-35}$$

其中

$$\tan\delta = E_2/E_1, \quad |E| = \sqrt{E_1^2 + E_2^2} \tag{5-36}$$

5.4　黏弹性体的能量耗散

黏弹性体在动载荷作用下存在能量的耗散。能量耗散的产生来自材料内摩擦阻力作用。对于聚合物来说，在交变的动载荷作用下，链段要发生运动，随着链段的运动，链段之间的相对位置发生改变，需要克服链段之间内摩擦阻力作用，在内摩擦阻力的作用下，使得链段的运动与荷载输入不同步，存在一个相位差，即滞后角，滞后角越大，说明链段运动受到的阻力越大。

聚合物动力响应滞后性的影响因素包括很多方面，滞后性与聚合物的分子结构有关。聚合物分子的长链结构及支化形态会影响到滞后性。例如顺丁橡胶分子链上没有取代基团，链段运动时内摩擦阻力较小，运动过程中的能量耗散较小；丁苯橡胶有比较大的侧苯基，丁腈橡胶有极性较强的侧氰基，丁苯橡胶和丁腈橡胶的链段在运动时内摩擦阻力较大，因此，丁苯橡胶和丁腈橡胶的能量耗散比较大。

聚合物动力响应滞后性还与加载频率有关。聚合物的分子运动需要一定的过程，因此与时间相关。而加载频率为时间的倒数，因此聚合物动力响应滞后性与加载频率有关。当加载频率较低时，载荷作用时间较长，分子链段有足够时间运动，响应的滞后性较小；当加载频率较高时，载荷作用时间较短，分子链段来不及运动，响应的滞后程度也很小；当加载频率适中时，分子链段可以运动，但又跟不上输入的变化，此时出现明显的滞后现象。反映聚合物滞后性的滞后角与加载频率的关系如图 5-3 所示。当频率较低时，高分子的链段运动完全跟得上外力的变化，能耗很小，聚合物处于橡胶的高弹态；当频率较高时，链段运动完全跟不上外力的变化，能耗也很小，聚合物处于玻璃态；只有在一定的频率范围内时，链段能运动但又跟不上外力的变化，能耗在一定的频率范围内存在最大值，此时聚合物处于黏弹态。

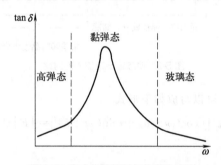

图 5-3　聚合物的能耗与频率的关系

　　温度同样会影响到聚合物动态响应的滞后性。聚合物的滞后角与温度的关系如图 5-4 所示。在玻璃化转变温度以下时，聚合物的强度较高，在外载荷作用下形变较小，对输入应力的响应较快，应变响应与外载荷变化几乎同步，滞后角较小，能量耗散很小。随着温度的升高，聚合物向黏弹态转变，链段可以产生较大的运动，但体系的黏度依然较大，链段运动时受到比较大的内摩擦阻力，此时响应显著落后于输入应力的变化，滞后角较大，产生较大的能量耗散。随着温度的进一步升高，体系的黏度减小，链段运动时受到的内摩擦阻力较小，链段的运动比较自由，滞后角变小，能量耗散减小。

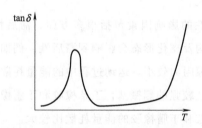

图 5-4　聚合物的形变及能耗与温度的关系

因此，随着温度的升高，聚合物的力学状态发生连续变化，滞后角呈现先增加后减小的趋势，在黏弹态范围内出现能量耗散的最大值。

通过以上分析表明，加载频率与温度对动态响应滞后性的影响具有等效性，这也是黏弹性材料时温等效性的一个主要体现。

对于黏弹性体，由于响应与输入之间的滞后性而出现能量的耗散。而对于弹性体，响应与输入之间是一致的，没有滞后现象。加载过程中外界对体系做的功等于卸载过程中体系对外做的功。加卸载过程中没有能量耗散。

对于聚合物来说，在动载荷作用下，存在分子链段的位置改变而产生摩擦阻力导致的能量耗散过程，而伴随着分子链段构象的改变和弹性恢复也存在能量的存储和释放的过程。在加载阶段，外力对体系做功的过程中，分子链在运动的同时也会发生分子链段构象的改变。分子链的运动会受到链段的摩擦阻力作用而消耗掉部分能量，而分子链段构象的改变可以存储部分能量，因此在加载阶段存在能量的储存和耗散两个过程。在卸载阶段，分子链段构象的改变可以部分弹性恢复，加载阶段储存的部分能量对外界做功，释放出部分能量；与此同时，分子链段的运动同样要受到内摩擦阻力作用，加载阶段储存的部分能量会被消耗掉，而转化为热量。因此在一个动态加卸载周期内，无论是加载阶段还是卸载阶段，都有一部分外力功转化为热量被消耗掉了。内摩擦阻力越大，滞后现象越严重，消耗的功也越多。在一个加载和卸载的过程中，应力-应变曲线如图 5-5 所示，加载和卸载曲线不重合，构成一个环线，称为"滞后环"，滞后环的面积为一个周期内体系消耗的能量。

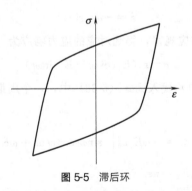

图 5-5　滞后环

黏弹性体在交变载荷作用下存在着能量耗散。为了计算一个加载周期内的能量耗散，可以先计算一个周期内的外力功，如果一个周期内的外力功不等于零，根据能量守恒，一个周期内的外力功即为一个周期内的能量耗散。

取图 5-6 所示的黏弹性杆进行外力功的计算。杆的横截面积为 A、长度为 $\mathrm{d}x$，在杆的两端作用应力为 σ，则作用力为 $A\sigma$，在时间增量为 $\mathrm{d}t$ 时间内杆的伸长量为 $\dot{\varepsilon}\,\mathrm{d}t\,\mathrm{d}x$，外力所做的功为

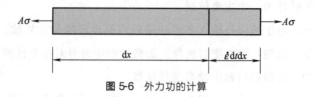

图 5-6　外力功的计算

$$\mathrm{d}W = A\sigma \cdot \dot{\varepsilon}\,\mathrm{d}t\,\mathrm{d}x = A\,\mathrm{d}x \cdot \sigma\dot{\varepsilon}\,\mathrm{d}t \tag{5-37}$$

杆的单位体积在 $\mathrm{d}t$ 时间内外力所做的功为 $\mathrm{d}W$。有限时间内单位体积上所做的功为

$$W = \int \sigma\dot{\varepsilon}\,\mathrm{d}t \tag{5-38}$$

上式为外力功计算公式。如果在一个周期内进行积分，则得到一个周期内的外力功。对于弹性杆，加载过程中储存能量，卸载过程中释放能量，储存的能量与释放的能量相同，不存在能量的耗散，一个周期内的外力功等于零。对于黏弹性杆，加载阶段及卸载阶段都存在能量耗散，因此一个周期内的外力功不等于零，这部分被消耗的能量为耗散能。

为了求得黏弹性材料在一个加载循环中的耗散能，假定输入交变应变为

$$\varepsilon = \varepsilon_0 \cos\omega t \tag{5-39}$$

微分得到

$$\dot{\varepsilon} = -\omega\varepsilon_0 \sin\omega t \tag{5-40}$$

根据图 5-2 中的动力响应规律，得到对应的应力响应为

$$\sigma = \varepsilon_0 (E_1 \cos\omega t - E_2 \sin\omega t) \tag{5-41}$$

将式 (5-40)、式 (5-41) 代入到式 (5-38) 中，一个周期内外力在单位体积上所做的功为

$$W = \int_0^T \sigma\dot{\varepsilon}\,\mathrm{d}t = -\omega E_1 \varepsilon_0^2 \int_0^T \sin\omega t \cos\omega t\,\mathrm{d}t + \omega E_2 \varepsilon_0^2 \int_0^T \sin^2 \omega t\,\mathrm{d}t \tag{5-42}$$

$$= 0 + \pi\varepsilon_0^2 E_2 = \pi\varepsilon_0^2 E_2$$

上述积分结果表明，与 E_1 相关的项，在一个加卸载周期内的积分结果为零，即在一个加卸载周期内，外力功为零，说明加载阶段储存的能量与卸载阶段释放的能量相等，不存在能量耗散。因此与 E_1 相关的项代表了黏弹性体中弹性成分的动力响应，E_1 称为储能模量。与 E_2 相关的项，在一个加卸载周期内的积分结果不为零，即一个加卸

载周期内外力功不为零，根据能量守恒，这部分外力功转化成热量被消耗掉了，因此与 E_2 相关的项则代表了黏弹性材料中黏性流体的动力响应，E_2 称为损耗模量。上述积分结果即为一个周期内的耗散能。

根据热力学第二定律，耗散能必须是非负的，即

$$\pi\varepsilon_0^2 E_2 \geqslant 0 \tag{5-43}$$

所以损耗模量 E_2 应当满足

$$E_2 \geqslant 0 \tag{5-44}$$

如果输入的是交变应力，即

$$\sigma = \sigma_0 \cos\omega t \tag{5-45}$$

相应的应变响应为

$$\varepsilon = \sigma_0 (G_1 \cos\omega t - G_2 \sin\omega t) \tag{5-46}$$

应变速率为

$$\dot{\varepsilon} = -\omega\sigma_0 (G_1 \sin\omega t + G_2 \cos\omega t) \tag{5-47}$$

将式（5-47）、式（5-45）代入到式（5-38）中，得到一个周期内外力在单位体积上所做的功为

$$W = \int_0^T \sigma\dot{\varepsilon}\,\mathrm{d}t = -\omega G_1 \sigma_0^2 \int_0^T \sin\omega t \cos\omega t\,\mathrm{d}t - \omega G_2 \sigma_0^2 \int_0^T \cos^2\omega t\,\mathrm{d}t \tag{5-48}$$

$$= 0 - \pi\sigma_0^2 G_2 = -\pi\sigma_0^2 G_2$$

上述积分结果表明，与 G_1 相关的项，在一个加卸载周期内的积分结果为零，即在一个加卸载周期内，外力功为零，说明加载阶段储存的能量与卸载阶段释放的能量相等，不存在能量耗散。因此与 G_1 相关的项代表了黏弹性体中弹性成分的动力响应，G_1 称为储能柔量。与 G_2 相关的项，在一个加卸载周期内的积分结果不为零，即一个加卸载周期内外力功不为零，根据能量守恒，这部分外力功转化成热量被消耗掉了，因此与 G_2 相关的项则代表了黏弹性材料中黏性流体的动力响应，G_2 称为损耗柔量。上述积分结果即为一个周期内的耗散能。

根据热力学第二定律，耗散能必须是非负的，即

$$-\pi\sigma_0^2 G_2 \geqslant 0 \tag{5-49}$$

所以损耗柔量 G_2 应当满足

$$G_2 \leqslant 0 \tag{5-50}$$

下面分析黏弹性材料能量耗散的表征方法。

公式（5-48）得到了一个周期内的能量耗散量，该值除以周期即得到单位时间内平

均的能量耗散，即耗散率

$$D = \frac{W}{T} = -\frac{1}{2}\sigma_0^2\omega G_2 \tag{5-51}$$

能量耗散能力的另外一个表征方法是耗损比，即黏弹性材料在一个周期内消耗能量与储存能量最大值的比值，即阻尼比

$$Z = \frac{\Delta E}{E_{\max}} = \frac{-\pi\sigma_0^2 G_2}{\frac{1}{2}\sigma_0^2 G_1} = -2\pi\frac{G_2}{G_1} \tag{5-52}$$

阻尼比为一个无量纲的参量。

在地学中比较常用的是品质因数，其定义式为

$$Q = \frac{2\pi}{Z} = -\frac{G_1}{G_2} \tag{5-53}$$

通过前文的分析，也可以通过相位角表征能耗，由前面的分析可知

$$\tan\delta = -\frac{G_2}{G_1} \tag{5-54}$$

如果已知的是储能模量 E_1 及损耗模量 E_2，则相应的公式为

$$D = \frac{W}{T} = \frac{1}{2}\varepsilon_0^2\omega E_2$$

$$Z = 2\pi\frac{E_2}{E_1}$$

$$Q = \frac{E_1}{E_2} \tag{5-55}$$

$$\tan\delta = \frac{E_2}{E_1}$$

耗散率、阻尼比、品质因子及滞后角均为加载频率的函数，仅与加载频率相关。

5.5 黏弹性体的动态力学行为

现在应用黏弹性材料动态力学参数来讨论几种典型材料在动载荷作用下的能耗特性。

（1）Maxwell 流体材料

Maxwell 流体材料的本构方程为

$$\sigma + p_1\dot{\sigma} = q_1\dot{\varepsilon} \tag{5-56}$$

拉普拉斯变换为

$$P(s)=1+p_1 s, Q(s)=q_1 s \tag{5-57}$$

根据公式（5-30），得到

$$G(i\omega)=\frac{P(i\omega)}{Q(i\omega)}=\frac{1+p_1 i\omega}{q_1 i\omega}=\frac{p_1}{q_1}-i\frac{1}{q_1 \omega} \tag{5-58}$$

得到

$$G_1(\omega)=\frac{p_1}{q_1},G_2(\omega)=-\frac{1}{q_1 \omega} \tag{5-59}$$

其相位角为

$$\tan\delta=-\frac{G_2(\omega)}{G_1(\omega)}=\frac{1}{p_1 \omega} \tag{5-60}$$

储能柔量是定值，与加载频率无关，而损耗柔量与加载频率有关，并且当 $\omega\to0$ 时，$G_2\to\infty$；当 $\omega\to\infty$ 时，$G_2\to0$。因此如果输入的是交变应力，低频时能量耗散较大，接近黏性流体，而在高频时能量耗散较小，接近弹性体。储能柔量及损耗柔量随加载频率的变化如图 5-7 所示。

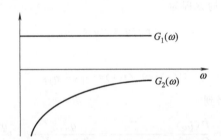

图 5-7 Maxwell 流体材料柔量与加载频率的关系

如果依据公式（5-24），可以得到复数模量为

$$E(i\omega)=\frac{Q(i\omega)}{P(i\omega)}=\frac{q_1 i\omega}{1+p_1 i\omega}=\frac{p_1 q_1 \omega^2+iq_1 \omega}{1+p_1^2 \omega^2} \tag{5-61}$$

得到

$$E_1(\omega)=\frac{p_1 q_1 \omega^2}{1+p_1^2 \omega^2},E_2(\omega)=\frac{q_1 \omega}{1+p_1^2 \omega^2} \tag{5-62}$$

其相位角为

$$\tan\delta=\frac{E_2(\omega)}{E_1(\omega)}=\frac{1}{p_1 \omega} \tag{5-63}$$

储能模量及损耗模量都与加载频率有关，当 $\omega\to0$ 时，$E_1\to0$，$E_2\to0$；当 $\omega\to\infty$

时，$E_1 \to \dfrac{q_1}{p_1}$，$E_2 \to 0$。因此如果输入的是交变应变，低频时能量耗散较小，接近弹性体，在高频时同样能耗较小。储能模量及损耗模量随加载频率的变化如图 5-8 所示。

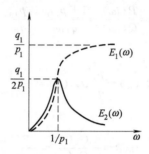

图 5-8 Maxwell 流体材料模量与加载频率的关系

由上也可以看出，黏弹性体的能量耗散与输入模式密切相关，在应力控制与应变控制模式下，材料的能耗特性并不相同。但是两种控制模式得到的相位角是完全一致的。

（2）Kelvin 固体材料

Kelvin 固体材料的本构方程为

$$\sigma = q_0 \varepsilon + q_1 \dot{\varepsilon} \tag{5-54}$$

拉普拉斯变换为

$$P(s) = 1, Q(s) = q_0 s + q_1 s \tag{5-65}$$

根据公式（5-30），得到

$$G(i\omega) = \frac{P(i\omega)}{Q(i\omega)} = \frac{1}{q_0 + q_1 i\omega} = \frac{q_0}{q_0^2 + q_1^2 \omega^2} - i\,\frac{q_1 \omega}{q_0^2 + q_1^2 \omega^2} \tag{5-66}$$

得到

$$G_1 = \frac{q_0}{q_0^2 + q_1^2 \omega^2}, G_2 = -\frac{q_1 \omega}{q_0^2 + q_1^2 \omega^2} \tag{5-67}$$

储能柔量及损耗柔量都与加载频率有关，当 $\omega \to 0$ 时，$G_1 \to \dfrac{1}{q_0}$，$G_2 \to 0$；当 $\omega \to \infty$ 时，$G_1 \to 0$，$G_2 \to 0$。因此如果输入的是交变应力，高频和低频时能量耗散较小，接近弹性体。储能柔量及损耗柔量随加载频率的变化如图 5-9 所示。

如果依据公式（5-24），可以得到复数模量为

$$E(i\omega) = \frac{Q(i\omega)}{P(i\omega)} = q_0 + q_1 i\omega \tag{5-68}$$

得到

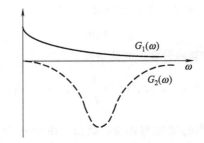

图 5-9　Kelvin 固体材料柔量与加载频率的关系

$$E_1(\omega)=q_0, E_2(\omega)=q_1\omega \tag{5-69}$$

储能模量与加载频率无关，损耗模量与加载频率有关，当 $\omega \to 0$ 时，$E_2 \to 0$；当 $\omega \to \infty$ 时，$E_2 \to \infty$。因此如果输入的是交变应变，低频时能量耗散较小，接近弹性体，而在高频时能量耗散较大，接近黏性流体。储能模量及损耗模量随加载频率的变化如图 5-10 所示。

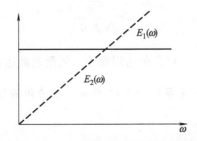

图 5-10　Kelvin 固体材料模量与加载频率的关系

(3) 三元件固体材料

三元件固体的本构方程为

$$\sigma + p_1\dot{\sigma} = q_0\varepsilon + q_1\dot{\varepsilon} \tag{5-70}$$

拉普拉斯变换为

$$P(s) = 1 + p_1 s, Q(s) = q_0 + q_1 s \tag{5-71}$$

根据公式 (5-30)，得到

$$G(i\omega) = \frac{P(i\omega)}{Q(i\omega)} = \frac{q_0 + p_1 q_1 \omega^2}{q_0^2 + q_1^2 \omega^2} - i\,\frac{(q_1 - p_1 q_0)\omega}{q_0^2 + q_1^2 \omega^2} \tag{5-72}$$

得到

$$G_1(\omega) = \frac{q_0 + p_1 q_1 \omega^2}{q_0^2 + q_1^2 \omega^2}, G_2(\omega) = -\frac{(q_1 - p_1 q_0)\omega}{q_0^2 + q_1^2 \omega^2} \tag{5-73}$$

由前面的分析可知，G_2 应为负值，所以有

$$q_1 > p_1 q_0 \tag{5-74}$$

再次证明了第 3 章中提到的公式成立的条件。

由公式（5-73）可知，当 $\omega \to 0$ 时，$G_1 \to \dfrac{1}{q_0}$，$G_2 \to 0$；当 $\omega \to \infty$ 时，$G_1 \to \dfrac{p_1}{q_1}$，$G_2 \to$

0。损耗柔量 G_2 随加载频率的变化与图 5-6 类似。由于 $q_1 > p_1 q_0$，所以 $\dfrac{1}{q_0} > \dfrac{p_1}{q_1}$，即

$G_1(0) > G_1(\infty)$，所以储能柔量随加载频率的变化也与图 5-9 类似。

其相位角为

$$\tan\delta = -\frac{G_2(\omega)}{G_1(\omega)} = \frac{(q_1 - p_1 q_0)\omega}{q_0 + p_1 q_1 \omega^2} \tag{5-75}$$

由上式可知，当 $\omega \to 0$ 时，$\tan\delta \to 0$；当 $\omega \to \infty$ 时，$\tan\delta \to 0$。由此可知，$\tan\delta$ 存在极值，对上式微分，可以求得 $\tan\delta$ 取最大值时，对应的

$$\omega = \sqrt{\frac{q_0}{p_1 q_1}} \tag{5-76}$$

即加载频率达到 $\sqrt{\dfrac{q_0}{p_1 q_1}}$，相位角达到最大，能量耗散达到最大值。三参数固体模型的储存柔量与损耗柔量的关系如图 5-11 所示。相位角随加载频率的变化如图 5-12 所示。

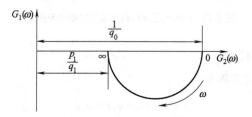

图 5-11　储能柔量及损耗柔量的关系

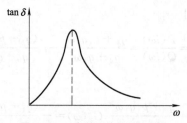

图 5-12　三参数固体的内耗频谱

如果依据公式（5-24），可以得到复数模量为

$$E(i\omega)\frac{Q(i\omega)}{P(i\omega)}=\frac{q_0+q_1i\omega}{1+p_1i\omega}$$ (5-77)

得到

$$E_1(\omega)=\frac{q_0+q_1p_1\omega^2}{1+p_1^2\omega^2},E_2(\omega)=\frac{(q_1-q_0p_1)\omega}{1+p_1^2\omega^2}$$ (5-78)

由前面的分析可知，E_2 应为正值，所以同样可以证明 $q_1>p_1q_0$。

由公式（5-78）可知，当 $\omega\rightarrow0$ 时，$E_1\rightarrow q_0$，$E_2\rightarrow0$；当 $\omega\rightarrow\infty$ 时，$E_1\rightarrow\frac{q_1}{p_1}$，$E_2\rightarrow$

0。损耗柔量 E_2 随加载频率的变化存在极值，由于 $q_1>p_1q_0$，所以 $q_0<\frac{q_1}{p_1}$，即 $E_1(0)<$
$E_1(\infty)$，所以储能模量随加载频率的增加而增大。

5.6 材料常数之间的关系

对静载荷，材料参数有蠕变柔量 $J(t)$ 及松弛模量 $Y(t)$，对于动载荷，材料参数有复数柔量 $G(i\omega)$ 及复数模量 $E(i\omega)$。这些材料参数描述了黏弹性材料的静态及动态力学性能。下面推导这些材料参数之间的关系。

（1）复数模量与松弛模量之间的关系

由微分型本构方程的拉氏变换 $P(s)\bar{\sigma}=Q(s)\bar{\varepsilon}$，得到

$$\bar{Y}(s)=\frac{Q(s)}{sP(s)}$$ (5-79)

令 $s=i\omega$，代入上式，则

$$i\omega\bar{Y}(i\omega)=\frac{Q(i\omega)}{P(i\omega)}$$ (5-80)

将 $s=i\omega$ 代入到公式（5-24）中，则

$$E(i\omega)=\frac{Q(i\omega)}{P(i\omega)}$$ (5-81)

由以上两式，可以得到

$$E(i\omega)=i\omega\bar{Y}(i\omega)$$ (5-82)

上式即为复数模量与松弛模量的关系，在模型松弛模量已知的情况下，可以通过上式求复数模量。

由若干个元件并联组成的黏弹性力学模型，可知

$$Y(t) = Y_1(t) + Y_2(t) + \cdots + Y_n(t) \tag{5-83}$$

式中，$Y_i(t)$，$i=1$，$\cdots$，n 为并联模型中第 i 个单元的松弛模量。

则其拉普拉斯变换为

$$\overline{Y}(s) = \overline{Y}_1(s) + \overline{Y}_2(s) + \cdots + \overline{Y}_n(s) \tag{5-84}$$

则由式（5-82）可知，该模型的复数模量为

$$\begin{aligned}
E(i\omega) &= i\omega \overline{Y}(i\omega) \\
&= i\omega \overline{Y}_1(i\omega) + i\omega \overline{Y}_2(i\omega) + \cdots + i\omega \overline{Y}_n(i\omega) \\
&= E_1(i\omega) + E_2(i\omega) + \cdots + E_n(i\omega)
\end{aligned} \tag{5-85}$$

式中，$E_i(i\omega)$，$i=1$，$\cdots$，n 为并联模型中第 i 个单元的复数模量。

由上式可知，在求复数模量时，可以求出每个并联单元的复数模量，然后迭加即可得到整个模型的复数模量。

对于储能模量及损耗模量同样可以通过迭加的方式得到，即

$$E_1(\omega) = E_1'(\omega) + E_2'(\omega) + \cdots + E_n'(\omega)$$
$$E_2(\omega) = E_1''(\omega) + E_2''(\omega) + \cdots + E_n''(\omega) \tag{5-86}$$

式中，E_i'、E_i''，$i=1$，$\cdots$，n 分别为并联模型中第 i 个单元的储能模量及损耗模量。

（2）复柔量与蠕变柔量之间的关系

由微分型本构方程的拉氏变换 $P(s)\overline{\sigma} = Q(s)\overline{\varepsilon}$，得到

$$\overline{J}(s) = \frac{P(s)}{sQ(s)} \tag{5-87}$$

令 $s = i\omega$，代入上式，则

$$i\omega \overline{J}(i\omega) = \frac{P(i\omega)}{Q(i\omega)} \tag{5-88}$$

将 $s = i\omega$ 代入到公式（5-30）中，则

$$G(i\omega) = \frac{P(i\omega)}{Q(i\omega)} \tag{5-89}$$

由以上两式，可以得到

$$G(i\omega) = i\omega \overline{J}(i\omega) \tag{5-90}$$

上式即为复数柔量与蠕变柔量的关系。在蠕变柔量已知的情况下，可以通过上式求复数柔量。

由若干个元件串联组成的黏弹性力学模型，可知

$$J(t) = J_1(t) + J_2(t) + \cdots + J_n(t) \qquad (5\text{-}91)$$

式中，J_i，$i = 1, \cdots, n$ 为串联模型中第 i 个单元的蠕变柔量。

则其拉普拉斯变换为

$$\overline{J}(s) = \overline{J}_1(s) + \overline{J}_2(s) + \cdots + \overline{J}_n(s) \qquad (5\text{-}92)$$

则由式（5-90）可知，该模型的复柔量为

$$
\begin{aligned}
G(i\omega) &= i\omega \overline{J}(i\omega) \\
&= i\omega \overline{J}_1(i\omega) + i\omega \overline{J}_2(i\omega) + \cdots + i\omega \overline{J}_n(i\omega) \\
&= G_1(i\omega) + G_2(i\omega) + \cdots + G_n(i\omega)
\end{aligned}
\qquad (5\text{-}93)
$$

式中，$G_i(i\omega)$，$i = 1, \cdots, n$ 为串联模型中第 i 个单元的复数柔量。

由上式可知，求复数柔量时，可以求出每个串联单元的复数柔量，然后迭加即可以得到整个模型的复数柔量。

对于储能柔量及损耗柔量同样可以通过迭加的方式得到，即

$$
\begin{aligned}
G_1(\omega) &= G_1'(\omega) + G_2'(\omega) + \cdots + G_n'(\omega) \\
G_2(\omega) &= G_1''(\omega) + G_2''(\omega) + \cdots + G_n''(\omega)
\end{aligned}
\qquad (5\text{-}94)
$$

式中，G_i'、G_i''，$i = 1, \cdots, n$ 分别为串联模型中第 i 个单元的储能柔量及损耗柔量。

5.7 材料参数关系推导

（1）松弛模量与复数模量

根据公式（5-82）及拉普拉斯变换的定义，则

$$E(i\omega) = i\omega \overline{Y}(i\omega) = i\omega \int_0^\infty Y(t) e^{-i\omega t} \, dt \qquad (5\text{-}95)$$

根据欧拉公式

$$e^{-i\omega} = \cos\omega t - i\sin\omega t \qquad (5\text{-}96)$$

将式（5-96）代入到式（5-95），得到

$$E(i\omega) = i\omega \int_0^\infty Y(t)(\cos\omega t - i\sin\omega t) \, dt \qquad (5\text{-}97)$$

上式左右两边写成实部加虚部的形式，则

$$E_1(\omega) + iE_2(\omega) = \omega \int_0^\infty Y(t)\sin\omega t \, dt + i\omega \int_0^\infty Y(t)\cos\omega t \, dt \qquad (5\text{-}98)$$

根据对应关系，得到

$$E_1(\omega) = \omega \int_0^\infty Y(t) \sin\omega t \, dt \tag{5-99}$$

$$E_2(\omega) = \omega \int_0^\infty Y(t) \cos\omega t \, dt$$

上式中积分变换要求被积函数 $Y(t)$ 有界,并且要求极限

$$\lim_{t \to \infty} Y(t) = 0 \tag{5-100}$$

下面对松弛模量 $Y(t)$ 是否满足上述条件进行分析。松弛模量 $Y(t)$ 是关于时间 t 的单调减函数。当 $t \to \infty$ 时

$$\lim_{t \to \infty} Y(t) = Y_\infty \tag{5-101}$$

下面分析 Y_∞ 的具体数值,对于黏性流体,其应力可以完全松弛,所以 $Y_\infty = 0$,对于黏弹性固体材料,其微分型本构方程为

$$\sigma + p_1 \dot{\sigma} + p_2 \ddot{\sigma} + \cdots + p_m \sigma^{(m)} = q_0 \varepsilon + q_1 \dot{\varepsilon} + q_2 \ddot{\varepsilon} + \cdots + q_n \varepsilon^{(n)} \tag{5-102}$$

式中,$q_0 \neq 0$,由应力松弛的定义,将 $\varepsilon(t) = \varepsilon_0 \Delta(t)$ 代入到上式,则

$$\sigma + p_1 \dot{\sigma} + p_2 \ddot{\sigma} + \cdots + p_m \sigma^{(m)} = q_0 \varepsilon_0 \Delta(t) \tag{5-103}$$

当 $t \to \infty$ 时

$$\sigma(\infty) = q_0 \varepsilon_0 \tag{5-104}$$

根据松弛模量的定义,则有

$$Y_\infty = q_0 \neq 0 \tag{5-105}$$

因此,Y_∞ 为常数,但不一定为零。

当 $t = 0$ 时,即如下极限

$$\lim_{t \to 0} Y(t) = Y_0 \tag{5-106}$$

Y_0 数值与材料是否具有瞬时弹性有关,如果材料有瞬时弹性,Y_0 为确定值,如果材料不具有瞬时弹性,Y_0 为无穷大,因此,$Y(t)$ 不一定有界。

可以将 $Y(t)$ 写成如下形式

$$Y(t) = a\delta(t) + f(t) \tag{5-107}$$

式中,$f(t)$ 为单调减函数,且有界。

对上式取如下形式的积分,则

$$\eta_0 = \int_{0^-}^{0^+} Y(t) \, dt = \int_{0^-}^{0^+} (a\delta(t) + f(t)) \, dt \tag{5-108}$$

$$= \int_{0^-}^{0^+} a\delta(t) \, dt = a$$

当材料具有瞬时弹性时,公式 (5-107) 中不含有 $\delta(t)$ 项,此时 $a = 0$,当材料不

具有瞬时弹性时，公式（5-107）中含有 $\delta(t)$ 项，此时 $a \neq 0$。

引入一个新的函数

$$Y^*(t) = Y(t) - Y_\infty - \eta_0 \delta(t) \tag{5-109}$$

$Y^*(t)$ 为单调减函数，并且当 $t \to \infty$ 时

$$\lim_{t \to \infty} Y^*(t) = \lim_{t \to \infty}(Y(t) - Y_\infty - \eta_0 \delta(t)) = 0 \tag{5-110}$$

极限为零。

当 $t = 0$ 时

$$Y^*(0) = Y(0) - Y_\infty - \eta_0 \delta(0) = a\delta(0) + f(0) - Y_\infty - \eta_0 \delta(0) = f(0) - Y_\infty \tag{5-111}$$

因此，$Y^*(0)$ 为确定值。$Y^*(t)$ 为单调减函数，并且 $Y^*(\infty) = 0$，所以函数 $Y^*(t)$ 满足积分收敛条件。

由公式（5-109）可以得到

$$Y(t) = Y^*(t) + Y_\infty + \eta_0 \delta(t) \tag{5-112}$$

将上式代入到式（5-82）中，则有

$$\begin{aligned}
E(i\omega) &= i\omega \overline{Y}(i\omega) = i\omega \int_0^\infty Y(t) e^{-i\omega t}\, dt \\
&= i\omega \left[\int_0^\infty Y^*(t) e^{-i\omega t}\, dt + \int_0^\infty Y_\infty e^{-i\omega t}\, dt + \int_0^\infty \eta_0 \delta(t) e^{-i\omega t}\, dt \right] \\
&= i\omega \int_0^\infty Y^*(t) e^{-i\omega t}\, dt + Y_\infty + i\omega \eta_0
\end{aligned} \tag{5-113}$$

分成实部加虚部的形式，则可以求得储能模量及损耗模量分别为

$$E_1(\omega) = Y_\infty + \omega \int_0^\infty (Y(t) - Y_\infty - \eta_0 \delta(t)) \sin\omega t\, dt \tag{5-114}$$

$$E_2(\omega) = \omega \eta_0 + \omega \int_0^\infty (Y(t) - Y_\infty - \eta_0 \delta(t)) \cos\omega t\, dt$$

在上式中，如果令 $\omega = 0$，则有

$$Y_\infty = E_1(0) = E(0) \tag{5-115}$$

如果已知材料的复数模量，由公式（5-114），可以解出松弛模量

$$Y(t) = Y_\infty + \eta_0 \delta(t) + \frac{2}{\pi} \int_0^\infty \omega^{-1}(E_1(\omega) - Y_\infty) \sin\omega t\, d\omega \tag{5-116}$$

$$Y(t) = Y_\infty + \eta_0 \delta(t) + \frac{2}{\pi} \int_0^\infty \omega^{-1}(E_2(\omega) - \omega \eta_0) \cos\omega t\, d\omega$$

将式（5-115）代入到式（5-116），则有

$$Y(t) = E_1(0) + \eta_0 \delta(t) + \frac{2}{\pi} \int_0^\infty \omega^{-1} (E_1(\omega) - E_1(0)) \sin\omega t \, \mathrm{d}\omega \tag{5-117}$$

$$Y(t) = E_1(0) + \eta_0 \delta(t) + \frac{2}{\pi} \int_0^\infty \omega^{-1} (E_2(\omega) - \omega\eta_0) \cos\omega t \, \mathrm{d}\omega$$

由上式，在复数模量已知的情况下，可以求出松弛模量。

（2）蠕变柔量与复柔量

由公式（5-90），结合拉普拉斯变换的定义，则

$$G(i\omega) = i\omega \overline{J}(i\omega) = i\omega \int_0^\infty J(t) \mathrm{e}^{-i\omega t} \, \mathrm{d}t \tag{5-118}$$

将公式（5-96）代入上式

$$G_1(\omega) + iG_2(\omega) = i\omega \overline{J}(i\omega) = i\omega \int_0^\infty J(t)(\cos\omega t - i\sin\omega t) \, \mathrm{d}t \tag{5-119}$$

分离变量得到储能柔量及损耗柔量为

$$G_1(\omega) = \omega \int_0^\infty J(t) \sin\omega t \, \mathrm{d}t$$

$$\tag{5-120}$$

$$G_2(\omega) = \omega \int_0^\infty J(t) \cos\omega t \, \mathrm{d}t$$

下面对蠕变柔量 $J(t)$ 进行分析，看其是否满足积分收敛条件。

以有退化单元的广义 Kelvin 模型为例，模型的蠕变柔量为

$$J(t) = \frac{1}{E_0} + \sum_{i=1}^n \frac{1}{E_i} (1 - \mathrm{e}^{-t/\tau_i}) + \frac{t}{\eta} \tag{5-121}$$

$J(t)$ 为单调增函数，当 $t \to \infty$ 时，令

$$J(\infty) = \lim_{t \to \infty} \left(\frac{1}{E_0} + \sum_{i=1}^n \frac{1}{E_i} (1 - \mathrm{e}^{-t/\tau_i}) + \frac{t}{\eta} \right) = \frac{1}{E_0} + \sum_{i=1}^n \frac{1}{E_i} + \infty \tag{5-122}$$

令

$$J_\infty = \frac{1}{E_0} + \sum_{i=1}^n \frac{1}{E_i} \tag{5-123}$$

引入新的函数

$$J^*(t) = J(t) - J_\infty - \frac{t}{\eta} \tag{5-124}$$

$J^*(t)$ 为单调增函数，当 $t \to \infty$ 时，将式（5-121）代入到式（5-124）中，结合式（5-123），得到

$$\lim_{t \to \infty} J^*(t) = \lim_{t \to \infty} \left(J(t) - J_\infty - \frac{t}{\eta} \right) = \lim_{t \to \infty} \left(\frac{1}{E_0} + \sum_{i=1}^n \frac{1}{E_i} (1 - \mathrm{e}^{-t/\tau_i}) - J_\infty \right) = 0$$

$$\tag{5-125}$$

当 $t \rightarrow 0$ 时

$$J^*(0) = J(0) - J_\infty = -\sum_{i=1}^{n} \frac{1}{E_i} \tag{5-126}$$

因此，$J^*(t)$ 为有界的单调增函数，所以其满足积分收敛条件。由式（5-124），可得

$$J(t) = J^*(t) + J_\infty + \frac{t}{\eta} \tag{5-127}$$

代入到公式（5-118）中得到

$$
\begin{aligned}
G(i\omega) &= i\omega \overline{J}(i\omega) = i\omega \int_0^\infty J(t) e^{-st} \, dt \big|_{s=i\omega} \\
&= i\omega \int_0^\infty (J^*(t) + J_\infty + \frac{t}{\eta}) e^{-st} \, dt \big|_{s=i\omega} \\
&= i\omega \int_0^\infty J^*(t) e^{-st} \, dt \big|_{s=i\omega} + J_\infty - \frac{i}{\omega\eta}
\end{aligned}
\tag{5-128}
$$

分离实部及虚部得到储能柔量及耗损柔量

$$
\begin{aligned}
G_1(\omega) &= J_\infty + \omega \int_0^\infty J^*(t) \sin\omega t \, dt \\
G_2(\omega) &= -\frac{1}{\omega\eta} + \omega \int_0^\infty J^*(t) \cos\omega t \, dt
\end{aligned}
\tag{5-129}
$$

以上公式，如果已知蠕变柔量可以求复柔量。对上述两式分别取极限，则可得到

$$\lim_{\omega \to 0} G_1(\omega) = J_\infty \qquad \lim_{\omega \to 0} \omega G_2(\omega) = -\frac{1}{\eta} \tag{5-130}$$

如果已知材料的复柔量，由公式（5-129），可以解出蠕变柔量

$$J(t) = G_1(0) - t\lim_{\omega \to 0}\omega G_2(\omega) + \frac{2}{\pi}\int_0^\infty \omega^{-1}(G_1(\omega) - G_1(0))\sin\omega t \, d\omega$$

$$J(t) = G_1(0) - t\lim_{\omega \to 0}\omega G_2(\omega) + \frac{2}{\pi}\int_0^\infty \omega^{-1}(G_2(\omega) - \frac{1}{\omega}\lim_{\omega \to 0}\omega G_2(\omega))\cos\omega t \, d\omega$$

$$\tag{5-131}$$

5.8 应用举例

例1：如图5-13所示的力学模型，黏壶的本构关系为 $\sigma = \eta \dot{\varepsilon}^{(r)}$，$0 < r < 1$，求该模型的 $\tan\delta$。

分析：该模型由弹簧单元与类［M］模型并联组成，根据前述分析结论，该模型的

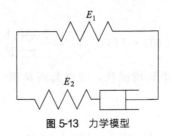

图 5-13 力学模型

复数模量满足如下关系

$$E(i\omega) = E_1(i\omega) + E_2(i\omega) \tag{5-132}$$

为此先求独立弹簧的复模量 $E_1(i\omega)$，由弹簧的本构方程

$$\sigma = E_1\varepsilon \tag{5-133}$$

拉普拉斯变换

$$\bar{\sigma} = E_1\bar{\varepsilon} \tag{5-134}$$

则

$$P(s) = 1, Q(s) = E_1 \tag{5-135}$$

弹簧的复数模量为

$$E_1(i\omega) = \frac{Q(i\omega)}{P(i\omega)} = E_1 \tag{5-136}$$

下面求类 [M] 模型的复数模量 $E_2(i\omega)$，依据应力应变关系及本构方程，可以得如下方程组

$$\begin{cases} \sigma_1 = \sigma_2 = \sigma \\ \varepsilon_1 + \varepsilon_2 = \varepsilon \\ \sigma_1 = E_2\varepsilon_1 \\ \sigma_2 = \eta\varepsilon_2^{(r)} \end{cases} \tag{5-137}$$

对上式进行拉普拉斯变换，则

$$\begin{cases} \bar{\sigma}_1 = \bar{\sigma}_2 = \bar{\sigma} \\ \bar{\varepsilon}_1 + \bar{\varepsilon}_2 = \bar{\varepsilon} \\ \bar{\sigma}_1 = E_2\bar{\varepsilon}_1 \\ \bar{\sigma}_2 = \eta S^r\bar{\varepsilon}_2 \end{cases} \tag{5-138}$$

求得拉普拉斯变换后的形式，及 $P(S)$、$Q(S)$

$$\begin{cases} \overline{\sigma}\left(\dfrac{1}{E_2}+\dfrac{1}{\eta S^r}\right)=\overline{\varepsilon} \\ P(S)=\dfrac{1}{E_2}+\dfrac{1}{\eta S^r} \\ Q(S)=1 \end{cases} \tag{5-139}$$

类〔M〕模型的复数模量

$$E_2(i\omega)=\frac{Q(i\omega)}{P(i\omega)}=\frac{1}{\dfrac{1}{E_2}+\dfrac{1}{\eta(i\omega)^r}} \tag{5-140}$$

利用关系式

$$i^r=\cos\frac{\pi r}{2}+i\sin\frac{\pi r}{2} \tag{5-141}$$

将式（5-141）代入到式（5-140）中，则得

$$E_2(i\omega)=\frac{Q(i\omega)}{P(i\omega)}=\frac{E_2^2\eta\omega^r\cos\dfrac{\pi r}{2}+E_2\eta^2\omega^{2r}+iE_2^2\eta\omega^r\sin\dfrac{\pi r}{2}}{E_2^2+2E_2\eta\omega^r\cos\dfrac{\pi r}{2}+\eta^2\omega^{2r}} \tag{5-142}$$

依据模型的并联关系，根据式（5-142）及式（5-136），得到该模型的 $E_1(\omega)$、$E_2(\omega)$

$$E_1(\omega)=E_1+\frac{E_2^2\eta\omega^r\cos\dfrac{\pi r}{2}+E_2\eta^2\omega^{2r}}{E_2^2+2E_2\eta\omega^r\cos\dfrac{\pi r}{2}+\eta^2\omega^{2r}} \tag{5-143}$$

$$E_2(\omega)=\frac{E_2^2\eta\omega^r\sin\dfrac{\pi r}{2}}{E_2^2+2E_2\eta\omega^r\cos\dfrac{\pi r}{2}+\eta^2\omega^{2r}} \tag{5-144}$$

得到

$$\tan\delta=\frac{E_2(\omega)}{E_1(\omega)}$$

$$=\frac{E_2^2\eta\omega^r\sin\dfrac{\pi r}{2}}{E_1E_2^2+2E_1E_2\eta\omega^r\cos\dfrac{\pi r}{2}+E_1\eta^2\omega^{2r}+E_2^2\eta\omega^r\sin\dfrac{\pi r}{2}+E_2\eta^2\omega^{2r}} \tag{5-145}$$

例 2：如图 5-14 所示黏弹性力学模型，黏壶 1 的黏度 $\eta=\dfrac{1}{At^2+Bt+C}$，$A>0$，$B\neq0$，$C\neq0$，求该模型的 $G_1(\omega)$ 及 $G_2(\omega)$。

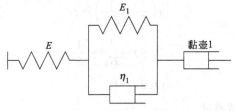

图 5-14 黏弹性力学模型

分析：黏壶 1 不能直接得到本构方程，因此可利用复柔量与蠕变柔量的关系求解复柔量。

根据前文的例子，已经求得了该模型的蠕变柔量为

$$J(t)=\frac{1}{E}+\frac{At^{3}}{3}+\frac{Bt^{2}}{2}+Ct+\frac{1-\mathrm{e}^{-tE_{1}/\eta_{1}}}{E_{1}} \tag{5-146}$$

拉普拉斯变换为

$$\overline{J}(S)=\frac{1}{ES}+2A\,\frac{1}{S^{4}}+B\,\frac{1}{S^{3}}+C\,\frac{1}{S^{2}}+\frac{1}{S(\eta_{1}S+E_{1})} \tag{5-147}$$

则可以得到

$$\overline{SJ}(S)=\frac{1}{E}+2A\,\frac{1}{S^{3}}+B\,\frac{1}{S^{2}}+C\,\frac{1}{S}+\frac{1}{\eta_{1}S+E_{1}} \tag{5-148}$$

依据关系式（5-90），有

$$G(i\omega)=i\omega\overline{J}(i\omega)=\frac{1}{E}-\frac{B}{\omega^{2}}+i(\frac{2A}{\omega^{3}}-\frac{C}{\omega})+\frac{1}{i\omega\eta_{1}+E_{1}} \tag{5-149}$$

于是得到

$$G_{1}(\omega)=\frac{1}{E}-\frac{B}{\omega^{2}}+\frac{E_{1}}{E_{1}^{2}+\omega^{2}\eta_{1}^{2}} \tag{5-150}$$

$$G_{2}(\omega)=\frac{2A}{\omega^{3}}-\frac{C}{\omega}-\frac{\omega\eta_{1}}{E_{1}^{2}+\omega^{2}\eta_{1}^{2}} \tag{5-151}$$

第 6 章
时温等效

黏度是黏弹性体重要的材料参数，黏弹性体的黏度与温度相关。温度对黏度的影响必然会影响到黏弹性体的力学行为。前面几章在研究黏弹性体的静态力学行为及动态力学行为时，都没有涉及温度，即都是在等温条件下进行的分析，没有考虑温度的变化，只是分析了加载时间及加载频率等因素对黏弹性体力学行为的影响。

对于实际问题，在研究黏弹性的应力应变时，除了考虑时间的影响之外，还必须考虑温度的影响。因此，在同时考虑时间和温度对黏弹性体的应力、应变响应的影响时，问题将变得极为复杂。一般情况下，在研究黏弹性体的力学性能时，为了简化问题的难度，可以将时间和温度两个因素分别进行研究。通过研究表明，时间和温度两个因素对黏弹性材料力学性能的影响具有明确的规律，并且这种影响规律具有一定的相似性，更为重要的是，这种相似性还具有定量的转换关系，从而可以实现时间、温度两个影响因素影响效果的等效性转换。

时间和温度两个因素对黏弹性材料力学性能影响的等效性及其确定的数量转换关系，不仅具有理论依据，也可以被实验结果所证实。黏弹性材料所具有的时间、温度等效性具有重要的应用意义。依据这种等效性，在进行黏弹性材料的力学性能试验时，可以灵活地确定相关的试验条件，从而可以降低试验条件及对试验装置的要求，此外，还可以将确定时间范围、温度范围内的试验结果拓延到更加广泛的时间温度范围内，可以实现对一些极端条件下黏弹性力学性能的研究。

6.1 时间与温度的等效性说明

（1）时间和温度对高聚物力学状态影响的等效性

在分析温度和加载频率对高聚物能量耗散的影响时已经提到，时间和加载频率的变化对能量耗散的影响具有某种等效性。加载频率为时间的倒数，因此温度和时间同样具有等效性。

高聚物力学状态随着温度的变化会发生相应的改变。在低温时，高聚物呈现为玻璃态，其弹性模量较高，塑性变形能力很差，在发生较小的变形时会破坏。随着温度的升高，高聚物进入到黏弹态，这一温度范围称为玻璃化转变区，材料兼有弹性固体和黏性流体的特性，发生变形时有很大的能量耗散。随着温度的进一步升高，高聚物进入到橡胶态，具有较高的弹性，可以产生较大的变形而在外力去除后变形可以恢复。温度更高时，高聚物进入黏流态，可以产生黏性流动，在载荷作用下产生流动变形，载荷去除后变形不可恢复。高聚物的力学状态随着温度升高，依次经历玻璃态、黏弹态、橡胶态、黏流态的转变，如图 6-1 所示。

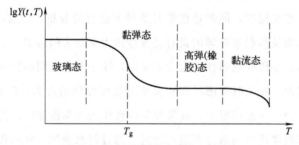

图 6-1　温度对高聚物力学状态的影响

在温度不变的情况下，高聚物的力学状态随着加载时间的变化会呈现出相似的变化规律。在一定温度条件下，理想非晶态高聚物在宽时间范围内松弛模量随时间变化如图 6-2 所示。在时间较短的情况下，松弛模量几乎不随时间而变化，材料不具有应力松弛能力，此时材料呈现为玻璃态。随着时间的延长，松弛模量随着时间的增加显著减小，材料具有较强的应力松弛能力，材料处于黏弹态。随着时间的进一步增加，松弛模量也几乎不随时间而变化，材料处于高弹态或黏流态。因此，高聚物的力学状态随着加载时间的增加，同样也依次经历玻璃态、黏弹态、橡胶态、黏流态的转变。

高聚物的力学状态随着温度或加载时间的变化会呈现出相同的变化规律。因此，从

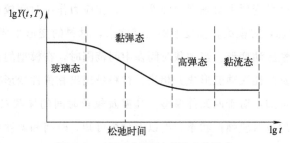

图 6-2 时间对高聚物力学状态的影响

时间和温度对高聚物力学状态影响的角度来说，时间和温度具有某种等效性。

（2）基于力学模型的时间温度等效性分析

下面基于一个具体的力学模型分析时间和温度对其力学行为的影响关系。考虑如图 6-3 所示的四元件模型。该模型的弹簧元件 ［H］、［K］ 元件及黏壶元件 ［N］ 分别会产生瞬时弹性变形、延迟弹性变形及黏性流动变形。弹簧元件的变形可以认为与时间和温度无关，其变形具有瞬时性。黏壶元件的黏性流动变形显著依赖于时间与温度。［K］ 元件的延迟弹性变形与时间和温度相关。因此这一模型的变形与时间和温度密切相关。该模型在恒定单位应力作用下的响应可以采用蠕变柔量进行描述

$$J(t) = \frac{1}{E_2} + \frac{1}{\eta_2}t + \frac{1}{E_1}(1 - e^{-\frac{E_1 t}{\eta_1}}) \tag{6-1}$$

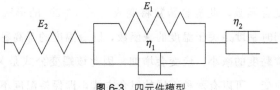

图 6-3 四元件模型

在加载时间不变时，讨论温度对该模型应变的影响。在高温状态下，黏壶元件的黏度 η_2 减小，式（6-1）中对应于该项的变形增加，模型的整体变形量主要由黏壶单元的流动变形决定，材料呈现黏性流动的变形行为。在低温状态下，黏壶单元及 ［K］ 单元中黏壶的黏度都增大，因而延迟时间增大，黏性流动变形及延迟弹性变形减小。相对而言，弹簧的瞬时弹性变形在总变形中所占的比例增加，材料显示出弹性固体的变形行为。在中间的温度区内，各单元同时对模型整体变形做出贡献，材料呈现出黏弹性的变形行为。

在温度不变时，讨论加载时间对该模型应变的影响。在应力作用时间较短时，黏壶单元及 ［K］ 单元产生的变形较小。相对而言，弹簧的瞬时弹性变形在整个模型变形中

所占的比例增加，材料变形主要表现为弹性变形。在应力作用时间较长时，黏壶元件及[K]单元的变形增加，对模型整体变形的贡献增大，材料的变形主要以流动变形为主，材料主要表现为黏性流动变形。当加载时间在中间范围时，在模型的总变形中，弹性变形、延迟弹性变形及黏性流动变形成分相当，材料呈现出黏弹性变形行为。

基于以上分析可知，对于四元件模型，高温及较长时间的加载对应黏性流动状态，低温及较短时间的加载对应弹性状态。由以上分析可知，时间和温度对该力学模型的变形行为具有等效性，如图 6-4 所示。

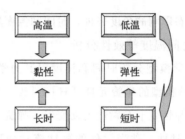

图 6-4　时间与温度的等效性

（3）基于蠕变柔量的时间温度等效性分析

对于上述等效性也可以从蠕变柔量公式出发进行分析。对于蠕变柔量公式（6-1），没有考虑温度的变化，如果考虑温度的变化，则公式中的黏度将变成温度的函数，公式将变成两个变量的复合函数，此复合函数将变成公式（6-2）的形式，该蠕变公式是关于时间的增函数。同时黏度是关于温度的减函数，随着温度的升高黏度减小，而在时间一定的情况下，随着黏度的减小，应变会增加，因此该蠕变公式是关于温度的增函数。假设想达到相同的应变，可以有两种不同的组合方式，即保持温度不变延长时间，或者保持时间不变提高温度，当然也可以反之。所以达到同样的应变值，可以有两种等效方式，就是延长时间和提高温度等效，而缩短时间和降低温度等效，这就是时间和温度的等效性。

$$J=f(E,\eta,t)\Rightarrow J=f(E,g(T_0),t)$$

$$J=f(E,g(T_0),\bar{t}\uparrow)\underset{\text{等效}}{\Leftrightarrow}f(E,g(\overline{T}\uparrow),t_0)$$

$$J=f(E,g(T_0),\bar{t}\downarrow)\underset{\text{等效}}{\Leftrightarrow}f(E,g(\overline{T}\downarrow),t_0)$$

$$\bar{t}\uparrow\underset{\text{等效}}{\Leftrightarrow}\overline{T}\uparrow\quad\bar{t}\downarrow\underset{\text{等效}}{\Leftrightarrow}\overline{T}\downarrow$$

(6-2)

6.2 时间与温度的换算法则

通过前面的分析表明，对于黏弹性材料，时间和温度确实具有等效性。并且这种等效性可以建立一定的数学模型，对这种等效性进行定量的描述，这一等效关系即为时温等效法则。

时间和温度等效性最直接的应用是对黏弹性材料性能曲线的平移上。在不同的温度下，黏弹性材料的力学性能曲线的形状是相同的，只需要对一个温度下的力学性能曲线进行适当的平移就可以得到另一个温度下的材料力学性能曲线。也可以将不同温度下的材料力学性能曲线进行适当的平移，把这些曲线连接到一起，成为确定温度下的材料力学性能的主曲线，即某一温度下的材料性能特征曲线。符合这种时温等效关系的物质称为"热流变简单材料"。

以黏弹性材料的应力松弛曲线为例，双对数坐标系下的应力松弛曲线如图 6-5 所示。不同温度下的松弛曲线的形状相同，如果把 T_1 温度下的应力松弛曲线沿水平方向平行地左右移动一定距离，那么就可得到 T_2 温度下的应力松弛曲线，或者这样移动后就可以和 T_2 温度下的应力松弛曲线重合，把这个移动量 $\lg\alpha_T$ 称为移位因子，移位因子 $\lg\alpha_T$ 仅与温度有关。

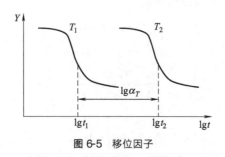

图 6-5 移位因子

下面进一步说明移位因子的存在性。根据分子热力学理论，材料不同温度条件下的黏度及密度有如下关系

$$\frac{T_0 \eta(T) \rho_0}{T \eta(T_0) \rho} = \alpha_T \tag{6-3}$$

式中，$\eta(T)$、$\eta(T_0)$ 分别为温度 T、T_0 时的黏度；ρ、ρ_0 分别为 T、T_0 温度条件下材料的密度；α_T 为 T、T_0 温度差之间的理论移位因子。

在一般情况下，可以近似认为密度与温度成反比，则有

$$\frac{T_0\rho_0}{T\rho}=1 \tag{6-4}$$

依据式（6-4），公式（6-3）可以写为

$$\frac{\eta(T)}{\eta(T_0)}=\alpha_T \tag{6-5}$$

下面依据上式来验证时间温度换算法则的存在性。

根据广义 [M] 模型的应力松弛方程式（3-191），可以得到松弛模量

$$Y(t)=\sum_{i=1}^{n}E_i\mathrm{e}^{-t/\tau_i} \tag{6-6}$$

在此模型中，假定所有的弹性系数 E_i 与温度无关，而所有的黏度系数 η_i 与温度的关系相同，选取两个不同的温度 T_0、T，两个不同温度下的松弛量分别记为 $Y_{T_0}(t)$、$Y_T(t)$。在这两个函数曲线上分别取一个点 a、b，对应的时间分别为 t_1、t_2

$$a:(T_0,t_1),b:(T,t_2) \tag{6-7}$$

令这两点的应力相等，即

$$Y_{T_0}(t_1)=Y_T(t_2) \tag{6-8}$$

依据公式（6-6），得到

$$\sum_{i=1}^{n-1}E_i\mathrm{e}^{-t_1/\tau_{i(T_0)}}=\sum_{i=1}^{n-1}E_i\mathrm{e}^{-t_2/\tau_{i(T)}} \tag{6-9}$$

上式左右两端比较，可以得到下式

$$t_1/\tau_{i(T_0)}=t_2/\tau_{i(T)} \tag{6-10}$$

即

$$\frac{t_1}{t_2}=\frac{\tau_{i(T_0)}}{\tau_{i(T)}}=\frac{1}{\alpha_T} \tag{6-11}$$

两边取对数，则

$$\lg t_2-\lg t_1=\lg\alpha_T \tag{6-12}$$

由于时间点 a、b 的选取是任意的，这就说明可以通过对曲线进行平移，得到另一温度下的应力松弛曲线，因此证明了移位因子的存在性。

由公式（6-11），得

$$t_1=\frac{t_2}{\alpha_T} \tag{6 13}$$

据此，不同温度下的蠕变柔量及应力松弛模量的等效关系为

$$J(T,t)=J(T_0,t/\alpha_T)$$
$$Y(T,t)=Y(T_0,t/\alpha_T) \tag{6-14}$$

考虑动态载荷作用，由于加载频率为时间的倒数，基于上述时间温度对应关系，可以得到材料的动态力学性能参数的等效关系

$$E_1(T,\omega)=E_1(T_0,\omega\alpha_T) \quad E_2(T,\omega)=E_2(T_0,\omega\alpha_T)$$
$$G_1(T,\omega)=G_1(T_0,\omega\alpha_T) \quad G_2(T,\omega)=G_2(T_0,\omega\alpha_T)$$

(6-15)

对于以上等效法则可以归纳为：对于静态载荷：高温短时等价于低温长时；对于动态载荷：高温高频等价于低温低频。

作为时温等效的一个典型应用，如图 6-6 所示，测出一定时间范围内、不同试验温度下的材料参数曲线，选择其中一个温度作为基准，将其它温度下的测定曲线按照各自的移位因子 $\lg\alpha_T$ 移动，即得到图中粗实线所对应的温度条件下超出测定时间范围的材料参数曲线。将不同温度条件下的测定曲线按照时间-温度换算法则移动后合成的某一温度下黏弹性特征函数曲线，通常被称为这个特征函数的主曲线，进一步将这一温度条件下的主曲线按不同温度对应的移位因子 $\lg\alpha_T$ 移动，就可以得到不同温度下该特征函数各自的主曲线，这样得到的包括不同温度的多条主曲线称为主曲线簇。

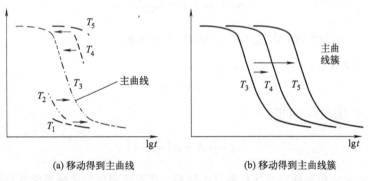

(a) 移动得到主曲线　　　　　　　　(b) 移动得到主曲线簇

图 6-6　时温等效原理的应用

时温等效法则为试验条件的选择变得更为灵活，便于试验的开展并能降低对试验条件的要求，对于某些长时间的黏弹性力学行为，比如时间以月或年为计量单位的应力松弛或蠕变行为，直接进行力学试验并不现实。这时根据时温等效原理，可以适当提高试验温度，相应地可以缩短试验时间。此外，对于一些极端温度条件下的黏弹性力学行为，为了模拟极端温度条件，对试验仪器的要求较高，并且也不易实现。这时可以依据时温等效原理，适当地调整试验时间，相应地可以降低对试验温度的要求。通过合理应用时温等效原理，可以降低对试验仪器的要求、减少试验成本，使试验变得具有可操作性。

6.3 移位因子计算公式

（1）WLF方程

在时温等效原理的具体应用上，计算移位因子尤为重要。移位因子依据基准温度和目标温度进行确定。M. L. Wllians、R. F. Lardel 和 J. D. Fesry 三位学者提出了一个移位因子计算公式，即 WLF 方程。这是计算移位因子的一个重要的半理论半经验公式。

高聚物在体积组成上包括固有体积和自由体积两部分。固有体积为高聚物分子自身的体积，随着温度的增高而增大。而自由体积为分子热振动产生的空穴及由于不规则填充产生的小空洞。发生流动时，高聚物分子不断进入这些空穴或空洞并形成新的空穴或空洞，自由体积的存在为高聚物分子的流动提供了空间。因此自由体积的多少与材料黏性流动抵抗力有关，自由体积越多，分子运动的阻力越小，表现为越小的宏观黏度。因此，黏度与自由体积的关系可以由 Doolitle 半经验公式描述为

$$\ln\eta = \ln A + B \frac{V - V_f}{V_f} \tag{6-16}$$

式中，A、B 为常数；V_f 为自由体积；V 为总体积。

自由体积分数定义为

$$f = V_f / V \tag{6-17}$$

代入公式（6-16），可得

$$\ln\eta = \ln A + B \left(\frac{1}{f} - 1 \right) \tag{6-18}$$

高聚物的总体积包括固有体积和自由体积，固有体积均匀地随温度升高而增加。在玻璃化转变温度以下时，高聚物分子的自由体积近似不随着温度而改变。在玻璃化转变温度以上时，高聚物分子的自由体积随着温度的升高而线性增加。

在玻璃化转变温度以上时，自由体积分数可以写成

$$f = f_g + \alpha_f (T - T_g) \tag{6-19}$$

式中，f_g 是在 T_g 时的自由体积分数；α_f 是自由体积的膨胀系数。将式（6-19）代入到式（6-18）中得到

$$\ln\eta_{(T)} = \ln A + B \left(\frac{1}{f_g + \alpha_f (T - T_g)} - 1 \right) \tag{6-20}$$

在上式中，令 $T = T_g$，则得到

$$\ln \eta_{(T_g)} = \ln A + B\left(\frac{1}{f_g} - 1\right) \tag{6-21}$$

将式 (6-20) 左右两边减去式 (6-21)，得到

$$\ln \frac{\eta_{(T)}}{\eta_{(T_g)}} = B\left[\frac{1}{f_g + \alpha_f(T - T_g)} - \frac{1}{f_g}\right] \tag{6-22}$$

转变成以 10 为底的对数，则有

$$\lg \frac{\eta_{(T)}}{\eta_{(T_g)}} = -\frac{B}{2.303 f_g}\left[\frac{T - T_g}{f_g/\alpha_f + (T - T_g)}\right] \tag{6-23}$$

引入参数 C_1、C_2

$$\frac{B}{2.303 f_g} = C_1, f_g/\alpha_f = C_2 \tag{6-24}$$

则公式 (6-23) 变为

$$\lg \frac{\eta_{(T)}}{\eta_{(T_g)}} = \frac{-C_1(T - T_g)}{C_2 + (T - T_g)} \tag{6-25}$$

进一步可以写成

$$\lg \alpha_{(T)} = \frac{-C_1(T - T_g)}{C_2 + (T - T_g)} \tag{6-26}$$

以上即为 WLF 方程。以上移位因子的计算是以 T_g 作为基准温度，WLF 方程适应的温度范围为 $T_g \sim T_g + 100℃$ 左右。

需要注意的是，公式 (6-19) 是以 T_g 作为基准温度给出的，当然也可取 T_g 以上的温度作为基准温度，比如取 T_s 作为基准温度，此时

$$f = f_s + \alpha_f(T - T_s) \tag{6-27}$$

式中，f_s 是在 T_s 时的自由体积分数；α_f 是自由体积的膨胀系数。这样选取基准温度之后，同样经过上述推导过程，则可以得到

$$\lg \frac{\eta_{(T)}}{\eta_{(T_s)}} = -\frac{B}{2.303 f_s}\left[\frac{T - T_s}{f_s/\alpha_f + (T - T_s)}\right] \tag{6-28}$$

同样引入参数 C_1、C_2

$$\frac{B}{2.303 f_s} = C_1, f_s/\alpha_f = C_2 \tag{6-29}$$

相应的，可以得到相对于基准温度 T_s 的移位因子为

$$\lg \alpha_{(T)} = \frac{-C_1(T - T_s)}{C_2 + (T - T_s)} \tag{6-30}$$

即 WLF 方程的基准温度可以任意选取，不同的基准温度，对应的参数 C_1、C_2 不同。

（2）其它形式的移位因子

移位因子计算公式建立了曲线移动距离与温度的关系，即根据基准温度和目标温度可以得到相应的移动距离，其函数关系为

$$\lg t_2 - \lg t_1 = \lg \alpha_T = f(T_2, T_1) \tag{6-31}$$

因此移位因子是目标温度的函数，或者是目标温度与基准温度差的函数，根据前述黏度关系式

$$\frac{\eta(T_2)}{\eta(T_1)} = \alpha_T \tag{6-32}$$

可得

$$\lg \alpha_T = \lg \frac{\eta(T_2)}{\eta(T_1)} \tag{6-33}$$

由上式可知，只要知道了黏度与温度的关系式，即可以代入上式得到移位因子计算公式。

比如前文提到的黏温关系，Andrade 方程

$$\eta = A e^{\frac{E}{RT}} \tag{6-34}$$

将上式代入到公式（6-33）中，即得到相应的移位因子表达式为

$$\ln \alpha_T = \frac{E}{R} \left(\frac{1}{T_2} - \frac{1}{T_1} \right) \tag{6-35}$$

WLF 方程应用范围为玻璃化转变温度以上，而在玻璃化转变温度以下可以采用以上移位因子表达式。

6.4 时间-温度-应力等效法则

基于试验现象的支持，黏弹性材料在高应力条件下短时的蠕变行为与低应力条件下的长时蠕变行为同样具有等效性，因此与时温等效性相类似，可以得到时间-应力的等效关系，进而可以得到时间-温度-应力的等效关系。

在 WLF 方程推导的过程中，假定自由体积与温度呈线性关系，如果考虑应力的增加同样会减少自由体积，假定自由体积同样与压力呈线性关系，则在考虑温度及应力同时变化的情况下，自由体积分数为

$$f = f_0 + \alpha_T(T - T_0) + \alpha_\sigma(\sigma - \sigma_0) \tag{6-36}$$

式中，α_σ 是与应力有关的自由体积膨胀系数。

假定存在温度-应力耦合的移位因子，则

$$\eta(T,\sigma)=\eta(T_0,\sigma_0)\phi_{r_\sigma} \tag{6-37}$$

可以得到耦合移位因子 ϕ_{T_σ}

$$\lg\phi_{T_\sigma}=-C_1\frac{C_3(T-T_0)+C_2(\sigma-\sigma_0)}{C_2C_3+C_3(T-T_0)+C_2(\sigma-\sigma_0)} \tag{6-38}$$

式中，$C_3=f_0/\alpha_\sigma$。

如果 $\sigma=\sigma_0$，则上式退化为 WLF 方程。

此外，可以定义恒定温度下的应力移位因子 ϕ_σ^T 和恒定应力下的温度移位因子 ϕ_T^σ，其形式如下

$$\eta(T,\sigma)=\eta(T,\sigma_0)\phi_\sigma^T=\eta(T_0,\sigma_0)\phi_T^{\sigma_0}\phi_\sigma^T=\eta(T_0,\sigma)\phi_\sigma^{T_0}=\eta(T_0,\sigma_0)\phi_\sigma^{T_0}\phi_T^\sigma \tag{6-39}$$

并且

$$\lg\phi_\sigma^T=-\frac{C_1C_2}{C_2+(T-T_0)}\times\frac{C_2(\sigma-\sigma_0)}{C_2C_3+C_3(T-T_0)+C_2(\sigma-\sigma_0)} \tag{6-40}$$

$$\lg\phi_T^\sigma=-\frac{C_1C_3}{C_3+(\sigma-\sigma_0)}\times\frac{C_3(T-T_0)}{C_2C_3+C_3(T-T_0)+C_2(\sigma-\sigma_0)} \tag{6-41}$$

并且有

$$\phi_{T_\sigma}=\phi_T^{\sigma_0}\phi_\sigma^T=\phi_\sigma^{T_0}\phi_T^\sigma \tag{6-42}$$

上式表明基于黏弹性材料力学性能的时间相关性，可以通过对给定温度和应力水平的材料性能曲线进行平移，得到更宽时间域的材料曲线，这个平移过程可以通过温度-应力耦合移位因子 ϕ_{T_σ} 一次完成，也可通过应力移位因子 ϕ_σ^T 和温度移位因子 ϕ_T^σ 两次移动完成。

以上是考虑了自由体积与温度和压力成线性关系，如果考虑像岩石一样的材料，可以假设自由体积与温度和压力满足二次多项式的关系

$$f=f_0+\alpha_T(T-T_0)+\beta_T(T-T_0)^2+\alpha_\sigma(\sigma-\sigma_0)+\beta_\sigma(\sigma-\sigma_0)^2 \tag{6-43}$$

式中，$f=V_f/V$ 为自由体积分数；α_T、β_T 分别为温度引起的自由体积热胀系数；α_σ、β_σ 分别为应力引起的自由体积热胀系数；f_0 为参考状态下的自由体积分数。

类似的，可以得到考虑时间-温度-应力的移位因子

$$\lg a=\frac{C_1[C_3^T(T-T_0)+C_4^T(T-T_0)^2+C_3^\sigma(\sigma-\sigma_0)+C_4^\sigma(\sigma-\sigma_0)^2]}{C_2+C_3^T(T-T_0)+C_4^T(T-T_0)^2+C_3^\sigma(\sigma-\sigma_0)+C_4^\sigma(\sigma-\sigma_0)^2} \tag{6-44}$$

并且有

$$C_1=\frac{B}{f_0}\quad C_2=f_0\quad C_3^T=\alpha_T\quad C_4^T=\beta_T\quad C_3^\sigma=\alpha_T\quad C_4^\sigma=\beta_\sigma \tag{6-45}$$

对于公式（6-44），分别保持温度和压力不变时，可以得到时间-压力移位因子及时间-温度移位因子

$$\lg a_\sigma = C_1 \frac{C_3^\sigma(\sigma-\sigma_0)+C_4^\sigma(\sigma-\sigma_0)^2}{C_2+C_3^\sigma(\sigma-\sigma_0)+C_4^\sigma(\sigma-\sigma_0)^2} \tag{6-46}$$

$$\lg a_T = C_1 \frac{C_3^T(T-T_0)+C_4^T(T-T_0)^2}{C_2+C_3^T(T-T_0)+C_4^T(T-T_0)^2} \tag{6-47}$$

上式的时间-温度移位因子与 WLF 方程相比，是一个非线性的方程，可以视为是通过对 WLF 方程修正得到的。

基于 arrhenius 方程，同样可以建立时间-温度-应力的等效关系。基于 arrhenius 方程可以得到移位因子表达式

$$\lg a_T = \lg \frac{\eta_T}{\eta_{T_{ref}}} = \frac{1}{R}\left(\frac{1}{T}-\frac{1}{T_{ref}}\right)\Delta H \tag{6-48}$$

式中，η_T、$\eta_{T_{ref}}$ 分别为温度 T 和基准温度 T_{ref} 时对应的黏度；ΔH 为活化能；R 为气体常数；A、B 为常数。

对于动态加载情况，arrhenius 型方程可以表示为

$$A'\eta^{-1} = B' \exp\left\{\frac{C}{RT}\left[\frac{\sigma_m^2}{2E}(1-F)+\frac{\sigma_a^2 F}{2E}\right]\right\} \tag{6-49}$$

式中，σ_m 为平均应力；σ_a 为应力幅值；E 为随温度变化的杨氏模量；R 为气体常数；C 为随温度变化的材料常数；A'、B'为常数；F（$0<F<1$）是描述材料对 σ_m 和 σ_a 的敏感性。基于上式可以得到一个时间-应力位移因子

$$\lg a_\sigma = \frac{C}{RT}\left[\frac{\sigma_{m_0}^2-\sigma_m^2}{2E}(1-F)+\frac{\sigma_{a_0}^2-\sigma_a^2}{2E}F\right] \tag{6-50}$$

通过迭加得到时间-温度-应力位移因子为

$$\lg a_{T\sigma} = \left[\frac{1}{R}\left(\frac{1}{T}-\frac{1}{T_{ref}}\right)\Delta H\right]_{\sigma=const} + \left\{\frac{C}{RT}\left[\frac{\sigma_{m_0}^2-\sigma_m^2}{2E}(1-F)+\frac{\sigma_{a_0}^2-\sigma_a^2}{2E}F\right]\right\}_{T=const}$$

$$\tag{6-51}$$

对于 arrhenius 方程中的活化能，根据活化能的定义，在外加应力作用下，同样会改变活化能，在外加应力作用下，活化能可以表示为

$$\Delta H^* = \Delta H - \gamma_\sigma \tag{6-52}$$

式中，γ 为应力敏感因子。将上式代入 arrhenius 方程，则

$$\eta = A e^{\frac{\Delta H-\gamma_\sigma}{RT}} \tag{6-53}$$

进而可以得到时间-温度-应力移位因子

$$\lg a_{(T,\delta)} = \frac{-\Delta H}{2.3026R}\left(\frac{1}{T_r} - \frac{1}{T}\right) + \frac{-\gamma}{2.3026R}\left(\frac{\sigma_s}{T}\delta - \frac{\sigma_{sr}}{T_r}\delta_r\right) \tag{6-54}$$

式中，$\delta = \sigma/\sigma_s$ 为外加应力和屈服强度的应力比；δ、δ_r 分别为对应 T、T_r 温度下的应力比。在应力比相同的情况下，时间-温度-应力位移因子为

$$\lg a_T = (\lg a_{(T,\delta)})_{\delta=\mathrm{const}} = \frac{-\Delta H}{2.3026R}\left(\frac{1}{T_r} - \frac{1}{T}\right) + \frac{-\gamma\delta}{2.3026R}\left(\frac{\sigma_s}{T} - \frac{\sigma_{sr}}{T_r}\right) \tag{6-55}$$

式中，σ_s、σ_{sr} 分别为对应 T、T_r 温度下的屈服应力。

6.5 应用举例

某黏弹性体的黏温关系为 $\lg\eta = A - BT$（A、B 为参数，T 为温度）。

① 求出该黏弹性体时-温等效移位因子的表达式。

② 不同温度下该黏弹性体的材料曲线如图 6-7 所示，绘出温度 $T = 0.5T_0$ 时的材料主曲线，并说明曲线移动过程。

分析：依据给出的黏温关系有

$$\eta = 10^{(A-BT)} \tag{6-56}$$

代入到移位因子表达式（6-33）中

$$\lg\alpha_T = B(T_0 - T) \tag{6-57}$$

分别以 T_0、$2T_0$、$3T_0$、$4T_0$、$5T_0$ 为基准温度，以 $0.5T_0$ 为目标温度，计算相应的移位因子，相应的移位因子分别为 $-0.5BT_0$、$-1.5BT_0$、$-2.5BT_0$、$-3.5BT_0$、$-4.5BT_0$。将 T_0、$2T_0$、$3T_0$、$4T_0$、$5T_0$ 对应的曲线根据相应的移位因子向右移动相应的距离，可以得到 $0.5T_0$ 时的材料主曲线，如图 6-8 所示。

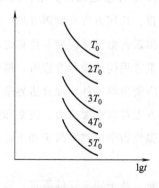

图 6-7 材料曲线

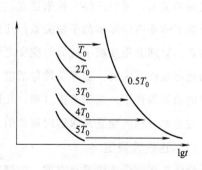

图 6-8 材料主曲线

第 7 章
黏弹性空间问题求解

前文建立了一维情况下黏弹性体的微分型本构方程及积分型本构方程，本章将建立三维情况下黏弹性体的微分型本构方程及积分型本构方程，最后给出利用对应原理求解黏弹性三维空间问题的方法。

7.1　三维空间问题求解的基本假定

在三维空间问题中，求解的未知量包括 6 个应力分量（σ_{xx}，σ_{yy}，σ_{zz}，σ_{xy}，σ_{yz}，σ_{zx}）、6 个应变分量（ε_{xx}，ε_{yy}，ε_{zz}，ε_{xy}，ε_{yz}，ε_{zx}）和 3 个位移分量（u，v，w）。为了求解上述 15 个未知量，需要建立应力、应变及位移 15 个分量之间的关系，这 15 个分量之间的关系，通过三组方程来建立，分别是平衡方程、几何方程及物理方程。平衡方程反映了体系内微元体的平衡关系；几何方程反映了体系内微元体应变与位移之间的几何关系；物理方程反映了应力与应变之间的关系。三组方程构成微分方程组，需要在一定的边界条件下求解。边界条件包括应力边界条件、应变边界条件或混合边界条件。在给定的边界条件下，基于平衡方程、几何方程、物理方程可以求解应力、应变和位移。

在基本方程的建立及求解时需要引入一些假定，弹性力学的基本假定如下：

（1）连续性假定

物体内部完全连续没有空隙，内部完全被介质填充。基于完全连续假定，物体内的质点与坐标一一对应，质点是坐标的连续函数，从而体系内的应力、应变及位移等可以表示成坐标的连续函数。而实际物体内部都会存在一定的空隙，当物体内的空隙足够小时，连续性的假定近似成立，不会引起过大的误差。

（2）完全弹性假定

在物体受到的外力去除以后变形可以完全恢复没有任何残余形变，物体在任一时刻的应变只与当前时刻所受的外力相关，与当前时刻以前的作用力无关。完全弹性在物理方程上体现为应力与应变为线性的比例关系，应力应变之间服从胡克定律，并且弹性常数与应力或应变无关。

（3）均匀性假定

物体由同一种材料组成，整个物体的各个部分弹性相同，弹性不随位置或坐标而发生变化。对于像混凝土或沥青混合料这种由两种或两种以上材料组成的复合材料，在颗粒尺寸远小于物体的实际尺寸时，宏观上可以视为近似均匀的。

（4）各向同性假定

物体的弹性没有方向性，在物体的各个方向上弹性相同。对于纤维增强复合材料则具有显著的方向性，不同的方向，材料的性能不同。对于晶体材料，虽然单个晶体的性能具有方向性，但由于大量晶体的随机分布，宏观上材料性能也大致呈现各向同性。

（5）小变形假定

物体受力后的位移和应变是微小的，物体受力后各点的位移都远远小于物体原来的尺寸。在这个假定的基础上，平衡方程可以基于物体变形前的构形得到，平衡方程的建立较为容易，并且可以得到线性的平衡方程。此外，对于几何方程，位移的高次微分可以被略去，从而可以建立线性的几何方程。在以上假定的基础上，求解弹性力学问题的基本方程（平衡方程和几何方程）均为线性方程，方程的求解较为简单，并且可以应用迭加原理。

7.2 三维空间问题求解的基本方程

（1）平衡方程

在物体内任意选取一点 p，包含 p 点取一个微小的平行六面体，沿平行六面体面的外法线方向建立坐标系。平行六面体的边长分别为 dx、dy、dz，如图 7-1 所示。平行六面体的每个面上都作用三个力，分别为一个正应力和两个剪应力，六个面上的作用力如图 7-1 所示，每个力都包括两个下标，其中第一个下标表示力的作用面，第二个下标表示力的方向。平行六面体的六个面是通过面的外法线方向和坐标轴的关系来确定的，如果外法线平行于 x 轴，该面为 x 面。进一步的，如果 x 面的外法线方向与 x 轴方向一致，该面为正 x 面，反之则为负 x 面。其它各面的确定方式与此相同。同时考虑到应力梯度，对应的面上相应地有一个微小的增量，如作用在负 x 面的正应力为 σ_{xx}，考虑到应力梯度，则作用在正 x 面上的正应力为 $\sigma_{xx}+\dfrac{\partial \sigma_{xx}}{\partial x}\mathrm{d}x$，其它各面的应力与此相同。此外，平行六面体的体力为 (f_x, f_y, f_z)。

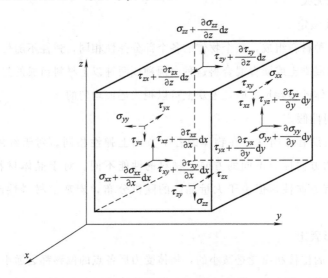

图 7-1　空间一点的应力状态

以正 z 面和负 z 面中心连线为轴，列出平行六面体的力矩平衡方程

$$\left(\tau_{xy}+\frac{\partial \tau_{xy}}{\partial x}\mathrm{d}x\right)\mathrm{d}y\,\mathrm{d}z\,\frac{\mathrm{d}x}{2}+\tau_{xy}\mathrm{d}y\,\mathrm{d}z\,\frac{\mathrm{d}x}{2}-\left(\tau_{yx}+\frac{\partial \tau_{yx}}{\partial y}\mathrm{d}y\right)\mathrm{d}x\,\mathrm{d}z\,\frac{\mathrm{d}y}{2}-\tau_{yx}\mathrm{d}x\,\mathrm{d}z\,\frac{\mathrm{d}y}{2}=0$$

$$(7\text{-}1)$$

化简后并忽略微小量，得到

$$\tau_{xy}=\tau_{yx} \tag{7-2}$$

同样选取其它两个对应面的中心连线为轴，根据力矩平衡可以得到

$$\tau_{zx}=\tau_{xz}, \tau_{yz}=\tau_{zy} \tag{7-3}$$

这就是剪应力互等性，作用在两个互相垂直的面上并且垂直于该两面交线的剪应力是相等的。

根据平行六面体在 x 轴方向的应力平衡，可以得到

$$\left(\sigma_x + \frac{\partial \sigma_x}{\partial x}dx\right)dy\,dz + \left(\tau_{yx} + \frac{\partial \tau_{yx}}{\partial y}dy\right)dz\,dx + \left(\tau_{zx} + \frac{\partial \tau_{zx}}{\partial z}dz\right)dx\,dy + f_x\,dx\,dy\,dz$$

$$= \sigma_x\,dy\,dz + \tau_{yx}\,dz\,dx + \tau_{zx}\,dx\,dy \tag{7-4}$$

化简后可以得到

$$\frac{\partial \sigma_x}{\partial x} + \frac{\partial \tau_{yx}}{\partial y} + \frac{\partial \tau_{zx}}{\partial z} + f_x = 0 \tag{7-5}$$

同样，根据平行六面体在 y 轴和 z 轴方向的应力平衡，可以得到

$$\frac{\partial \tau_{xy}}{\partial x} + \frac{\partial \sigma_y}{\partial y} + \frac{\partial \tau_{zy}}{\partial z} + f_y = 0 \tag{7-6}$$

$$\frac{\partial \tau_{xz}}{\partial x} + \frac{\partial \tau_{yz}}{\partial y} + \frac{\partial \sigma_z}{\partial z} + f_z = 0 \tag{7-7}$$

式（7-5）～式（7-7）就是空间问题的平衡微分方程。

（2）几何方程

经过体系内的任意一点 P，沿 x 轴和 y 轴的正方向取两个微小长度的线段 $PA = dx$ 和 $PB = dy$，如图 7-2 所示。体系受力后，P、A、B 三点分别移动到 P'、A'、B'。

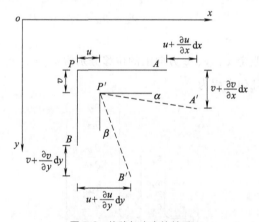

图 7-2　位移与应变的关系

设点 P 到点 P'，x、y 方向上的位移分别为 u、v。考虑到线段 PA 和 PB 的长度，则点 A 到点 A'，x、y 方向上的位移分别为 $u + \frac{\partial u}{\partial x}dx$、$v + \frac{\partial v}{\partial x}dx$；则点 B 到点 B'，x、y 方向上的位移分别为 $u + \frac{\partial u}{\partial y}dy$、$v + \frac{\partial v}{\partial y}dy$。设点 P 到点 P'，x、y 方向上的线应变为 ε_x、ε_y，则根据线应变的定义，结合小变形的假定，可得

$$\varepsilon_x = \frac{u + \frac{\partial u}{\partial x}dx - u}{dx} = \frac{\partial u}{\partial x} \tag{7-8}$$

$$\varepsilon_y = \frac{v + \frac{\partial v}{\partial y}dy - v}{dy} = \frac{\partial v}{\partial y} \tag{7-9}$$

P、A、B 三点分别移动到 P'、A'、B' 后，线段 PA 和 PB 之间的直角发生改变，即为切应变 γ_{xy}。由图 7-2 可知，$\gamma_{xy} = \alpha + \beta$，即线段 $P'A'$ 与线段 PA 之间的夹角 α 及线段 $P'B'$ 与线段 PB 之间的夹角 β。根据图 7-2 所示的几何关系，基于小变形的假定，可以得到

$$\alpha = \frac{v + \frac{\partial v}{\partial x}dx - v}{dx} = \frac{\partial v}{\partial x} \tag{7-10}$$

$$\beta = \frac{u + \frac{\partial u}{\partial y}dy - u}{dy} = \frac{\partial u}{\partial y} \tag{7-11}$$

则切应变 γ_{xy} 为

$$\gamma_{xy} = \frac{\partial v}{\partial x} + \frac{\partial u}{\partial y} \tag{7-12}$$

在空间问题中，假定 x、y、z 方向上的位移分别为 u、v、w，依据上述推导过程，可以得到空间问题的几何方程为

$$\{\varepsilon\} = \begin{Bmatrix} \varepsilon_x \\ \varepsilon_y \\ \varepsilon_z \\ \gamma_{xy} \\ \gamma_{yz} \\ \gamma_{zx} \end{Bmatrix} = \begin{Bmatrix} \dfrac{\partial u}{\partial x} \\[2mm] \dfrac{\partial v}{\partial y} \\[2mm] \dfrac{\partial w}{\partial z} \\[2mm] \dfrac{\partial v}{\partial x} + \dfrac{\partial u}{\partial y} \\[2mm] \dfrac{\partial w}{\partial y} + \dfrac{\partial v}{\partial z} \\[2mm] \dfrac{\partial u}{\partial z} + \dfrac{\partial w}{\partial x} \end{Bmatrix} \tag{7-13}$$

(3) 物理方程

空间问题的物理方程，基于各向同性及完全弹性的假定，应力应变关系为

$$\varepsilon_x = \frac{1}{E}[\sigma_x - \mu(\sigma_y + \sigma_z)]$$

$$\varepsilon_y = \frac{1}{E}[\sigma_y - \mu(\sigma_z + \sigma_x)]$$

$$\varepsilon_z = \frac{1}{E}[\sigma_z - \mu(\sigma_x + \sigma_y)]$$

$$\gamma_{xy} = \frac{1}{G}\tau_{xy}$$

$$\gamma_{yz} = \frac{1}{G}\tau_{yz}$$

$$\gamma_{zx} = \frac{1}{G}\tau_{zx} \tag{7-14}$$

上式是空间问题的物理方程的基本形式，用应力表示应变。如果用应变表示应力，则有另外一组物理方程

$$\sigma_x = \frac{E(1-\mu)}{(1+\mu)(1-2\mu)}\left(\varepsilon_x + \frac{\mu}{1-\mu}\varepsilon_y + \frac{\mu}{1-\mu}\varepsilon_z\right)$$

$$\sigma_y = \frac{E(1-\mu)}{(1+\mu)(1-2\mu)}\left(\varepsilon_y + \frac{\mu}{1-\mu}\varepsilon_z + \frac{\mu}{1-\mu}\varepsilon_x\right)$$

$$\sigma_z = \frac{E(1-\mu)}{(1+\mu)(1-2\mu)}\left(\varepsilon_z + \frac{\mu}{1-\mu}\varepsilon_x + \frac{\mu}{1-\mu}\varepsilon_y\right)$$

$$\tau_{xy} = \frac{E}{2(1+\mu)}\gamma_{xy}$$

$$\tau_{yz} = \frac{E}{2(1+\mu)}\gamma_{yz}$$

$$\tau_{zx} = \frac{E}{2(1+\mu)}\gamma_{zx} \tag{7-15}$$

式中，E 为弹性模量；μ 为泊松比；G 为剪切弹性模量。并且

$$G = \frac{E}{2(1+\mu)} \tag{7-16}$$

对于空间问题，共有 15 个未知量，包括 3 个位移分量、6 个应变分量、6 个应力分量。这 15 个未知量在弹性区域内满足 15 个基本方程，即 3 个平衡方程、6 个几何方程、6 个物理方程。在给定的边界条件下，还应当满足一定的边界条件。

7.3 三维黏弹性本构方程

从以上三组基本方程的形式可以看出，平衡方程及几何方程与具体的材料无关，对

于弹性材料及黏弹性材料，两组方程是完全相同的。而对于物理方程，则与具体的材料相关，因此对于黏弹性的三维问题，需要给出黏弹性材料的三维本构方程。

对于各向同性的弹性体，其三维情况下的本构方程为广义胡克定律，即公式（7-15），公式（7-15）可以写成如下的形式

$$\sigma_{ij} = \lambda \delta_{ij} \varepsilon_{kk} + 2\mu \varepsilon_{ij} \tag{7-17}$$

式中，λ、μ 为 Lame 系数；σ_{ij}、ε_{ij} 为应力张量及应变张量；δ_{ij} 为 Kronecker 符号。

可以将应力及应变张量分解成球张量及偏斜张量两部分。

$$\sigma_{ij} = S_{ij} + \sigma \delta_{ij} \tag{7-18}$$

$$\varepsilon_{ij} = e_{ij} + e \delta_{ij} \tag{7-19}$$

式中，S_{ij} 为应力偏量；e_{ij} 为应变偏量；σ 为应力球量；e 为应变球量。σ_{ij}、S_{ij}、σ、ε_{ij}、e_{ij}、e 的具体表达式为

$$\sigma_{ij} = \begin{vmatrix} \sigma_{xx} & \sigma_{xy} & \sigma_{xz} \\ \sigma_{yx} & \sigma_{yy} & \sigma_{yz} \\ \sigma_{zx} & \sigma_{zy} & \sigma_{zz} \end{vmatrix} \tag{7-20}$$

$$S_{ij} = \begin{vmatrix} \sigma_{xx} - \sigma & \sigma_{xy} & \sigma_{xz} \\ \sigma_{yx} & \sigma_{yy} - \sigma & \sigma_{yz} \\ \sigma_{zx} & \sigma_{zy} & \sigma_{zz} - \sigma \end{vmatrix} \tag{7-21}$$

$$\sigma = \begin{vmatrix} \sigma & 0 & 0 \\ 0 & \sigma & 0 \\ 0 & 0 & \sigma \end{vmatrix} \tag{7-22}$$

$$\varepsilon_{ij} = \begin{vmatrix} \varepsilon_{xx} & \varepsilon_{xy} & \varepsilon_{xz} \\ \varepsilon_{yx} & \varepsilon_{yy} & \varepsilon_{yz} \\ \varepsilon_{zx} & \varepsilon_{zy} & \varepsilon_{zz} \end{vmatrix} \tag{7-23}$$

$$e_{ij} = \begin{vmatrix} \varepsilon_{xx} - \varepsilon & \varepsilon_{xy} & \varepsilon_{xz} \\ \varepsilon_{yx} & \varepsilon_{yy} - \varepsilon & \varepsilon_{yz} \\ \varepsilon_{zx} & \varepsilon_{zy} & \varepsilon_{zz} - \varepsilon \end{vmatrix} \tag{7-24}$$

$$e = \begin{vmatrix} \varepsilon & 0 & 0 \\ 0 & \varepsilon & 0 \\ 0 & 0 & \varepsilon \end{vmatrix} \tag{7-25}$$

并且

$$\sigma = \frac{1}{3}(\sigma_{xx} + \sigma_{yy} + \sigma_{zz}) = \frac{1}{3}\sigma_{kk} \tag{7-26}$$

$$\varepsilon = \frac{1}{3}(\varepsilon_{xx} + \varepsilon_{yy} + \varepsilon_{zz}) = \frac{1}{3}\varepsilon_{kk} \tag{7-27}$$

分别是应力张量及应变张量的第一不变量。

对于各向同性弹性体，应力球张量与应变球张量、应力偏量与应变偏量之间具有如下关系

$$S_{ij} = 2Ge_{ij} \tag{7-28}$$

$$\sigma = 3Ke \tag{7-29}$$

式中，K 为体积模量；G 为剪切弹性模量。

式 (7-28) 及式 (7-29) 为理想弹性体的三维本构方程。对于黏弹性体，在第 3 章给出了一维情况下的微分型本构关系。在三维情况下，依然满足与一维情况下类似的微分型本构关系。应变球张量反映了体积变化、应变偏张量反映了剪切变形，即形状变化。应力球张量为静水应力状态，与体积变化相关；应力偏张量为剪应力，与形状变化有关。三维情况下的黏弹性体，其应变球张量与应力球张量有关，而应变偏量与应力偏量有关。二者分别满足两个不同的微分型本构关系。

三维情况下的微分型本构方程为

$$P'S_{ij} = Q'e_{ij}$$
$$P''\sigma = Q''e \tag{7-30}$$

式中，微分算子 P'、Q'、P''、Q'' 为

$$P' = \sum_{i=0}^{m'} p'_k \frac{\mathrm{d}^k}{\mathrm{d}t^k}, P'' = \sum_{i=0}^{m''} p''_k \frac{\mathrm{d}^k}{\mathrm{d}t^k}$$

$$Q' = \sum_{i=0}^{n'} q'_k \frac{\mathrm{d}^k}{\mathrm{d}t^k}, Q'' = \sum_{i=0}^{n''} q''_k \frac{\mathrm{d}^k}{\mathrm{d}t^k} \tag{7-31}$$

第 4 章介绍了黏弹性体一维情况下的积分型本构方程。基于一维情况下微分型本构方程提出的蠕变柔量及松弛模量，结合迭加原理建立了一维情况下的积分型本构方程。同样依据公式 (7-30) 可以得到两个蠕变柔量和两个松弛模量。两个蠕变柔量 J' 和 J''，分别描述了剪切变形部分和体积变化部分的蠕变特性。两个应力松弛模量 Y' 和 Y''，分别描述了剪切变形部分和体积变化部分的应力松弛特性。依据三维微分型本构方程式 (7-30)，可以得到松弛模量 Y'、Y'' 和蠕变柔量 J'、J'' 拉氏变换的表达式为

$$\overline{Y}'(s) = \frac{Q'(s)}{sP'(s)}$$

$$\overline{Y}''(s) = \frac{Q''(s)}{sP''(s)} \tag{7-32}$$

$$\overline{J}'(s) = \frac{P'(s)}{sQ'(s)}$$

$$\overline{J}''(s) = \frac{P''(s)}{sQ''(s)} \tag{7-33}$$

同样，满足如下关系

$$\overline{J}'(s)\overline{Y}'(s) = \frac{1}{s^2}$$

$$\overline{J}''(s)\overline{Y}''(s) = \frac{1}{s^2} \tag{7-34}$$

将蠕变柔量 J'、J'' 分别代入到第 4 章的积分型本构方程中，得到蠕变型三维本构关系为

$$e_{ij} = S_{ij}J'(0) + \int_0^t S_{ij}(\tau) \frac{\mathrm{d}J'(t-\tau)}{\mathrm{d}(t-\tau)}\mathrm{d}\tau$$

$$e = \sigma J''(0) + \int_0^t \sigma(\tau) \frac{\mathrm{d}J''(t-\tau)}{\mathrm{d}(t-\tau)}\mathrm{d}\tau \tag{7-35}$$

同样将松弛模量 Y'、Y'' 分别代入到第 4 章的积分型本构方程中，得到松弛型三维本构关系为

$$S_{ij} = e_{ij}Y'(0) + \int_0^t e_{ij}(\tau) \frac{\mathrm{d}Y'(t-\tau)}{\mathrm{d}(t-\tau)}\mathrm{d}\tau$$

$$\sigma = eY''(0) + \int_0^t e(\tau) \frac{\mathrm{d}Y''(t-\tau)}{\mathrm{d}(t-\tau)}\mathrm{d}\tau \tag{7-36}$$

利用 Stieltjes 卷积

$$f * \mathrm{d}g = f(t)g(0) + \int_0^t f(t-\tau) \frac{\partial g(\tau)}{\partial \tau}\mathrm{d}\tau$$

$$L[f * \mathrm{d}g] = sL[f]L[g] \tag{7-37}$$

则上述三维积分型本构方程可以表示为

$$e_{ij} = J' * \mathrm{d}S_{ij}$$

$$e = J'' * \mathrm{d}\sigma \tag{7-38}$$

$$S_{ij} = Y' * \mathrm{d}e_{ij}$$

$$\sigma = Y'' * \mathrm{d}e \tag{7-39}$$

以上分别给出了应力偏量和应变偏量之间的积分型本构方程，以及应力球量和应变球量之间的积分型本构方程。根据应力应变的分解关系，令

$$Y'(t) = 2\mu(t), Y''(t) = 3K(t), \lambda(t) = K(t) - \frac{2}{3}\mu(t) \tag{7-40}$$

则可以直接给出应力和应变之间的积分型本构方程，可以简记为

$$\sigma_{ij} = \delta_{ij}\lambda(t) * \mathrm{d}\varepsilon_{kk} + 2\mu(t) * \mathrm{d}\varepsilon_{ij} \tag{7-41}$$

7.4 三维微分及积分本构关系的构建过程

基于上述三维微分和积分型本构关系的构建方法，结合实例说明三维本构关系的具体构建过程。

假设黏弹性材料的应力应变偏量部分满足 Maxwell 模型，应力应变球量部分满足 Kelvin 模型。可以据此给出相应的三维情况下的微分型本构方程及积分型本构方程。

一维 Maxwell 模型的微分型本构方程为

$$\sigma + \frac{\eta}{E}\dot{\sigma} = \eta\dot{\varepsilon} \tag{7-42}$$

为了得到三维情况下的微分型本构方程，令

$$\eta = 2\eta_m, E = 2G_m \tag{7-43}$$

代入到式（7-42），则可以得到三维情况下应力应变偏量的微分型本构关系

$$S_{ij} + \frac{\eta_m}{G_m}\dot{S}_{ij} = 2\eta_m\dot{e}_{ij} \tag{7-44}$$

一维 Kelvin 模型的微分型本构方程为

$$\sigma = E\varepsilon + + \eta\dot{\varepsilon} \tag{7-45}$$

为了得到三维情况下的微分型本构方程，令

$$\eta = 2\eta_k, E = 2G_k \tag{7-46}$$

代入到式（7-45），则可以得到三维情况下应力应变球量的微分型本构关系

$$\sigma = 2G_k e + 2\eta_k \dot{e} \tag{7-47}$$

对公式（7-44）进行拉普拉斯变换，则有

$$\overline{S}_{ij} + \frac{\eta_m}{G_m}s\overline{S}_{ij} = 2\eta_m s\overline{e}_{ij} \tag{7-48}$$

得到

$$P'(s) = 1 + \frac{\eta_m}{G_m} s \tag{7-49}$$

$$Q'(s) = 2\eta_m s$$

则

$$\overline{Y}'(s) = \frac{Q'(s)}{sP'(s)} = \frac{2G_m\eta_m}{G_m + \eta_m s}$$

$$\overline{J}'(s) = \frac{P'(s)}{sQ'(s)} = \frac{1}{2\eta_m s^2} + \frac{1}{2G_m s} \tag{7-50}$$

对上式进行逆变换，则有

$$J'(t) = \frac{1}{2}\left(\frac{t}{\eta_m} + \frac{1}{G_m}\right) \tag{7-51}$$

$$Y'(t) = 2G_m e^{-\frac{G_m}{\eta_m}t}$$

对公式（7-47）进行拉普拉斯变换，则有

$$\overline{\sigma} = 2G_k e + 2\eta_k s\overline{e} \tag{7-52}$$

得到

$$P''(s) = 1$$

$$Q''(s) = 2G_k + 2\eta_k s \tag{7-53}$$

则

$$\overline{Y}''(s) = \frac{Q''(s)}{sP''(s)} = \frac{2G_k + 2\eta_k s}{s}$$

$$\overline{J}''(s) = \frac{P''(s)}{sQ''(s)} = \frac{1}{2(G_k + \eta_k s)s} \tag{7-54}$$

对上式进行逆变换，则有

$$Y''(t) = 2G_k\Delta(t) + 2\eta_k\delta(t)$$

$$J''(t) = \frac{1}{2G_k}(1 - e^{-\frac{G_k}{\eta_k}t}) \tag{7-55}$$

依据式（7-38）、式（7-39）得到三维积分型本构方程为

$$e_{ij} = J' * \mathrm{d}S_{ij} = \frac{1}{2}\left(\frac{t}{\eta_m} + \frac{1}{G_m}\right) * \mathrm{d}S_{ij}$$

$$e = J'' * \mathrm{d}\sigma = \frac{1}{2G_k}(1 - e^{-\frac{G_k}{\eta_k}t}) * \mathrm{d}\sigma \tag{7-56}$$

$$S_{ij} = Y' * \mathrm{d}e_{ij} = 2G_m e^{-\frac{G_m}{\eta_m}t} * \mathrm{d}e_{ij}$$

$$\sigma = Y' * de = (2G_k\Delta(t) + 2\eta_k\delta(t)) * de \qquad (7\text{-}57)$$

假设黏弹性材料的应力应变偏量部分满足伯格斯模型，应力应变球量部分满足三参数固体模型，可以据此给出相应的三维情况下的微分型本构方程及积分型本构方程。

伯格斯模型的一维微分型本构方程为

$$\sigma(t) + \frac{\eta_2 E_1 + \eta_2 E_2 + \eta_1 E_2}{E_1 E_2}\dot{\sigma}(t) + \frac{\eta_1 \eta_2}{E_1 E_2}\ddot{\sigma}(t) = \eta_2\dot{\varepsilon}(t) + \frac{\eta_1 \eta_2}{E_1}\ddot{\varepsilon}(t) \qquad (7\text{-}58)$$

为了得到三维情况下的微分型本构方程，令

$$\eta_1 = 2\eta_{1b}, E_1 = 2E_{1b}, \eta_2 = 2\eta_{2b}, E_2 = 2E_{2b} \qquad (7\text{-}59)$$

代入到式（7-58），则可以得到三维情况下应力应变偏量的微分型本构方程

$$S_{ij} + \frac{\eta_{2b} E_{1b} + \eta_{2b} E_{2b} + \eta_{1b} E_{2b}}{E_{1b} E_{2b}}\dot{S}_{ij} + \frac{\eta_{1b}\eta_{2b}}{E_{1b} E_{2b}}\ddot{S}_{ij} = 2\eta_{2b}\dot{e}_{ij} + \frac{2\eta_{1b}\eta_{2b}}{E_{1b}}\ddot{e}_{ij} \qquad (7\text{-}60)$$

三参数固体模型的本构方程为

$$\sigma(t) + \frac{\eta}{E_1 + E_2}\dot{\sigma}(t) = \frac{E_1 E_2}{E_1 + E_2}\varepsilon(t) + \frac{E_2 \eta}{E_1 + E_2}\dot{\varepsilon}(t) \qquad (7\text{-}61)$$

为了得到三维情况下的微分型本构方程，令

$$\eta = 2\eta_g, E_1 = 2E_{1g}, E_2 = 2E_{2g} \qquad (7\text{-}62)$$

代入到式（7-61），则可以得到三维情况下应力应变球量的微分型本构方程

$$\sigma(t) + \frac{\eta_g}{E_{1g} + E_{2g}}\dot{\sigma}(t) = \frac{2E_{1g} E_{2g}}{E_{1g} + E_{2g}}e(t) + \frac{2E_{2g}\eta_g}{E_{1g} + E_{2g}}\dot{e}(t) \qquad (7\text{-}63)$$

伯格斯模型的蠕变柔量及松弛模量为

$$Y(t) = \frac{(q_1 - \alpha q_2)\mathrm{e}^{-\alpha t} - (q_1 - \beta q_2)\mathrm{e}^{-\beta t}}{\sqrt{p_1^2 - 4p_2}}$$

$$J(t) = \frac{1}{E_2} + \frac{1}{\eta_2}t + \frac{1}{E_1}(1 - \mathrm{e}^{-\frac{E_1 t}{\eta_1}}) \qquad (7\text{-}64)$$

直接利用替代关系式（7-59），则有

$$Y'(t) = \frac{(q_1 - \alpha q_2)\mathrm{e}^{-\alpha t} - (q_1 - \beta q_2)\mathrm{e}^{-\beta t}}{\sqrt{p_1^2 - 4p_2}}$$

$$J'(t) = \frac{1}{2E_{2b}} + \frac{1}{2\eta_{2b}}t + \frac{1}{2E_{1b}}(1 - \mathrm{e}^{-\frac{E_{1b} t}{\eta_{1b}}}) \qquad (7\text{-}65)$$

式中：

$$p_1 = \frac{\eta_{2b} E_{1b} + \eta_{2b} E_{2b} + \eta_{1b} E_{2b}}{E_{1b} E_{2b}}$$

$$p_2 = \frac{\eta_{1b}\eta_{2b}}{E_{1b}E_{2b}}$$

$$q_1 = 2\eta_{2b}$$

$$q_2 = \frac{2\eta_{1b}\eta_{2b}}{E_{1b}} \tag{7-66}$$

三参数固体模型的蠕变柔量及松弛模量为

$$Y(t) = \frac{E_1 E_2}{E_1 + E_2} + \frac{E_2^2}{E_1 + E_2} \mathrm{e}^{-\frac{E_1 + E_2}{\eta}t}$$

$$J(t) = \frac{1}{E_2} + \frac{1}{E_1}(1 - \mathrm{e}^{-\frac{E_1}{\eta}t}) \tag{7-67}$$

直接利用替代关系式 (7-62)，则有

$$Y''(t) = \frac{2E_{1g}E_{2g}}{E_{1g} + E_{2g}} + \frac{2E_{2g}^2}{E_{1g} + E_{2g}} \mathrm{e}^{-\frac{E_{1g} + E_{2g}}{\eta_g}t}$$

$$J''(t) = \frac{1}{2E_{2g}} + \frac{1}{2E_{1g}}(1 - \mathrm{e}^{-\frac{E_{1g}}{\eta_g}t}) \tag{7-68}$$

依据式 (7-38)、式 (7-39) 得到三维积分型本构方程为

$$e_{ij} = J' * \mathrm{d}S_{ij} = \left(\frac{1}{2E_{2b}} + \frac{1}{2\eta_{2b}}t + \frac{1}{2E_{1b}}(1 - \mathrm{e}^{-\frac{E_{1b}t}{\eta_{1b}}}) \right) * \mathrm{d}S_{ij}$$

$$e = J'' * \mathrm{d}\sigma = \left[\frac{1}{2E_{2g}} + \frac{1}{2E_{1g}}(1 - \mathrm{e}^{-\frac{E_{1g}}{\eta_g}t}) \right] * \mathrm{d}\sigma \tag{7-60}$$

$$S_{ij} = Y' * \mathrm{d}e_{ij} = \frac{(q_1 - \alpha q_2)\mathrm{e}^{-\alpha t} - (q_1 - \beta q_2)\mathrm{e}^{-\beta t}}{\sqrt{p_1^2 - 4p_2}} * \mathrm{d}e_{ij}$$

$$\sigma = Y'' * \mathrm{d}e = \left[\frac{2E_{1g}E_{2g}}{E_{1g} + E_{2g}} + \frac{2E_{2g}^2}{E_{1g} + E_{2g}} \mathrm{e}^{-\frac{E_{1g} + E_{2g}}{\eta_g}t} \right] * \mathrm{d}e \tag{7-70}$$

7.5　线性黏弹性的对应原理

对于黏弹性问题的求解，即在给定的边界条件下，求解 6 个应力、6 个应变及 3 个位移分量，总共有 15 个未知量。为了实现 15 个未知量的求解，需要建立这 15 个量之间的方程，即黏弹性问题的基本方程，然后在给定的边界条件下，求解这些基本方程。黏弹性问题的基本方程有 3 组，分别为几何方程、平衡方程及本构方程。几何方程给出了应变与位移之间的关系；平衡方程给出了内外力的平衡关系；本构方程或物理方程给出了应力与应变之间的关系。黏弹性的本构方程为微分型本构方程或积分型本构方程。

几何方程、平衡方程及本构方程的个数分别为 6 个、3 个和 6 个，总计为 15 个基本方程构成的方程组，基本未知量为 15 个，在给定的边界条件下，理论上可以实现对问题的求解。边界条件包括应力边界条件和位移边界条件两类。

几何方程、平衡方程和物理方程分别为

$$\varepsilon_{ij} = \frac{1}{2}(u_{i,j} + u_{j,i})$$

$$\sigma_{ij,j} + F_i = 0$$

$$\sigma_{ij} = \delta_{ij}\lambda(t) * d\varepsilon_{kk} + 2\mu(t) * d\varepsilon_{ij} \tag{7-71}$$

式中，u_x、u_y、u_z 分别为 x、y、z 方向上的位移；F_x、F_y、F_z 分别为 x、y、z 方向上的体力。

边界条件为

$$\sigma_{ij}n_j = S_i$$

$$u_i = \Delta_i \tag{7-72}$$

式中，S_x、S_y、S_z 分别为边界 x、y、z 方向上的面力；Δ_x、Δ_y、Δ_z 分别为边界 x、y、z 方向上的位移；n_x、n_y、n_z 分别为边界 x、y、z 方向上的外法线的方向余弦。

将上面的基本方程分别进行拉氏变换

$$\bar{\varepsilon}_{ij} = \frac{1}{2}(\bar{u}_{i,j} + \bar{u}_{j,i}) \qquad\qquad \varepsilon_{ij} = \frac{1}{2}(u_{i,j} + u_{j,i})$$

$$\bar{\sigma}_{ij,j} + \overline{F}_i = 0 \qquad\qquad 对比 \qquad\qquad \sigma_{ij,j} + F_i = 0$$

$$\bar{\sigma}_{ij} = s\bar{\lambda}(s)\bar{\varepsilon}_{kk}\delta_{ij} + 2s\bar{\mu}(s)\bar{\varepsilon}_{ij} \qquad \Leftrightarrow \qquad \sigma_{ij} = \lambda\varepsilon_{kk}\delta_{ij} + 2\mu\varepsilon_{ij}$$

$$\bar{\sigma}_{ij}n_j = \overline{S}_i \qquad\qquad\qquad \sigma_{ij}n_j = S_i$$

$$\bar{u}_i = \overline{\Delta}_i \qquad\qquad\qquad u_i = \Delta_i$$

$$\text{基本方程的拉氏变换} \qquad\qquad \text{弹性问题的基本方程} \tag{7-73}$$

将黏弹性问题基本方程拉氏变换后的形式与弹性力学的基本方程进行对比可以发现，两组方程具有数学形式上的相似性。如果将弹性问题基本方程中的基本量 u_i、ε_{ij}、σ_{ij}、F_i、S_i、Δ_i、λ、μ 分别用 $\bar{u}_i$、$\bar{\varepsilon}_{ij}$、$\bar{\sigma}_{ij}$、$\overline{F}_i$、$\overline{S}_i$、$\overline{\Delta}_i$、$s\bar{\lambda}$、$s\bar{\mu}$ 替换，则可以得到黏弹性问题基本方程拉氏变换以后的形式。这种方程组形式的一致性，说明两组方程的解同样具有一致性。如果能够实现对弹性问题基本方程组的求解，然后利用上面的替换关系，将弹性解中的常数 λ 换成 $s\bar{\lambda}$，将常数 μ 换成 $s\bar{\mu}$，即相当于得到了黏弹性解的拉氏变换以后的形式，再进行逆变换，就可以得到黏弹性问题的解。这种方法即为弹性-黏弹性对应原理。

在弹性问题的解中会出现包括弹性模量、泊松比、体积模量等材料参数。为此需要根据"λ 换成 $s\bar{\lambda}$、μ 换成 $s\bar{\mu}$"代替关系，给出弹性解中弹性模量、泊松比、体积模量等材料参数的取代关系。为此需要给出弹性模量、泊松比、体积模量等材料参数与 λ 和 μ 的关系，再以 $s\bar{\lambda}$ 和 $s\bar{\mu}$ 取代其中的 λ 和 μ，即得到了弹性模量、泊松比、体积模量等材料参数替代形式。

依据弹性力学，弹性模量 E、泊松比 ν、体积模量 K 与 λ、μ 之间有如下关系

$$E = \frac{9K\mu}{3K+\mu}$$

$$\nu = \frac{1}{2} \times \frac{3K-2\mu}{3K+\mu}$$

$$K = \lambda + \frac{2}{3}\mu \tag{7-74}$$

对上式进行拉氏变换得到

$$\overline{E}(s) = \frac{9\overline{K}(s)\overline{\mu}(s)}{3\overline{K}(s)+\overline{\mu}(s)}$$

$$\overline{\nu}(s) = \frac{1}{2} \times \frac{3\overline{K}(s)-2\overline{\mu}(s)}{3\overline{K}(s)+\overline{\mu}(s)} \tag{7-75}$$

$$\overline{K}(s) = \overline{\lambda}(s) + \frac{2}{3}\overline{\mu}(s)$$

根据公式（7-40），进行拉氏变换

$$\overline{\mu}(s) = \frac{\overline{Y}'(s)}{2}, \ \overline{K}(s) = \frac{\overline{Y}''(s)}{3} \tag{7-76}$$

根据公式（7-75）及公式（7-76）可以得到

$$\overline{\lambda}(s) = \overline{K}(s) - \frac{2}{3}\overline{\mu}(s) = \frac{1}{3}[\overline{Y}''(s) - \overline{Y}'(s)] \tag{7-77}$$

弹性解中的体积模量 K 及 λ、μ 分别用 $\widetilde{K}$ 及 $\widetilde{\lambda}$、$\widetilde{\mu}$ 代替。根据"λ 换成 $s\bar{\lambda}$，μ 换成 $s\bar{\mu}$"替换原则，结合上面的关系式，可以得到 $\widetilde{K}$ 及 $\widetilde{\lambda}$、$\widetilde{\mu}$ 具体的代替关系为

$$\widetilde{K} = s\overline{K} = \frac{1}{3}s\overline{Y}''(s) = \frac{1}{3s\overline{J}''(s)} = \frac{Q''(s)}{3P''(s)}$$

$$\widetilde{\lambda} = s\overline{\lambda} = \frac{1}{3}s[\overline{Y}''(s) - \overline{Y}'(s)] = \frac{1}{3s}\left[\frac{1}{\overline{J}''(s)} - \frac{1}{\overline{J}'(s)}\right] \tag{7-78}$$

$$\widetilde{\mu} = s\overline{\mu} = \frac{1}{2}s\overline{Y}'(s) = \frac{1}{2s\overline{J}'(s)} = \frac{Q'(s)}{2P'(s)}$$

弹性解中的弹性模量 E 及泊松比 ν 同样要用 $\widetilde{E}$ 和 $\widetilde{\nu}$ 进行替换。得到弹性解中的

体积模量 K 及 λ、μ 的替代关系之后，将替代关系公式（7-78）代入到公式（7-75）中，可以得到弹性模量 $\widetilde{E}$ 及泊松比 $\widetilde{\nu}$ 的替代关系为

$$\widetilde{E} = \frac{9\widetilde{K}(s)\widetilde{\mu}(s)}{3\widetilde{K}(s) + \widetilde{\mu}(s)}$$

$$= \frac{3s\overline{Y}'(s)\overline{Y}''(s)}{2\overline{Y}''(s) + \overline{Y}'(s)} = \frac{3}{s\left[2\overline{J}'(s) + \overline{J}''(s)\right]} = \frac{3Q'(s)Q''(s)}{Q'(s)P''(s) + 2P'(s)Q''(s)}$$

$$\widetilde{\nu} = \frac{1}{2} \times \frac{3\widetilde{K}(s) - 2\widetilde{\mu}(s)}{3\widetilde{K}(s) + \widetilde{\mu}(s)}$$

$$= \frac{\overline{Y}''(s) - \overline{Y}'(s)}{2\overline{Y}''(s) + \overline{Y}'(s)} = \frac{\overline{J}'(s) - \overline{J}''(s)}{2\overline{J}'(s) + \overline{J}''(s)} = \frac{P'(s)Q''(s) - Q'(s)P''(s)}{Q'(s)P''(s) + 2P'(s)Q''(s)} \tag{7-79}$$

基于以上替代关系，利用对应原理求解黏弹性问题的步骤为：将弹性解中出现的材料常数 E、泊松比 ν、体积模量 K 与 λ、μ 分别用上式替换；将弹性解中出现的边界条件置换为拉普拉斯变换形式；将弹性解中的应力及应变置换为拉普拉斯变换形式；得到黏弹性解的拉普拉斯变换；逆变换求得黏弹性解。

7.6 应用举例

下面通过具体实例来说明如何利用对应原理求解黏弹性问题。

例 1：如图 7-3 所示，柱体在 x 轴方向受到拉伸作用，求 ε_x、ε_y、ε_z。该柱体的应力应变偏量满足 [M] 模型，应力应变球量满足弹性模型。

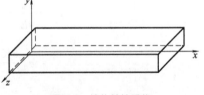

图 7-3 柱体单轴受载

$$\sigma_x = \sigma_0 \Delta(t) \tag{7-80}$$

依据对应原理，先求解相应的弹性问题的解，该问题的弹性解为

$$\varepsilon_x = \frac{\sigma_0}{E}$$

$$\varepsilon_y = \varepsilon_z = -\nu\varepsilon_x = -\nu\frac{\sigma_0}{E} \tag{7-81}$$

[M] 模型的本构方程为

$$\sigma + p_1\dot{\sigma} = q_1\dot{\varepsilon} \tag{7-82}$$

材料三维情况下的微分型本构方程为

$$S_{ij} + p_1\dot{S}_{ij} = q_1\dot{e}_{ij}$$

$$\sigma = 3Ke \tag{7-83}$$

将上式进行拉氏变换

$$\overline{S}_{ij} + p_1 s\overline{S}_{ij} = q_1 s\overline{e}_{ij}$$

$$\bar{\sigma} = 3K\bar{e} \tag{7-84}$$

则

$$P'(s) = 1 + p_1 s, Q'(s) = q_1 s$$

$$P''(s) = 1, Q''(s) = 3K \tag{7-85}$$

根据公式（7-78）的取代关系，则有

$$\overline{E} = \frac{3Q'(s)Q''(s)}{Q'(s)P''(s) + 2P'(s)Q''(s)} = \frac{9q_1 Ks}{6K + (q_1 + 6p_1 K)s}$$

$$\bar{\nu} = \frac{P'(s)Q''(s) - Q'(s)P''(s)}{Q'(s)P''(s) + 2P'(s)Q''(s)} = \frac{3K + (3p_1 K - q_1)s}{6K + (q_1 + 6p_1 K)s} \tag{7-86}$$

所施加的外力为

$$\sigma(t) = \sigma_0 \Delta(t) \tag{7-87}$$

将上式进行拉氏变换

$$\bar{\sigma}(s) = \frac{\sigma_0}{s} \tag{7-88}$$

将弹性解式（7-81）中的 E、ν、σ_0 分别用 $\overline{E}$、$\bar{\nu}$、$\bar{\sigma}$ 代替，即将式（7-86）、式（7-88）代入到式（7-81）中，得到

$$\bar{\varepsilon}_x = \frac{\sigma_0}{s\overline{E}} = \frac{6K + (q_1 + 6p_1 K)s}{9q_1 Ks} \times \frac{\sigma_0}{s}$$

$$= \sigma_0 \frac{6K + (q_1 + 6p_1 K)s}{9q_1 Ks^2}$$

$$= \sigma_0 \left(\frac{2}{3q_1 s^2} + \frac{q_1 + 6p_1 K}{9q_1 Ks} \right)$$

$$\bar{\varepsilon}_y = \bar{\varepsilon}_z = -\frac{\bar{\nu}\sigma_0}{s\overline{E}} = -\frac{3K + (3p_1 K - q_1)s}{9q_1 Ks} \times \frac{\sigma_0}{s}$$

$$= -\sigma_0 \frac{3K + (3p_1 K - q_1)s}{9q_1 Ks^2}$$

$$= -\sigma_0 \left(\frac{1}{3q_1 s^2} + \frac{3p_1 K - q_1}{9q_1 Ks} \right) \tag{7-89}$$

对上式进行逆变换，得到

$$\varepsilon_x(t) = \sigma_0 \left(\frac{2t}{3q_1} + \frac{q_1 + 6p_1 K}{9q_1 K} \Delta(t) \right)$$

$$\varepsilon_y(t) = \varepsilon_z(t) = -\sigma_0 \left(\frac{t}{3q_1} + \frac{3p_1 K - q_1}{9q_1 K} \Delta(t) \right) \tag{7-90}$$

施加固定应变

$$\varepsilon_x = \varepsilon_0 \Delta(t) \tag{7-91}$$

依据对应原理，则该问题的弹性解为

$$\sigma_x = E\varepsilon_0$$
$$\varepsilon_y = \varepsilon_z = -\nu\varepsilon_0 \tag{7-92}$$

由式（7-91），得到

$$\bar{\varepsilon}_x = \frac{\varepsilon_0}{s} \tag{7-93}$$

将弹性解式（7-92）中的 E、ν、ε_0 分别用 $\overline{E}$、$\bar{\nu}$，$\bar{\varepsilon}$ 代替，即将式（7-86）、式（7-93）代入到式（7-92）中，得到

$$
\begin{aligned}
\bar{\sigma}_x &= \overline{E}\,\frac{\varepsilon_0}{s} = \frac{9q_1 Ks}{6K + (q_1 + 6p_1 K)s} \times \frac{\varepsilon_0}{s} \\
&= \varepsilon_0 \frac{9q_1 K}{6K + (q_1 + 6p_1 K)s} \\
&= \varepsilon_0 \frac{9q_1 K}{q_1 + 6p_1 K} \times \frac{1}{\dfrac{6K}{q_1 + 6p_1 K} + s}
\end{aligned}
$$

$$
\begin{aligned}
\bar{\varepsilon}_y = \bar{\varepsilon}_z &= -\bar{\nu}\varepsilon_0 = -\frac{3K + (3p_1 K - q_1)s}{6K + (q_1 + 6p_1 K)s} \times \frac{\varepsilon_0}{s} \\
&= -\varepsilon_0 \frac{3K + (3p_1 K - q_1)s}{6Ks + (q_1 + 6p_1 K)s^2} \\
&= -\varepsilon_0 \left[\frac{3K}{q_1 + 6p_1 K} \times \frac{1}{s\left(\dfrac{6K}{q_1 + 6p_1 K} + s\right)} + \frac{3p_1 K - q_1}{q_1 + 6p_1 K} \times \frac{1}{\dfrac{6K}{q_1 + 6p_1 K} + s} \right]
\end{aligned} \tag{7-94}
$$

对上式进行逆变换

$$\sigma_x(t) = \varepsilon_0 \frac{9q_1 K}{q_1 + 6p_1 K} e^{-\frac{6K}{q_1 + 6p_1 K}t}$$

$$\bar{\varepsilon}_y = \bar{\varepsilon}_z = -\varepsilon_0 \left[\frac{1}{2} - \frac{3q_1}{2(q_1 + 6p_1 K)} e^{-\frac{6K}{q_1 + 6p_1 K}t} \right] \tag{7-95}$$

例2：如图7-4所示的厚壁筒，筒内受到的均布压力为 P_1。圆筒的内外半径分别为 r、R，圆筒的长度和直径相比足够大，圆筒两端受到固定约束，求该黏弹性圆筒的 z 向应力，材料的应力应变偏量符合 [M] 模型，应力应变球量符合 [K] 模型。

图 7-4 受内压圆筒

依据对应原理，先求解相应的弹性问题的解，该问题为平面应变问题，弹性解为

$$\sigma_z = \frac{2\nu P_1 r^2}{R^2 - r^2} \tag{7-96}$$

［M］和［K］本构方程为

$$\sigma + p_1' \dot{\sigma} = q_1' \dot{\varepsilon}$$
$$\sigma = q_0'' \varepsilon + q_1'' \dot{\varepsilon} \tag{7-97}$$

材料三维情况下的微分型本构方程为

$$S_{ij} + p_1' \dot{S}_{ij} = q_1' \dot{e}_{ij}$$
$$\sigma = q_0'' e + q_1'' \dot{e} \tag{7-98}$$

将上式进行拉氏变换

$$\overline{S}_{ij} + p_1' s \overline{S}_{ij} = q_1' s \overline{e}_{ij}$$
$$\overline{\sigma} = q_0'' \overline{e} + q_1'' s \overline{e} \tag{7-99}$$

则

$$P'(s) = 1 + p_1' s, \quad Q'(s) = q_1' s$$
$$P''(s) = 1, \quad Q''(s) = q_0'' + q_1'' s \tag{7-100}$$

在 σ_z 的弹性解中出现了 ν，根据对应原理，需要对 ν 进行替换

$$\overline{\nu} = \frac{P'(s)Q''(s) - Q'(s)P''(s)}{Q'(s)P''(s) + 2P'(s)Q'(s)} = \frac{-q_0'' + (q_1'' - q_0'' p_1' - q_1')s - p_1' q_1' s^2}{q_0'' + (2q_1'' + q_0'' p_1' + q_1')s + p_1' q_1' s^2} \tag{7-101}$$

将公式（7-96）中的 ν 用 $\overline{\nu}$ 代替，将 $P_1(t)$ 用 $\overline{P}_1(s)$ 代替，可以得到 σ_z 黏弹性解拉氏变换以后的形式，其中 $\overline{P}_1(s) = P_1/s$

$$\overline{\sigma}_z(s) = \frac{2r^2 \overline{\nu}(s) \overline{P}_1(s)}{R^2 - r^2} = \frac{2P_1 r^2}{R^2 - r^2} \times \frac{-q_0'' + (q_1'' - q_0'' p_1' - q_1')s - p_1' q_1' s^2}{(q_0'' + (2q_1'' + q_0'' p_1' + q_1')s + p_1' q_1' s^2)s} \tag{7-102}$$

为了对上式右边进行拉氏逆变换，进行如下处理

$$\bar{\sigma}_z(s) = \frac{2\bar{\nu}(s)\overline{P_1}(s)}{b^2 - a^2} = \frac{2P_1 r^2}{R^2 - r^2} \times \frac{-q_0'' + (q_1'' - q_0'' p_1' - q_1')s - p_1' q_1' s^2}{(q_0'' + (2q_1'' + q_0'' p_1' + q_1')s + p_1' q_1' s^2)s}$$

$$= \frac{2P_1 r^2}{(R^2 - r^2) p_1' q'} \times \frac{-q_0'' + (q_1'' - q_0'' p_1' - q_1')s - p_1' q_1' s^2}{\left(\dfrac{q_0''}{p_1' q_1'} + \dfrac{2q_1'' + q_0'' p_1' + q_1'}{p_1' q_1'}s + s^2\right)s} \tag{7-103}$$

引入待定系数 A、B、C，令

$$\bar{\sigma}_z(s) = \frac{2P_1 r^2}{(R^2 - r^2) p_1' q'} \times \frac{-q_0'' + (q_1'' - q_0'' p_1' - q_1')s - p_1' q_1' s^2}{\left(\dfrac{q_0''}{p_1' q_1'} + \dfrac{2q_1'' + q_0'' p_1' + q_1'}{p_1' q_1'}s + s^2\right)s}$$

$$= \frac{2P_1 r^2}{(R^2 - r^2) p_1' q'} \left(\frac{A}{s} + \frac{B}{s+a} + \frac{C}{s+b}\right) \tag{7-104}$$

式中，a、b 为

$$a = \frac{2q_1'' + q_0'' p_1' + q_1' + \sqrt{(2q_1'' + q_0'' p_1' + q_1')^2 - 4q_0'' p_1' q_1'}}{2p_1' q_1'}$$

$$b = \frac{2q_1'' + q_0'' p_1' + q_1' - \sqrt{(2q_1'' + q_0'' p_1' + q_1')^2 - 4q_0'' p_1' q_1'}}{2p_1' q_1'} \tag{7-105}$$

通过比较系数，得到

$$A = -p_1' q_1'$$

$$B = -\frac{3q_1' p_1' q_1''}{\sqrt{(2q_1'' + q_0'' p_1' + q_1')^2 - 4q_0'' p_1' q_1'}}$$

$$C = \frac{3q_1' p_1' q_1''}{\sqrt{(2q_1'' + q_0'' p_1' + q_1')^2 - 4q_0'' p_1' q_1'}} \tag{7-106}$$

对公式（7-104）两端进行逆变换，得到

$$\sigma_z(t) = \frac{2P_1 r^2}{(R^2 - r^2)} \left[\frac{3q_1' p_1' q_1''}{\sqrt{(2q_1'' + q_0'' p_1' + q_1')^2 - 4q_0'' p_1' q_1'}}(e^{-bt} - e^{-at}) - \Delta(t)\right] \tag{7-107}$$

第8章
非线性黏弹塑性本构模型

基于线性的牛顿黏壶元件 [N] 及胡克弹簧元件 [H] 构建的微分型本构方程及积分型本构方程，都是线性的黏弹性本构方程。线性黏弹性本构方程适合于描述小变形条件下的黏弹性力学行为。当黏弹性体受到较大的外力作用或应力作用时间较长时，材料会由于蠕变损伤作用而呈现出非线性力学行为。本章主要基于线性黏弹性力学元件及单元，介绍非线性黏弹塑性本构模型的构建方法。

当黏弹性材料受到持续的应力作用会呈现出蠕变现象，随着加载时间的变化，蠕变会呈现出三阶段的特点，分别为减速蠕变阶段、等速蠕变阶段及加速蠕变阶段。对于三个蠕变阶段，其蠕变柔量、蠕变柔量的一阶微分及二阶微分 $J(t)$、$\dot{J}(t)$、$\ddot{J}(t)$ 满足如下关系

$$
\begin{aligned}
&\text{减速蠕变阶段} \quad \dot{J}(t)>0, \ddot{J}(t)<0 \\
&\text{等速蠕变阶段} \quad \dot{J}(t)>0, \ddot{J}(t)=0 \\
&\text{加速蠕变阶段} \quad \dot{J}(t)>0, \ddot{J}(t)>0
\end{aligned}
\tag{8-1}
$$

$J(t)$、$\dot{J}(t)$、$\ddot{J}(t)$ 随时间变化的曲线如图 8-1 所示。

例如，在第 3 章中得到广义 [K] 模型的蠕变方程为

$$
J(t)=\frac{1}{E}+\frac{t}{\eta}+\sum_{i=1}^{n}\frac{1}{E_i}(1-\mathrm{e}^{-\frac{E_i}{\eta_i}t})
\tag{8-2}
$$

由此可以得到

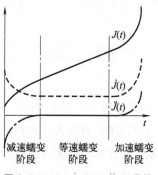

图 8-1 $J(t)$、$\dot{J}(t)$、$\ddot{J}(t)$ 曲线

$$\dot{J}(t) = \frac{1}{\eta} + \sum_{i=1}^{n} \frac{1}{\eta_i} e^{-\frac{E_i}{\eta_i}t}$$

$$\ddot{J}(t) = -\sum_{i=1}^{n} \frac{E_i}{\eta_i^2} e^{-\frac{E_i}{\eta_i}t} \tag{8-3}$$

由此可知 $\dot{J}(t)>0$，$\ddot{J}(t)<0$，并且在时间足够长时 $\ddot{J}(t)\to0$。因此对这一线性模型，其蠕变曲线只能出现减速蠕变及等速蠕变两个阶段，不会出现加速蠕变阶段。通过对本构模型进行非线性处理后，模型可以描述加速蠕变阶段。进入到加速蠕变阶段后，材料会出现较大的蠕变损伤，很快会出现蠕变断裂。

8.1 基于材料参数修正的非线性本构模型

对于线性的牛顿黏壶元件 [N] 及胡克弹簧元件 [H]，由这两个基本元件构成的黏弹性力学模型，均为线性的模型，可以描述黏弹性材料线性的力学行为。对于典型的蠕变力学行为，线性模型只能描述减速蠕变及等速蠕变两个阶段，不能描述加速蠕变阶段，采用线性黏弹性力学模型对加速蠕变阶段进行分析将带来很大的误差。

（1）考虑黏度-时间关系的非线性黏弹塑性本构模型

对于牛顿黏壶，其本构关系为 $\sigma=\eta\dot{\varepsilon}$。牛顿黏壶的黏度除了与温度相关之外，与时间及剪应力无关。黏度随着时间的增加保持不变，在蠕变过程中，随着加载的延续，应变缓慢地增加，不会进入到加速蠕变阶段。为了分析加速蠕变阶段，基于经验的方法，可以考虑黏度与时间相关，给出黏度与时间的关系。黏度与时间的相关性分为两种情况：一种是黏度随时间的增加而减小，此时流体为触变性流体；一种是黏度随时间的增加而增大，此时流体为振凝性流体。对于黏度随时间增加而减小的情况，随着黏度的减

小，应变速率会增大，模型可以描述加速蠕变行为。考虑黏度与时间的关系，可以引入如下的黏度-时间关系

$$\eta(t) = \frac{\eta_3}{kt^{k-1}} \tag{8-4}$$

式中，η_3、k 为黏壶参数。

当 $k>1$ 时，黏度随时间的增加而减小；当 $k=1$ 时，黏度与时间无关，此时为牛顿黏壶；当 $0<k<1$ 时，黏度随时间的增加而增大，为振凝性流体。

采用以上黏度与时间的关系，构建非线性黏壶元件，并将该元件与滑块塑性元件并联构成非线性黏塑性单元，滑块塑性元件的应力阈值为 σ_{s2}，该非线性黏塑性单元的本构方程为

$$\dot{\varepsilon}(t) = \frac{\sigma_0 - \sigma_{s2}}{\eta(t)} = \frac{\sigma_0 - \sigma_{s2}}{\eta_3} kt^{k-1} \tag{8-5}$$

在外力作用下，非线性黏塑性单元的应变可以通过积分求得，当 $\sigma_0 > \sigma_{s2}$ 时，对上式进行积分，则非线性黏塑性单元的应变为

$$\varepsilon_4(t) = \int_0^t \frac{\sigma_0 - \sigma_{s2}}{\eta_3} kt^{k-1} \,\mathrm{d}t = \frac{\sigma_0 - \sigma_{s2}}{\eta_3} t^k \tag{8-6}$$

通过滑块塑性元件与 [N] 单元并联构成黏塑性单元，滑块塑性元件的应力阈值为 σ_{s1}，当 $\sigma_0 > \sigma_{s1}$ 时，黏塑性单元的应变为

$$\varepsilon_3(t) = \frac{\sigma_0 - \sigma_{s1}}{\eta_2} t \tag{8-7}$$

采用 [H] 单元、[K] 单元、黏塑性单元及非线性黏塑性单元串联构成如图 8-2 所示的非线性黏弹塑性本构模型。模型中塑性滑块元件的应力阈值分别为 σ_{s1}、σ_{s2}，其它材料参数见图中标注。

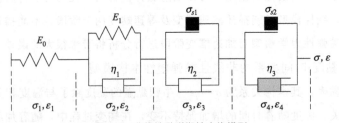

图 8-2　非线性黏弹塑性本构模型

在外力 σ_0 作用下，弹簧单元 [H]、[K] 单元的总应变为

$$\varepsilon_1(t) = \frac{\sigma_0}{E_0} + \frac{\sigma_0}{E_1}(1 - e^{-\frac{E_1}{\eta_1}t}) \tag{8-8}$$

根据模型的串联关系，可以得到不同应力条件下该模型的总应变

$$\sigma_0 < \sigma_{s1} \ \text{时，} \ \varepsilon(t) = \frac{\sigma_0}{E_0} + \frac{\sigma_0}{E_1}(1 - e^{-\frac{E_1}{\eta_1}t})$$

$$\sigma_{s1} < \sigma_0 < \sigma_{s2} \ \text{时，} \ \varepsilon(t) = \frac{\sigma_0}{E_0} + \frac{\sigma_0}{E_1}(1 - e^{-\frac{E_1}{\eta_1}t}) + \frac{\sigma_0 - \sigma_{s1}}{\eta_2}t \qquad (8-9)$$

$$\sigma_0 > \sigma_{s2} \ \text{时，} \ \varepsilon(t) = \frac{\sigma_0}{E_0} + \frac{\sigma_0}{E_1}(1 - e^{-\frac{E_1}{\eta_1}t}) + \frac{\sigma_0 - \sigma_{s1}}{\eta_2}t + \frac{\sigma_0 - \sigma_{s2}}{\eta_3}t^k$$

根据上式，可以得到

$$\sigma_0 < \sigma_{s1} \ \text{时，} \ \ddot{\varepsilon}(t) = -\frac{\sigma_0 E_1}{\eta_1^2} e^{-\frac{E_1}{\eta_1}t}$$

$$\sigma_{s1} < \sigma_0 < \sigma_{s2} \ \text{时，} \ \ddot{\varepsilon}(t) = -\frac{\sigma_0 E_1}{\eta_1^2} e^{-\frac{E_1}{\eta_1}t} \qquad (8-10)$$

$$\sigma_0 > \sigma_{s2} \ \text{时，} \ \ddot{\varepsilon}(t) = -\frac{\sigma_0 E_1}{\eta_1^2} e^{-\frac{E_1}{\eta_1}t} + \frac{(\sigma_0 - \sigma_{s2})k(k-1)}{\eta_3} t^{(k-2)}$$

由上式可知，当 $\sigma_0 < \sigma_{s2}$ 时，$\ddot{\varepsilon}(t) < 0$，模型不能描述加速蠕变阶段；当 $\sigma_0 > \sigma_{s2}$ 时，在 $k > 1$ 的情况下，模型可以描述加速蠕变阶段。该非线性黏弹塑性本构模型通过两个滑块塑性元件控制不同荷载作用下模型的蠕变行为。当 $\sigma_0 < \sigma_{s1}$ 时，外载荷较小，模型为黏弹性力学模型，外力去除以后，变形可以完全恢复，没有残留变形。当 $\sigma_{s1} < \sigma_0 < \sigma_{s2}$ 时，模型为线性黏弹塑性力学模型，外力去除后，变形不能完全恢复，有残留变形。当 $\sigma_0 > \sigma_{s2}$ 时，模型为非线性黏弹塑性本构模型，蠕变包括加速蠕变阶段，外力去除以后模型有残留变形。

当外力 σ_0 在 $t = t_0$ 时刻去除，则应变恢复方程为

$$\sigma_0 < \sigma_{s1} \ \text{时，} \varepsilon(t) = \frac{\sigma_0}{E_1}(1 - e^{-\frac{E_1}{\eta_1}t_0}) e^{-\frac{E_1}{\eta_1}(t-t_0)}$$

$$\sigma_{s1} < \sigma_0 < \sigma_{s2} \ \text{时，} \varepsilon(t) = \frac{\sigma_0}{E_1}(1 - e^{-\frac{E_1}{\eta_1}t_0}) e^{-\frac{E_1}{\eta_1}(t-t_0)} + \frac{\sigma_0 - \sigma_{s1}}{\eta_2}t_0 \qquad (8-11)$$

$$\sigma_0 > \sigma_{s2} \ \text{时，} \varepsilon(t) = \frac{\sigma_0}{E_1}(1 - e^{-\frac{E_1}{\eta_1}t_0}) e^{-\frac{E_1}{\eta_1}(t-t_0)} + \frac{\sigma_0 - \sigma_{s1}}{\eta_2}t_0 + \frac{\sigma_0 - \sigma_{s2}}{\eta_3}t_0^k$$

如果在图 8-2 所示的力学模型中，在 [K] 单元中并联一个滑块塑性单元，则构成如图 8-3 所示的非线性黏弹塑性本构模型。此模型中包括 3 个滑块元件，其应力阈值分别为 σ_{s1}、σ_{s2}、σ_{s3}，该模型存在弹塑性变形。

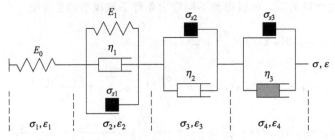

图 8-3 黏弹塑性本构模型

在应力 σ_0 的作用下，该模型的应变为

$\sigma_0 < \sigma_{s1}$ 时，$\varepsilon(t) = \dfrac{\sigma_0}{E_0}$

$\sigma_{s1} < \sigma_0 < \sigma_{s2}$ 时，$\varepsilon(t) = \dfrac{\sigma_0}{E_0} + \dfrac{\sigma_0 - \sigma_{s1}}{E_1}(1 - e^{-\frac{E_1}{\eta_1}t})$

$\sigma_{s2} < \sigma_0 < \sigma_{s3}$ 时，$\varepsilon(t) = \dfrac{\sigma_0}{E_0} + \dfrac{\sigma_0 - \sigma_{s1}}{E_1}(1 - e^{-\frac{E_1}{\eta_1}t}) + \dfrac{\sigma_0 - \sigma_{s2}}{\eta_2}t$ (8-12)

$\sigma_0 > \sigma_{s3}$ 时，$\varepsilon(t) = \dfrac{\sigma_0}{E_0} + \dfrac{\sigma_0 - \sigma_{s1}}{E_1}(1 - e^{-\frac{E_1}{\eta_1}t}) + \dfrac{\sigma_0 - \sigma_{s2}}{\eta_2}t + \dfrac{\sigma_0 - \sigma_{s3}}{\eta_3}t^k$

当 $\sigma_0 > \sigma_{s3}$ 时，模型为非线性黏弹塑性本构模型，包括加速蠕变阶段。当外力 σ_0 在 $t = t_0$ 时刻去除，当时间无限长时，模型存在残留塑性变形，其塑性变形与应力 σ_0 及加载时间相关。残留塑性变形为

① 当 $\sigma_0 < \sigma_{s1}$ 时

$\varepsilon(\infty) = 0$

② 当 $\sigma_{s1} < \sigma_0 < 2\sigma_{s1}$ 时

$\varepsilon(\infty) = \dfrac{\sigma_0 - \sigma_{s1}}{E_1}(1 - e^{-\frac{E_1}{\eta_1}t_0}) + \dfrac{<\sigma_0 - \sigma_{s2}>}{\eta_2}t_0 + \dfrac{<\sigma_0 - \sigma_{s3}>}{\eta_3}t_0^k$

③ 当 $\sigma_0 > 2\sigma_{s1}$ 并且 $t_0 \leqslant -\dfrac{\eta_1}{E_1}\ln\dfrac{\sigma - 2\sigma_{s1}}{\sigma - \sigma_{s1}}$ 时 (8-13)

$\varepsilon(\infty) = \dfrac{\sigma_0 - \sigma_{s1}}{E_1}(1 - e^{-\frac{E_1}{\eta_1}t_0}) + \dfrac{<\sigma_0 - \sigma_{s2}>}{\eta_2}t_0 + \dfrac{<\sigma_0 - \sigma_{s3}>}{\eta_3}t_0^k$

④ 当 $\sigma_0 > 2\sigma_{s1}$ 并且 $t_0 > -\dfrac{\eta_1}{E_1}\ln\dfrac{\sigma - 2\sigma_{s1}}{\sigma - \sigma_{s1}}$ 时

$\varepsilon(\infty) = \dfrac{\sigma_{s1}}{E_1} + \dfrac{<\sigma_0 - \sigma_{s2}>}{\eta_2}t_0 + \dfrac{<\sigma_0 - \sigma_{s3}>}{\eta_3}t_0^k$

公式中

$$当 \sigma_0 \leqslant \sigma_{s2} \text{ 时}, <\sigma_0 - \sigma_{s2}> = 0$$

$$当 \sigma_0 > \sigma_{s2} \text{ 时}, <\sigma_0 - \sigma_{s2}> = \sigma_0 - \sigma_{s2}$$

$$当 \sigma_0 \leqslant \sigma_{s3} \text{ 时}, <\sigma_0 - \sigma_{s3}> = 0 \tag{8-14}$$

$$当 \sigma_0 > \sigma_{s3} \text{ 时}, <\sigma_0 - \sigma_{s3}> = \sigma_0 - \sigma_{s3}$$

当 $\sigma_0 > \sigma_{s1}$ 时，外载荷去除后该模型存在不可恢复的塑性应变。

基于图 8-2 所示的黏弹塑性本构模型基础上进行改进，改进后的模型如图 8-4 所示。模型中包含两个塑性滑块元件，包括两个应力阈值 σ_{s1}、σ_{s2}，塑性滑块元件 1 控制黏壶和非线性黏壶的运动。令非线性黏壶为应变分段式本构关系，即当模型的总应变进入到加速蠕变阶段后，非线性黏壶发挥作用。

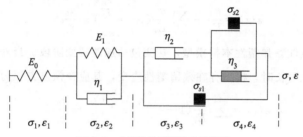

图 8-4　非线性黏弹塑性本构模型

采用与公式（8-4）相同的黏度-时间关系，得到分段非线性黏壶的本构关系为

$$\sigma = \frac{\eta_{nl} \dot{\varepsilon}_{nl}}{n t^{n-1}} \quad (\varepsilon \geqslant \varepsilon_a)$$

$$\varepsilon_{nl} = 0 \quad (\varepsilon < \varepsilon_a) \tag{8-15}$$

即在进入到加速蠕变之前，该非线性黏壶不产生应变。

假定模型进入加速蠕变阶段的时间点为 t_F，对应的应变为 ε_a，该模型的总应变为

① $\sigma_0 < \sigma_{s1}$ 时

$$\varepsilon(t) = \frac{\sigma_0}{E_0} + \frac{\sigma_0}{E_1}(1 - e^{-\frac{E_1}{\eta_1}t})$$

② $\sigma_{s1} < \sigma_0 < \sigma_{s1} + \sigma_{s2}$，并且 $\varepsilon < \varepsilon_a$ 时

$$\varepsilon(t) = \frac{\sigma_0}{E_0} + \frac{\sigma_0}{E_1}(1 - e^{-\frac{E_1}{\eta_1}t}) + \frac{\sigma_0 - \sigma_{s1}}{\eta_2}t \tag{8-16}$$

③ $\sigma_0 > \sigma_{s1} + \sigma_{s2}$，并且 $\varepsilon > \varepsilon_a$ 时

$$\varepsilon = \frac{\sigma}{E_0} + \frac{\sigma}{E_1}(1 - e^{-\frac{E_1}{\eta_1}t}) + \frac{\sigma - \sigma_{s1}}{\eta_2}t + \frac{\sigma - \sigma_{s1} - \sigma_{s2}}{\eta_{nl}}\left(\frac{t - t_F}{t_{un}}\right)^n$$

模型的第三部分为黏塑性应变，由塑性滑块 1 控制，在应力较大的情况下，模型可以描述加速蠕变阶段，并且外力去除后会产生较大的残留塑性变形。

对于广义 [K] 模型，串联一个非线性黏壶元件得到如图 8-5 所示的力学模型。非线性黏壶的黏度-时间关系见公式（8-4）。

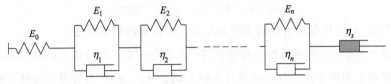

图 8-5　非线性黏弹塑性本构模型

由串联关系，图 8-5 所示模型的总应变为

$$\varepsilon(t) = \frac{\sigma_0}{E_0} + \sum_{i=1}^{n} \frac{\sigma_0}{E_i}(1 - e^{-\frac{E_i}{\eta_i}t}) + \frac{\sigma_0}{\eta_s}t^k \tag{8-17}$$

该模型为非线性黏弹塑性本构模型，蠕变包括加速蠕变阶段。当外力 σ_0 在 $t = t_0$ 时刻去除，当时间无限长时，模型存在残留塑性应变，其应变恢复方程为

$$\varepsilon(t) = \sum_{i=1}^{n} \frac{\sigma_0}{E_i}(1 - e^{-\frac{E_i}{\eta_i}t_0})e^{-\frac{E_i}{\eta_i}(t-t_0)} + \frac{\sigma_0}{\eta_s}t_0^k \tag{8-18}$$

其塑性变形与应力 σ_0 及加载时间相关。残留塑性应变为 $\frac{\sigma_0}{\eta_s}t_0^k$。

基于经验方法，黏度-时间关系可以采取其它不同的形式。令黏度与时间的关系如下式

$$\eta(t) = \frac{\eta_3 t}{\exp(nt)} \tag{8-19}$$

将以上时间修正后的黏度代表的非线性黏壶元件与弹簧元件 [H] 及滑块塑性元件并联，构成非线性黏弹塑性单元，该单元近似为修正的 [K] 单元，将该单元与 Burgers 单元串联，得到如图 8-6 所示的非线性黏弹塑性力学模型。

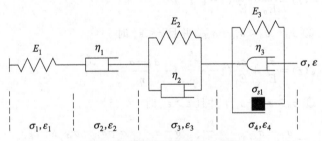

图 8-6　非线性黏弹塑性本构模型

滑块塑性元件的应力阈值为 σ_{s1}。黏弹塑性 [K] 单元的蠕变方程为

$$\varepsilon(t) = \frac{\sigma_0 - \sigma_{s1}}{E_3}\left[1 - \exp\left(-\frac{E_3}{\eta_3}t\right)\right] \tag{8-20}$$

基于修正后的黏度表达式 (8-19)，将其表达式代入到公式 (8-20)，可以得到修正后 [K] 的蠕变方程。

$$\varepsilon = \frac{\sigma_0 - \sigma_{s1}}{E_3}\left[1 - \exp\left(-\frac{E_3}{\eta(t)}t\right)\right] = \frac{\sigma_0 - \sigma_{s1}}{E_3}\left\{1 - \exp\left[-\frac{E_3}{\eta_3}\exp(nt)\right]\right\} \tag{8-21}$$

根据迭加可以得到图 8-6 非线性黏弹塑性本构模型的总应变为

当 $\sigma \leqslant \sigma_{s1}$ 时

$$(t) = \frac{\sigma_0}{E_1} + \frac{\sigma_0}{E_2}\left[1 - \exp\left(-\frac{E_2}{\eta_2}t\right)\right]$$

$$\tag{8-22}$$

当 $\sigma > \sigma_{s1}$ 时

$$\varepsilon(t) = \frac{\sigma_0}{E_1} + \frac{\sigma_0}{E_2}\left[1 - \exp\left(-\frac{E_2}{\eta_2}t\right)\right] + \frac{\sigma - \sigma_{s1}}{E_3}\left\{1 - \exp\left[-\frac{E_3}{\eta_3}\exp(nt)\right]\right\}$$

当 $\sigma_0 > \sigma_{s1}$ 时，外载荷去除后该模型存在不可再恢复的塑性应变。当 $\sigma_0 > \sigma_{s1}$ 时，对式 (8-22) 求微分，可以得到应变速率及加速度

$$\dot{\varepsilon} = \frac{\sigma_0}{\eta_2}\exp\left(-\frac{E_2}{\eta_2}t\right) + n\frac{\sigma - \sigma_{s1}}{\eta_3}\exp\left[nt - \&\frac{E_3}{\eta_3}\exp(nt)\right]$$

$$\ddot{\varepsilon} = -\frac{E_2\sigma_0}{\eta_2^2}\exp\left(-\frac{E_2}{\eta_2}t\right) + n^2\frac{\sigma - \sigma_{s1}}{\eta_3}\exp\left[nt - \frac{E_3}{\eta_3}\exp(nt)\right]\left[1 - \frac{E_3}{\eta_3}\exp(nt)\right] \tag{8-23}$$

当时间足够长时，其 $\ddot{\varepsilon} > 0$，模型可以描述加速蠕变阶段。

同样采用经验的方法，对黏度-时间关系作如下的修正

$$\eta(t) = \frac{1}{At + Bt^2} \tag{8-24}$$

将修正的非线性黏壶元件与滑块塑性元件并联，构成非线性黏塑性单元，滑块塑性元件的应力阈值为 σ_s。非线性黏塑性元件的本构方程为

$$\dot{\varepsilon}(t) = \frac{H(\sigma - \sigma_s)}{\eta} = H(\sigma - \sigma_s)(At + Bt^2) \tag{8-25}$$

对上式进行积分，可以得到非线性黏塑性单元的应变为

$$\varepsilon_4(t) = \left(\frac{1}{2}At^2 + \frac{1}{3}Bt^3\right)H(\sigma_0 - \sigma_s) \tag{8-26}$$

公式中

$$H(\sigma_0 - \sigma_s) = \begin{cases} 0 & \sigma \leqslant \sigma_s \\ \sigma_0 - \sigma_s & \sigma > \sigma_s \end{cases} \tag{8-27}$$

在进行岩石的蠕变分析时，为了分析岩石的黏脆性力学行为，引入黏脆性单元，该单元由黏壶元件［N］与脆性元件并联组成。脆性元件的脆性断裂阈值为 σ_d，当应力 $\sigma_0 > \sigma_d$ 时，脆性元件断裂，此时与之并联的黏壶发挥作用；在 $\sigma_0 < \sigma_d$ 时，脆性元件不发生断裂，此时与之并联的黏壶不发挥作用。

将弹簧单元［H］、［K］单元、黏脆性单元及非线性黏塑性单元串联，构成如图 8-7 所示的非线性黏弹塑性力学模型，由迭加可以得到该非线性黏弹塑性本构模型的应变为

当 $\sigma \leqslant \sigma_d$ 时

$$(t) = \frac{\sigma_0}{E_0} + \frac{\sigma_0}{E_1}\left[1 - \exp\left(-\frac{E_1}{\eta_2}t\right)\right] + \left(\frac{1}{2}At^2 + \frac{1}{3}Bt^3\right)H(\sigma_0 - \sigma_s)$$

$$\tag{8-28}$$

当 $\sigma > \sigma_d$ 时

$$\varepsilon(t) = \frac{\sigma_0}{E_0} + \frac{\sigma_0}{\eta_1}t + \frac{\sigma_0}{E_1}\left[1 - \exp\left(-\frac{E_1}{\eta_2}t\right)\right] + \left(\frac{1}{2}At^2 + \frac{1}{3}Bt^3\right)H(\sigma_0 - \sigma_s)$$

由此可以得到

$$\ddot{\varepsilon}(t) = -\frac{E_1\sigma_0}{\eta_2^2}\exp\left(-\frac{E_1}{\eta_2}t\right) + (A + 2Bt)H(\sigma_0 - \sigma_s) \tag{8-29}$$

由此可知，当 $\sigma_0 \leqslant \sigma_s$ 时，$\ddot{\varepsilon}(t) \leqslant 0$，模型不能描述加速蠕变阶段；当 $\sigma_0 > \sigma_s$ 并且 $B > 0$ 时，$\ddot{\varepsilon}(t) > 0$，模型可以描述加速蠕变阶段。

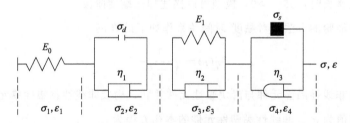

图 8-7 非线性黏弹塑性本构模型

与公式（8-24）相似，采取如下的黏度-时间修正公式

$$\eta_2(t) = \frac{1}{t^2 - at + b}\eta_0 \tag{8-30}$$

采用以上黏度公式构建非线性黏壶元件，并与滑块塑性元件并联，构成非线性黏塑性单元，滑块塑性元件的应力阈值为 σ_{s2}。非线性黏塑性元件的本构方程为

$$\dot{\varepsilon}_{vp}(t) = \frac{<\sigma - \sigma_s>}{\eta} = <\sigma - \sigma_s> \frac{t^2 - at + b}{\eta_0} \tag{8-31}$$

对上式进行积分，得到非线性黏塑性单元的应变为

$$\varepsilon_{vp}(t) = \frac{<\sigma_0 - \sigma_{S2}>}{\eta_0} \left(\frac{1}{3}t^3 - \frac{1}{2}at^2 + bt \right) \tag{8-32}$$

公式中

$$<\sigma_0 - \sigma_{s2}> = \begin{cases} 0 & \text{当 } \sigma_0 \leqslant \sigma_{s2} \text{ 时} \\ \sigma_0 - \sigma_{s2} & \text{当 } \sigma_0 > \sigma_{s2} \text{ 时} \end{cases} \tag{8-33}$$

同时将滑块塑性元件与弹簧元件［H］并联构成弹塑性单元，塑性元件的应力阈值为 σ_{s1}，将弹簧单元［H］、［K］单元、弹塑性单元及非线性黏塑性单元串联，构成如图 8-8 所示的非线性黏弹塑性力学模型。

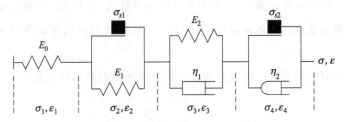

图 8-8　非线性黏弹塑性本构模型

由迭加可以得到该非线性黏弹塑性本构模型的应变为

$$\varepsilon(t) = \frac{1}{E_0}\sigma_0 + \frac{1}{E_1}<\sigma_0 - \sigma_{s1}> + \frac{\sigma_0}{E_2}(1 - e^{-\frac{E_2 t}{\eta_1}}) +$$

$$\frac{<\sigma_0 - \sigma_{s2}>}{\eta_0} \left(\frac{1}{3}t^3 - \frac{1}{2}at^2 + bt \right) \tag{8-34}$$

在 $t = t_0$ 时去除外载荷，则蠕变恢复方程为

当 $\sigma_0 < \sigma_{s1}$ 时

$$\varepsilon(t) = \frac{\sigma_0}{E_2}(1 - e^{-\frac{E_2}{\eta_1}t_0})e^{-\frac{E_2}{\eta_1}(t - t_0)} + \frac{<\sigma_0 - \sigma_{s2}>}{\eta_0} \left(\frac{1}{3}t_0^3 - \frac{1}{2}at_0^2 + bt_0 \right)$$

当 $\sigma_{s1} < \sigma_0 < 2\sigma_{s1}$ 时

$$\varepsilon(t) = \frac{\sigma_{s1} - \sigma_0}{E_1} + \frac{\sigma_0}{E_2}(1 - e^{-\frac{E_2}{\eta_1}t_0})e^{-\frac{E_2}{\eta_1}(t - t_0)} + \frac{<\sigma_0 - \sigma_{s2}>}{\eta_0} \left(\frac{1}{3}t_0^3 - \frac{1}{2}at_0^2 + bt_0 \right) \tag{8-35}$$

当 $\sigma_0 > 2\sigma_{s1}$ 时

$$\varepsilon(t) = \frac{\sigma_{s1}}{E_1} + \frac{\sigma_0}{E_2}(1 - e^{-\frac{E_2}{\eta_1}t_0})e^{-\frac{E_2}{\eta_1}(t - t_0)} + \frac{<\sigma_0 - \sigma_{s2}>}{\eta_0} \left(\frac{1}{3}t_0^3 - \frac{1}{2}at_0^2 + bt_0 \right)$$

该模型在加载应力较大时，在加载瞬间会产生塑性应变。不同情况下，模型均有如下形式

$$\ddot{\varepsilon}(t) = -\frac{E_2 \sigma_0}{\eta_1^2} e^{-\frac{E_2 t}{\eta_1}} + \frac{<\sigma_0 - \sigma_{s2}>}{\eta_0}(2t-a) \tag{8-36}$$

所以在加载时间较长时，$\ddot{\varepsilon}(t) > 0$，模型可以描述加速蠕变阶段。

黏度-时间的修正关系，除了采用幂函数之外，还可以采用指数函数。如采用如下的黏度与时间的关系

$$\eta = A e^{Bt} \tag{8-37}$$

式中，η 为黏度；t 为加载时间；A、B 为修正系数。

此时黏度与时间有关，参数 A 大于零。如果参数 B 小于零，则黏度随时间增加而减小，此时为触变型流体；如果参数 B 大于零，则黏度随时间增加而增大，此时为振凝性流体。

基于黏度与时间的关系，可以得到修正后非线性黏壶的本构关系为

$$\dot{\varepsilon} = \frac{\sigma}{\eta} = \frac{\sigma}{A e^{Bt}} \tag{8-38}$$

当应力一定时，对上式进行积分，可以得到非线性黏壶的蠕变方程为

$$\varepsilon(t) = \int_0^t \frac{\sigma}{A e^{Bt}} dt = \frac{\sigma}{AB}(1 - e^{-Bt}) \tag{8-39}$$

将该非线性黏壶代替伯格斯模型中的独立黏壶，该模型为修正伯格斯模型，则根据迭加可以得到修正伯格斯模型的蠕变方程为

$$\varepsilon(t) = \frac{\sigma_0}{E_1} + \frac{\sigma_0}{E_2}(1 - e^{-\frac{E_2}{\eta_1}t}) + \frac{\sigma_0}{AB}(1 - e^{-Bt}) \tag{8-40}$$

如令黏度-时间关系为

$$\eta = \frac{\eta_3}{\exp\left(<\frac{t-t_P}{t_0}>\right)^m d\left(<\frac{t-t_P}{t_0}>\right)^m} \tag{8-41}$$

将上述黏度为代表的非线性黏壶元件与滑块塑性元件并联，构成非线性黏塑性单元，滑块塑性元件的应力阈值为 σ_s。该非线性黏塑性单元的本构方程为

$$\dot{\varepsilon} = \frac{(\sigma - \sigma_s)}{\eta} = (\sigma - \sigma_s)\frac{\exp\left(<\frac{t-t_P}{t_0}>\right)^m d(<\frac{t-t_P}{t_0}>)^m}{\eta_3} \tag{8-42}$$

对上式进行积分，则应变为

$$\varepsilon = \frac{(\sigma_0 - \sigma_s)\left(\exp<\frac{t-t_p}{t_0}>^m - 1\right)}{\eta_3} \tag{8-43}$$

其中，t_0 为单位参考时间（其值为1）；m 为模型参数。式中

$$<\frac{t-t_p}{t_0}> = \begin{cases} 0 & t \leqslant t_p \\ \frac{t-t_p}{t_0} & t > t_p \end{cases} \tag{8-44}$$

将该单元与 Burgers 单元串联，构成如图 8-9 所示的非线性黏弹塑性本构模型。依据模型的串联关系，可以得到该模型的蠕变方程为

① 当 $\sigma_0 < \sigma_s$ 时

$$\varepsilon(t) = \frac{\sigma_0}{E_1} + \frac{\sigma_0}{E_2}(1 - e^{-\frac{E_2}{\eta_1}t}) + \frac{\sigma_0}{\eta_2}t \tag{8-45}$$

② 当 $\sigma_0 > \sigma_s$，并且 $t < t_p$ 时

$$\varepsilon(t) = \frac{\sigma_0}{E_1} + \frac{\sigma_0}{E_2}(1 - e^{-\frac{E_2}{\eta_1}t}) + \frac{\sigma_0}{\eta_2}t + \frac{\sigma_0 - \sigma_s}{\eta_3}t \tag{8-46}$$

③ 当 $\sigma_0 > \sigma_s$，并且 $t > t_p$ 时

$$\varepsilon(t) = \frac{\sigma_0}{E_1} + \frac{\sigma_0}{E_2}(1 - e^{-\frac{E_2}{\eta_1}t}) + \frac{\sigma_0}{\eta_2}t + \frac{(\sigma_0 - \sigma_s)\left(\exp<\frac{t-t_p}{t_0}>^m - 1\right)}{\eta_3} \tag{8-47}$$

在三维应力状态下，$\sigma_2 = \sigma_3$ 保持不变，该模型三维情况下的蠕变方程为

$$\varepsilon(t) \begin{cases} = \frac{\sigma_1 - \sigma_3}{3G_1} + \frac{\sigma_1 - \sigma_3}{3G_2}(1 - e^{-\frac{G_2}{\eta_1}t}) + \frac{\sigma_1 - \sigma_3}{\eta_2}t + \frac{\sigma_1 + 2\sigma_3}{9K} \quad (\sigma_1 - \sigma_3 < \sigma_s) \\ = \frac{\sigma_1 - \sigma_3}{3G_1} + \frac{\sigma_1 - \sigma_3}{3G_2}(1 - e^{-\frac{G_2}{\eta_1}t}) + \frac{\sigma_1 - \sigma_3}{\eta_2}t + \left(\frac{\sigma_1 - \sigma_3 - \sigma_s}{2\eta_3}\right)t \\ \quad + \frac{\sigma_1 + 3\sigma_3}{9K} \quad (\sigma_1 - \sigma_3 \geqslant \sigma_s, t \leqslant t_p) \\ = \frac{\sigma_1 - \sigma_3}{3G_1} + \frac{\sigma_1 - \sigma_3}{3G_2}(1 - e^{-\frac{G_2}{\eta_1}t}) + \frac{\sigma_1 - \sigma_3}{\eta_2}t + \left(\frac{\sigma_1 - \sigma_3 - \sigma_s}{2\eta_3}\right)\left(\exp<\frac{t-t_p}{t_0}>^m - 1\right) \\ \quad + \frac{\sigma_1 + 2\sigma_3}{9K} \quad (\sigma_1 - \sigma_3 \geqslant \sigma_s, t > t_p) \end{cases} \tag{8-48}$$

式中，K 为体积模量；G_1、G_2 为三维应力状态下的剪切模量。

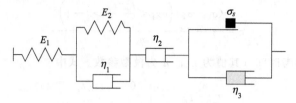

图 8-9 非线性黏弹塑性本构模型

对于黏度-时间修正关系采用如下的指数形式

$$\eta(\sigma,t)=\eta_0\mathrm{e}^{\frac{-(\sigma-\sigma_s)}{b}t},(\sigma-\sigma_s)=\left\{\begin{array}{l}0,\sigma\leqslant\sigma_s\\\sigma-\sigma_s,\sigma>\sigma_s\end{array}\right\} \tag{8-49}$$

式中，η_0 是初始黏度系数；σ_s 是应力阈值；b 是材料常数。

当 $\sigma\leqslant\sigma_s$ 时，则 $\eta(\sigma,t)=\eta_0$，此时模型不产生变形。当 $\sigma>\sigma_s$，且应力恒定时，非线性黏度系数 $\eta(\sigma,t)$ 随时间 t 的增加而减小。将该非线性黏壶与滑块塑性元件并联，构成非线性黏塑性单元，滑块塑性元件的应力阈值为 σ_s。非线性黏塑性单元的本构方程为

$$\dot{\varepsilon}=\frac{\sigma-\sigma_s}{\eta(\sigma,t)}=\frac{\sigma-\sigma_s}{\eta_0}\mathrm{e}^{\frac{\sigma-\sigma_s}{b}t} \tag{8-50}$$

当应力恒定时，对上式两边积分即可得到蠕变方程

$$\varepsilon=\frac{b}{\eta_0}[\mathrm{e}^{\frac{(\sigma-\sigma_s)}{b}t}-1] \tag{8-51}$$

另外，在 [K] 单元中，令黏度是时间的函数，如下所示

$$\eta_K'=\eta_K t^\beta \tag{8-52}$$

基于 [K] 单元的蠕变方程，将黏度表达式（8-52）引入到蠕变方程中，则得到黏度修正后的 [K] 单元的蠕变方程为

$$\varepsilon(t)=\frac{\sigma}{E_K}(1-\mathrm{e}^{\frac{-E_K}{\eta_K}t^{1-\beta}}) \tag{8-53}$$

将 [H] 单元、黏度修正后的 [K] 单元、分数导数黏壶单元及非线性黏塑性单元串联构成非线性黏弹塑性本构模型如图 8-10 所示，通过迭加得到其蠕变方程

当 $\sigma\leqslant\sigma_s$ 时

$$\varepsilon(t)=\frac{\sigma}{E_M}+\frac{\sigma}{E_K}(1-\mathrm{e}^{\frac{-E_K}{\eta_K}t^{1-\beta}})+\frac{\sigma}{\eta_a}\times\frac{t^r}{\Gamma(1+r)}$$

$$\tag{8-54}$$

当 $\sigma\leqslant\sigma_s$ 时

$$\varepsilon(t)=\frac{\sigma}{E_M}+\frac{\sigma}{E_K}(1-\mathrm{e}^{\frac{-E_K}{\eta_K}t^{1-\beta}})+\frac{\sigma}{\eta_a}\times\frac{t^r}{\Gamma(1+r)}+\frac{b}{\eta_0}(\mathrm{e}^{\frac{\sigma-\sigma_s}{b}t}-1)$$

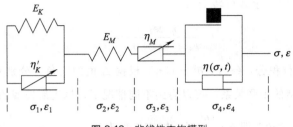

图 8-10 非线性本构模型

（2）考虑非线性弹性模量的黏弹塑性本构模型

以上的非线性黏弹塑性本构模型都是通过对黏壶的黏度系数对时间进行修正得到的。同样也可以对弹性元件的材料参数弹性模量进行修正，得到非线性本构模型。以图 8-11 所示的 Burgers 模型为例，其蠕变方程及其一阶二阶导数为

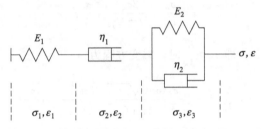

图 8-11 非线性黏弹塑性本构模型

$$
\left.
\begin{aligned}
\varepsilon &= \frac{\sigma_0}{E_1} + \frac{\sigma_0}{\eta_1}t + \frac{\sigma_0}{E_2}(1 + \mathrm{e}^{-\frac{E_2 t}{\eta_2}}) & \varepsilon > 0 \\
\dot{\varepsilon} &= \frac{\sigma_0}{\eta_1} + \frac{\sigma_0}{\eta_2}\mathrm{e}^{-\frac{E_2 t}{\eta_2}} & \dot{\varepsilon} > 0 \\
\ddot{\varepsilon} &= -\sigma_0 \frac{E_2}{\eta_2^2}\mathrm{e}^{-\frac{E_2 t}{\eta_2}} & \ddot{\varepsilon} < 0
\end{aligned}
\right\}
\tag{8-55}
$$

Burgers 模型可以描述瞬时弹性变形、黏性流动变形和延迟弹性变形，但 Burgers 模型的蠕变曲线只包括减速蠕变和等速蠕变两个阶段，无法描述加速蠕变。

对 Burgers 模型中 [K] 单元弹簧的弹性模量进行修正，假定弹性模量与弹簧的应变相关，随着应变的增加，弹性模量减小，弹性模量与应变的关系为

$$
E_2 = -k\varepsilon + b
\tag{8-56}
$$

对于修正后的 [K] 单元，本构方程为

$$
\sigma_2 = E_2\varepsilon_2 + \eta_2\dot{\varepsilon}_2 = (-k\varepsilon_2 + b)\varepsilon_2 + \eta_2\dot{\varepsilon}_2
\tag{8-57}
$$

当外应力为 σ_0 时，上式可转变为

$$\frac{\eta_2 \, \mathrm{d}\varepsilon_2}{k\varepsilon_2^2 - b\varepsilon_2 + \sigma_0} = \mathrm{d}t \tag{8-58}$$

对上式两边进行积分，令 $\Delta = b^2 - 4k\sigma_0$，根据 Δ 值的正负，分别对上式进行积分，并根据 Burgers 模型的串联关系，可以得到不同情况下，修正后模型的蠕变方程

当 $\Delta = b^2 - 4k\sigma_0 > 0$，即 $\sigma_0 < \dfrac{b^2}{4k}$ 时，蠕变方程为

$$\varepsilon = \frac{\sigma_0}{E_1} + \frac{2\sigma_0(1 - e^{\sqrt{\Delta}t/\eta_2})}{b(1 - e^{\sqrt{\Delta}t/\eta_2}) - \sqrt{\Delta}(1 + e^{\sqrt{\Delta}t/\eta_2})} + \frac{\sigma_0}{\eta_1}t \tag{8-59}$$

当 $\Delta = b^2 - 4k\sigma_0 = 0$，即 $\sigma_0 = \dfrac{b^2}{4k}$ 时，蠕变方程为

$$\varepsilon = \frac{\sigma_0}{E_1} + \frac{2\sigma_0 t}{bt + 2\eta_2} + \frac{\sigma_0}{\eta_1}t \tag{8-60}$$

当 $\Delta = b^2 - 4k\sigma_0 < 0$，即 $\sigma_0 > \dfrac{b^2}{4k}$ 时，蠕变方程为

$$\varepsilon = \frac{\sigma_0}{E_1} + \frac{2\sigma_0 \tan(\sqrt{-\Delta}t/2\eta_2)}{\sqrt{-\Delta} + b\tan(\sqrt{-\Delta}t/2\eta_2)} + \frac{\sigma_0}{\eta_1}t \tag{8-61}$$

分别对上式求一阶及二阶微分，可知对于前两种情况，二阶微分均小于零，即蠕变曲线只出现减速蠕变阶段，不会出现加速蠕变阶段。对于第三种情况，即外力较大时，其二阶微分会出现由负值到正值的变化，即当时间足够长时，材料会进入加速蠕变阶段。

8.2 基于非线性本构单元的黏弹性力学模型

（1）基于非线性本构黏壶元件的黏弹塑性本构模型

在前面微分型本构方程的构建时，用到的两个基本元件弹簧［H］和黏壶［N］都是线性的本构关系，分别为胡克定律和牛顿定律。如果采用非线性的本构关系，则可以构建非线性的本构模型。

令黏壶的本构关系为

$$\sigma = \eta_d \frac{\mathrm{d}^n \varepsilon}{\mathrm{d}t^n}, n > 0 \tag{8-62}$$

当 $n = 1$ 时，即为线性的牛顿定律；当 $n \neq 1$ 时，即为非线性黏壶，当 $0 < n < 1$ 时，

即为非线性的分数导数黏壶。

例如，当 $n=2$ 时，则本构方程为

$$\sigma = \eta_d \ddot{\epsilon} \tag{8-63}$$

该黏壶为非线性黏壶，将该黏壶与滑块塑性元件并联，构成非线性黏塑性单元，滑块元件的应力阈值为 σ_{s3}，则非线性黏塑性单元的本构方程为

$$\sigma - \sigma_{s3} = \eta_d \ddot{\epsilon} \tag{8-64}$$

对上式进行积分

$$\epsilon_4(t) = \int \left[\int \sigma(t) \, dt \right] dt \int_0^t \left(\int_0^t \frac{<\sigma_0 - \sigma_{s3}>}{\eta_3} \, dt \right) dt \tag{8-65}$$

结合初始条件，其蠕变方程为

$$\epsilon_4(t) = \frac{<\sigma_0 - \sigma_{s3}>}{2\eta_3} t^2 \tag{8-66}$$

将滑块塑性元件分别与 [K] 单元及黏壶单元并联，构成黏弹、黏塑性单元。将上述非线性黏塑性单元与弹簧元件 [H]、黏弹、黏塑性单元串联，构成如图 8-12 所示的非线性黏弹塑性本构模型。

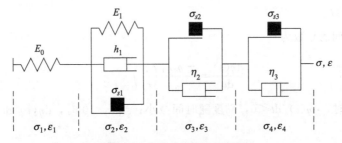

图 8-12 非线性黏弹塑性本构模型

通过迭加，可以得模型总的应变为

$$\epsilon(t) = \frac{\sigma_0}{E_0} + \frac{<\sigma_0 - \sigma_{s2}>}{\eta_2} t + \frac{<\sigma_0 - \sigma_{s3}>}{2\eta_3} t^2 + \frac{<\sigma_0 - \sigma_{s1}>}{E_1} \left(1 - e^{-\frac{E_1}{\eta_1} t} \right) \tag{8-67}$$

由上式可以得到

$$\ddot{\epsilon}(t) = \frac{<\sigma_0 - \sigma_{s3}>}{\eta_3} - \frac{<\sigma_0 - \sigma_{s1}> E_1}{\eta_1^2} e^{-\frac{E_1}{\eta_1} t} \tag{8-68}$$

令 $\ddot{\epsilon}(t) = 0$，则

$$t^* = -\frac{E_1}{\eta_1} \ln \frac{\eta_1^2 <\sigma_0 - \sigma_{s3}>}{E_1 \eta_3 <\sigma_0 - \sigma_{s1}>} \tag{8-69}$$

t^* 为等速蠕变向加速蠕变转变的时间。

在公式（8-62）中，如果 $0 < n < 1$，则为分数导数黏壶。分数导数黏壶是经常采用的一种本构模型。分数阶导数实际上是一个微分-积分-卷积算子，积分项在其定义中充分反映了系统函数的历史依赖性。因此，分数阶导数成为描述蠕变行为的重要模型。在 20 世纪 40 年代，Blair 提出了以牛顿流体和胡克定律为特征的分数阶导数模型，该模型在异常扩散、多孔介质力学、黏弹性力学、非牛顿流体力学和软物质力学等方面有着较为广泛的应用。

对于牛顿黏壶元件及分数导数黏壶元件，其本构方程分别为

$$\sigma(t) = \eta \frac{d\varepsilon(t)}{dt} \tag{8-70}$$

$$\sigma(t) = \eta \frac{d^n \varepsilon(t)}{dt^n} \quad (0 < n < 1) \tag{8-71}$$

为了进一步分析非线性蠕变行为，在上述表达式中，将黏度系数进一步视为时间的函数

$$\eta(t) = \eta_0 (t/t_0)^{-\lambda_1} \tag{8-72}$$

式中，t_0 为单位时间，其值为 1；$\eta(t)$ 为 t 时刻的黏度系数；η_0 为初始黏度系数；λ_1 为非线性参数。

上式对时间的导数为

$$\frac{d\eta(t)}{dt} = \frac{-\eta_0 \lambda_1}{t_0} \left(\frac{t}{t_0} \right)^{-\lambda_1 - 1} \tag{8-73}$$

当 $\lambda_1 > 0$ 时，$d\eta(t)/dt < 0$，黏度随时间减小；当 $\lambda_1 < 0$ 时，$d\eta(t)/dt > 0$，黏度随时间增大。

将式（8-72）代入到式（8-70）、式（8-71）中，得到

$$\sigma(t) = \eta_0 \left(\frac{t}{t_0} \right)^{-\lambda_1} \frac{d\varepsilon(t)}{dt} \tag{8-74}$$

$$\sigma(t) = \eta_f \left(\frac{t}{t_0} \right)^{-\lambda_2} \frac{d^n \varepsilon(t)}{dt^n} \tag{8-75}$$

对于常应力条件下的蠕变，分别对式（8-74）、式（8-75）进行积分，得到

$$\varepsilon(t) = \frac{\sigma}{\eta_0 (\lambda_1 + 1)} \left(\frac{t}{t_0} \right)^{(1 + \lambda_1)} \tag{8-76}$$

$$\varepsilon(t) = \frac{\sigma}{\eta_f} \times \frac{\Gamma(\lambda_2 + 1)}{\Gamma(n + \lambda_2 + 1)} \left(\frac{t}{t_0} \right)^{(n + \lambda_2)} \tag{8-77}$$

将黏壶元件 [N] 及分数导数黏壶元件分别与滑块塑性元件并联，构成黏塑性单元

及非线性黏塑性单元。塑性滑块的应力阈值分别为 σ_s、σ_L，则黏塑性及非线性黏塑性单元的本构方程分别为

$$\varepsilon = \frac{<\sigma-\sigma_s>}{\eta_0} \times \frac{1}{1+\lambda_1}\left(\frac{t}{t_0}\right)^{1+\lambda_1} \tag{8-78}$$

$$\varepsilon = \frac{<\sigma-\sigma_L>}{\eta_f} \times \frac{\Gamma(\lambda_2+1)}{\Gamma(n+\lambda_2+1)}\left(\frac{t}{t_0}\right)^{(n+\lambda_2)} \tag{8-79}$$

由弹簧元件［H］和以上两个黏塑性单元串联构成的本构模型如图 8-13 所示，通过迭加可以得到其蠕变方程为

$$\varepsilon = \frac{\sigma}{E} + \frac{<\sigma-\sigma_s>}{\eta_0} \times \frac{1}{1+\lambda_1}\left(\frac{t}{t_0}\right)^{1+\lambda_1} + \frac{<\sigma-\sigma_L>}{\eta_f} \times \frac{\Gamma(\lambda_2+1)}{\Gamma(n+\lambda_2+1)}\left(\frac{t}{t_0}\right)^{(n+\lambda_2)} \tag{8-80}$$

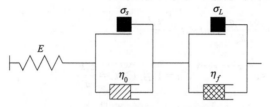

图 8-13　非线性黏弹塑性本构模型

（2）考虑塑性本构的黏弹塑性本构模型

考虑到加速蠕变与等速蠕变变形机制的差别，对于两种不同的蠕变阶段，可以采用分段式的本构关系进行描述，引入分段式本构黏壶，其形式为一种变截面的黏壶，变截面的分界点为等速蠕变与加速蠕变的分界应变点，假设分界应变点为 ε_c。

当应变 $\varepsilon(t) < \varepsilon_c$ 时

$$\dot{\varepsilon} = \frac{\sigma}{k_c} \tag{8-81}$$

此时为牛顿黏壶。

当应变 $\varepsilon(t) > \varepsilon_c$ 时

$$\dot{\varepsilon} = \frac{\sigma}{k_c}\left(\frac{\varepsilon}{\varepsilon_c}\right)^n \tag{8-82}$$

此时为非线性黏壶。

当 $\sigma(t) = \sigma_0$ 时，由公式（8-81）可得

$$\varepsilon(t) = \frac{\sigma_0}{k_c}t \tag{8-83}$$

可求得达到 ε_c 所需要的时间为

$$t_c = \frac{\varepsilon_c k_c}{\sigma_0} \tag{8-84}$$

当时间 $t \geq t_c$，由 $\sigma(t) = \sigma_0$，对公式（8-82）进行积分，并结合 $t = t_c = \frac{\varepsilon_c k_c}{\sigma_0}$ 时，$\varepsilon(t_c) = \varepsilon_c$，可以得到

$$\varepsilon(t) = e^{\frac{\sigma_0}{\varepsilon_c k_c} t + \ln \varepsilon_c - 1} , \quad n = 1$$

$$\varepsilon(t) = \varepsilon_c \left[\frac{(1-n)\sigma_0}{k_c \varepsilon_c} t + n \right]^{\frac{1}{1-n}} , \quad n \neq 1 \tag{8-85}$$

将该变截面非线性黏壶与滑块塑性元件并联，构成非线性黏塑性单元，滑块的应力阈值为 σ_{s1}，则该非线性黏塑性单元的蠕变方程为

$$\varepsilon(t) = \frac{\sigma_0 - \sigma_{s1}}{k_c} t, \quad t < t_c = \frac{\varepsilon_c k_c}{\sigma_0}$$

$$\varepsilon(t) = e^{\frac{\sigma_0 - \sigma_{s1}}{\varepsilon_c k_c} t + \ln \varepsilon_c - 1} , \quad n = 1 \text{ 且 } t > t_c = \frac{\varepsilon_c k_c}{\sigma_0} \tag{8-86}$$

$$\varepsilon(t) = \varepsilon_c \left[\frac{(1-n)(\sigma_0 - \sigma_{s1})}{k_c \varepsilon_c} t + n \right]^{\frac{1}{1-n}} , \quad n \neq 1 \text{ 且 } t > t_c = \frac{\varepsilon_c k_c}{\sigma_0}$$

考虑到弹塑性力学行为，引入非线性弹簧，其本构关系为

$$\varepsilon(t) = \varepsilon_L \left[1 - \left(1 + \frac{\sigma}{\sigma_L} \right)^{-2} \right] \text{ 或 } \sigma(t) = \sigma_L \left[\left(1 - \frac{\varepsilon}{\varepsilon_L} \right)^{-\frac{1}{2}} - 1 \right] \tag{8-87}$$

将非线性弹簧与滑块塑性元件并联，构成非线性弹塑性单元，滑块塑性元件的应力阈值为 σ_{s2}，依据公式（8-87），其应变方程为

$$\varepsilon(t) = \varepsilon_L \left[1 - \left(1 + \frac{\langle \sigma_0 - \sigma_{s2} \rangle}{\sigma_L} \right)^{-2} \right] \tag{8-88}$$

将弹簧单元、非线性弹塑性单元、［K］单元及非线性黏塑性单元串联构成如图 8-14 所示的非线性黏弹塑性本构模型，通过迭加可以得到该模型的蠕变方程。

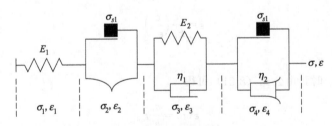

图 8-14　非线性黏弹塑性本构模型

当 $0 \leqslant t \leqslant t_c = \dfrac{\varepsilon_c k_c}{\sigma_0 - \sigma_s}$ 时，蠕变方程为

$$\varepsilon(t) = -\frac{\sigma_0}{E_2} \mathrm{e}^{-\frac{E_2}{\eta_1}t} + \frac{<\sigma_0 - \sigma_{s1}>}{k_c}t + \frac{E_1 + E_2}{E_1 E_2}\sigma_0 +$$

$$\varepsilon_L \left[1 - (1 + \frac{<\sigma_0 - \sigma_{s2}>}{\sigma_L})^{-2} \right] \tag{8-89}$$

此时模型存在瞬时弹性变形、瞬时塑性变形、黏性流动变形及延迟弹性变形。蠕变曲线包括减速蠕变和等速蠕变两个阶段。

在蠕变时间 $t \geqslant t_c = \dfrac{\varepsilon_c k_c}{\sigma_0 - \sigma_s}$，蠕变方程为

$$\varepsilon(t) = -\frac{\sigma_0}{E_2} \mathrm{e}^{-\frac{E_2}{\eta_1}t} + \frac{E_1 + E_2}{E_1 E_2}\sigma_0 + \varepsilon_L \left[1 - \left(1 + \frac{<\sigma_0 - \sigma_{s1}>}{\sigma_L}\right)^{-2} \right]$$

$$+ \mathrm{e}^{\frac{<\sigma_0 - \sigma_{s2}>}{k_c \varepsilon_c}t + \ln\varepsilon_c - 1}, \quad n = 1$$

$$\varepsilon(t) = -\frac{\sigma_0}{E_2} \mathrm{e}^{-\frac{E_2}{\eta_1}t} + \frac{E_1 + E_2}{E_1 E_2}\sigma_0 + \varepsilon_L \left[1 - \left(1 + \frac{<\sigma_0 - \sigma_{s1}>}{\sigma_L}\right)^{-2} \right]$$

$$+ \varepsilon_c \left[\frac{(1-n)<\sigma_0 - \sigma_{s2}>}{k_c \varepsilon_c}t + n \right]^{\frac{1}{1-n}}, \quad n \neq 1 \tag{8-90}$$

可见模型在此时有瞬时弹性应变、瞬时塑性应变、黏性流动应变及延迟弹性应变。通过上式可以求得蠕变速率如下

$$\dot{\varepsilon}(t) = \frac{\sigma_0}{\eta_1} \mathrm{e}^{-\frac{E_2}{\eta_1}t} + \frac{<\sigma_0 - \sigma_{s1}>}{k_c} \left[\frac{(1-n)<\sigma_0 - \sigma_{s1}>}{k_c \varepsilon_c}t + n \right]^{\frac{n}{1-n}}, \quad n \neq 1$$

$$\dot{\varepsilon}(t) = \frac{\sigma_0}{\eta_1} \mathrm{e}^{-\frac{E_2}{\eta_1}t} + \frac{<\sigma_0 - \sigma_{s1}>}{k_c e} \mathrm{e}^{\frac{\sigma_0 - \sigma_{s1}}{k_c \varepsilon_c}t}, \quad n = 1 \tag{8-91}$$

由上式可知，当 $n \neq 1$ 时

$$t^* = \frac{nk_c \varepsilon_c}{(n-1)<\sigma_0 - \sigma_{s1}>} \tag{8-92}$$

当加载时间 $t = t^*$ 时，蠕变速率达到最大。通过公式（8-91），当 $n = 1$ 时，有

$$\ddot{\varepsilon}(t) = -\frac{E_2 \sigma_0}{\eta_1^2} \mathrm{e}^{-\frac{E_2}{\eta_1}t} + \frac{(<\sigma_0 - \sigma_{s1}>)^2}{k_c^2 e \varepsilon_c} \mathrm{e}^{\frac{\sigma_0 - \sigma_{s1}}{k_c \varepsilon_c}t} \tag{8-93}$$

令 $\ddot{\varepsilon}(t) = 0$ 得到

$$t^* = \frac{k_c \varepsilon_c \eta_1}{E_2 k_c \varepsilon_c - \eta_1 <\sigma_0 - \sigma_{s1}>} \ln \frac{E_2 \sigma_0 k_c^2 e \varepsilon_c}{\eta_1^2 (<\sigma_0 - \sigma_{s1}>)^2} \tag{8-94}$$

当加载时间 $t > t^*$ 时，进入到加速蠕变阶段。

对于典型的蠕变及蠕变恢复试验，在 $0 < t < t_1$ 时，应力 $\sigma = \sigma_0$；当 $t > t_1$ 时，$\sigma = 0$，则蠕变 ε_c 及蠕变恢复方程 ε_r 分别为

$$\varepsilon_c = D_0 g_0 \sigma_0 + g_1 g_2 \sigma_0 \sum_m D_m \left[1 - \exp\left(-\frac{t}{a_\sigma \tau_m} \right) \right] + \varepsilon_{vp}, 0 < t < t_1 \tag{8-95}$$

$$\varepsilon_r = g_2 \sigma_0 \sum_m D_m \left[1 - \exp\left(-\frac{t_1}{a_\sigma \tau_m} \right) \right] \exp\left(-\frac{t - t_1}{\tau_m} \right) + \varepsilon_{vp}, t > t_1 \tag{8-96}$$

式中，D_0 为线性黏弹性蠕变柔量的初始值；D_m 为第 m 个 [K] 单元的柔量；τ_m 为第 m 个 [K] 单元的延迟时间；σ_0 为蠕变应力；ε_{vp} 为加载过程中产生的黏塑性应变；g_0、g_1、g_2 是与应力有关的参数，当施加的应力足够小时，g_0、g_1、g_2 近似取 1。

对于黏塑性应变可取如下形式

$$\varepsilon_{vp} = A \ln\left(1 - \frac{\sigma_0}{Q} \right) [1 - \exp(-bt)] \tag{8-97}$$

同样，常数 A、Q 和 b 可以通过蠕变及蠕变恢复试验数据拟合确定。

在考虑黏塑性蠕变时，采用 [M] 单元与滑块塑性元件并联，构成非线性黏弹塑性单元。塑性滑块元件的应力阈值为 σ_s，由模型的组成结构，[M] 单元的应变为

$$\varepsilon_{M_1} = \left(\frac{1}{E_M} + \frac{t}{\eta_M} \right) (\sigma - \sigma_s) \tag{8-98}$$

将黏塑性应变分为线性黏塑性应变和非线性黏塑性应变两部分，基于模型理论和经验公式，建立线性和非线性黏塑性本构方程

$$\varepsilon_{M_2}(\sigma, t) = \varepsilon_{M0}(\sigma, t) + \varepsilon_{Mt}(\sigma, t) \tag{8-99}$$

式中，$\varepsilon_{M_2}(\sigma, t)$ 为非线性黏塑性应变；$\varepsilon_{M0}(\sigma, t)$ 为瞬时非线性黏塑性应变；$\varepsilon_{Mt}(\sigma, t)$ 为非瞬时非线性黏塑性应变。

基于经验法，采用双曲线型函数关系表征瞬时和非瞬时非线性黏塑性应变

$$\varepsilon_{M0}(\sigma) = \frac{A_1 A_2 (\sigma - \sigma_s)}{1 - A_2 (\sigma - \sigma_s)} \tag{8-100}$$

$$\varepsilon_{Mt}(\sigma, t) = \frac{A_3 A_4 (\sigma - \sigma_s)}{1 - A_4 (\sigma - \sigma_s)} t^{A_5} \tag{8-101}$$

其中，A_1、A_2、A_3、A_4 和 A_5 为常数。

根据迭加原理，非线性黏弹塑性单元的总应变为

$$\varepsilon_M = \left(\frac{1}{E_M} + \frac{t}{\eta_M} \right) (\sigma - \sigma_s) - \frac{A_1 A_2 (\sigma - \sigma_s)}{1 - A_2 (\sigma - \sigma_s)} - \frac{A_3 A_4 (\sigma - \sigma_s)}{1 - A_4 (\sigma - \sigma_s)} t^{A_5} \tag{8-102}$$

该非线性黏弹塑性单元将黏弹性本构方程与黏塑性本构方程相结合，建立了黏弹塑性本构方程。该方法克服了单靠模型理论分析非线性蠕变的困难，弥补了单靠经验公式

缺乏物理意义和通用性的不足。

由〔H〕单元、两个〔K〕单元和非线性黏弹塑性单元组成的力学模型如图 8-15 所示。通过迭加得到该模型的总应变为

$$\varepsilon(\sigma,t) = \frac{\sigma}{E_H} + \frac{\sigma}{E_{K1}}\left[1 - \exp\left(-\frac{E_{K1}}{\eta_{K1}}t\right)\right]$$

$$+ \frac{\sigma}{E_{K2}}\left[1 - \exp\left(-\frac{E_{K2}}{\eta_{K2}}t\right)\right] + \left[\frac{1}{E_M} + \frac{t}{\eta_M}\right](\sigma - \sigma_s) \qquad (8\text{-}103)$$

$$- \frac{A_1 A_2(\sigma - \sigma_s)}{1 - A_2(\sigma - \sigma_s)} - \frac{A_3 A_4(\sigma - \sigma_s)}{1 - A_4(\sigma - \sigma_s)}t^{A_5}$$

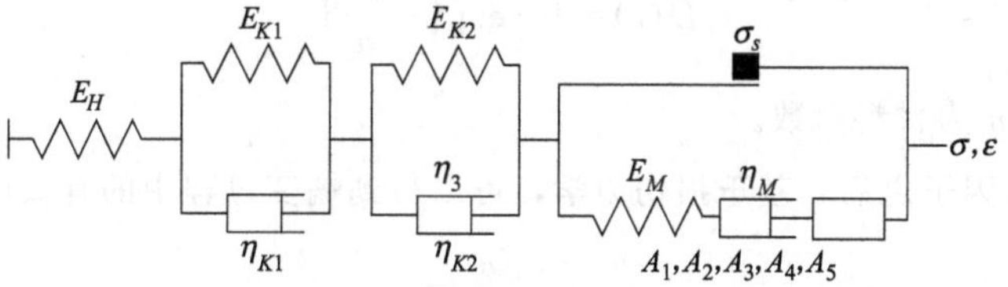

图 8-15　非线性黏弹塑性本构模型

8.3　基于蠕变损伤的非线性黏弹塑性力学模型

材料内部会存在一些微裂纹、微孔洞等细小的初始缺陷。在外载荷的作用下，会导致材料内部的微裂纹、微孔洞进一步扩展，并产生新的微裂纹和微孔洞，伴随着微裂纹的产生和扩展，导致材料产生损伤引起性能的劣化。随着材料性能的劣化（损伤），材料抵抗变形的能力降低，在持续的外载荷作用下，材料会进入到加速蠕变阶段，随着裂纹的进一步扩展连通，最终导致材料断裂破坏。因此，基于损伤力学的角度，引入损伤变量，描述材料性能的损伤过程，并将损伤变量引入到本构方程之中，可以描述完整的蠕变损伤过程，从而使本构方程可以描述材料的加速蠕变过程。

（1）线性本构方程材料参数损伤修正

基于损伤力学对材料的性能进行分析，关键是建立描述材料损伤过程的损伤变量。材料内部的微缺陷是引起损伤的直接原因，材料内部的微裂纹及微孔洞等缺陷是离散分布的，基于连续损伤力学，可以将材料的微缺陷进行连续化处理，这样便于采用宏观的变量来描述材料的缺陷损伤。通过岩石、混凝土材料损伤分析的研究结果表明：Weibull 分布比较适合描述这类材料的损伤，可以用 Weibull 函数来描述这些缺陷的分布

$$f(t) = \frac{m}{n}(t-\gamma)^{m-1}\exp\left(-\frac{(t-\gamma)^m}{n}\right) \tag{8-104}$$

损伤演化方程可以定义为

$$\frac{\mathrm{d}D(t)}{\mathrm{d}t} = f(t) \tag{8-105}$$

将式（8-104）代入到式（8-105）中，并对式（8-105）进行积分

$$D(t) = \int_{\gamma}^{t} \frac{m}{n}(t-\gamma)^{m-1}\exp\left(-\frac{(t-\gamma)^m}{n}\right)\mathrm{d}t = 1-\exp\left(-\frac{(t-\gamma)^m}{n}\right) \tag{8-106}$$

γ 是损伤的门槛值，当 $\gamma=0$ 时，则由 Weibull 函数定义的连续损伤因子为

$$D(t) = 1-\exp\left(-\frac{t^m}{n}\right) \tag{8-107}$$

式中，m、n 为材料参数。

在引入损伤因子之后，基于损伤力学，可以得到蠕变过程中的有效应力为

$$\sigma = \frac{\sigma_0}{1-D(t)} \tag{8-108}$$

对于伯格斯模型，通过损伤变量修正伯格斯模型的材料参数，即可以得到考虑损伤的非线性蠕变方程。根据蠕变柔量的定义，将损伤变量引入到蠕变柔量之中，即可以得到考虑损伤的蠕变柔量为

$$J(t) = \exp\left(\frac{t^m}{n}\right)\left\{\frac{1}{E_1} + \frac{t}{\eta_1} + \frac{1}{E_2}\left[1-\exp\left(-\frac{E_2}{\eta_2}t\right)\right]\right\} \tag{8-109}$$

如果依据单轴应力下的 Kachanov 蠕变损伤定律

$$\dot{D} = A\sigma^\gamma(1-D)^{-\gamma} \tag{8-110}$$

其中，A、γ 为材料常数。损伤变量 D 从 0（无损伤状态）到 1（破坏状态）变化。对上式进行积分，并且由 $t=0$ 时，$D=0$ 的条件可以得到

$$t = \frac{1-(1-D)^{\gamma+1}}{A\sigma^\gamma(1+\gamma)} \tag{8-111}$$

令 $D=1$，代入上式可以得到蠕变断裂时间 t_R

$$t_R = \frac{1}{A(\gamma+1)\sigma^\gamma} \tag{8-112}$$

由上式得到 A，代入到式（8-111）中得到损伤因子

$$D = 1-\left(1-\frac{t}{t_R}\right)^{\frac{1}{\gamma+1}} \tag{8-113}$$

考虑损伤的弹性模量为

$$E = E_0(1-D) = E_0\left(1 - \frac{t}{t_R}\right)^{\frac{1}{\gamma+1}}\qquad(8\text{-}114)$$

考虑到软岩蠕变过程中的硬化现象，引入硬化函数

$$H = c\sigma^v t^{1-\alpha}\qquad(8\text{-}115)$$

其中，c、v、α 为材料参数，并且 $0<\alpha<1$。

考虑硬化效应的等效黏度为

$$\bar{\eta} = \eta_0 H = \eta_0 c\sigma^v t^{1-\alpha}\qquad(8\text{-}116)$$

[M] 单元的蠕变方程

$$\varepsilon = \sigma_0\left(\frac{1}{E_0} + \frac{t}{\eta_0}\right)\qquad(8\text{-}117)$$

根据 [M] 的蠕变方程，对于弹性模量 E_0 考虑损伤效应，对于黏度系数考虑硬化效应，将式 (8-114)、式 (8-115) 代入到式 (8-116) 得到考虑损伤及硬化的非线性蠕变方程

$$\varepsilon(t) = \frac{\sigma_0}{E_0}\left(1 - \frac{t}{t_R}\right)^{-\frac{1}{\gamma+1}} + \frac{t^\alpha}{\eta_0 c\sigma_0^v}\sigma_0\qquad(8\text{-}118)$$

（2）非线性本构方程材料参数损伤修正

以上是通过损伤变量对线性本构方程中的材料参数进行修正，从而得到非线性的本构方程。在分析非线性的蠕变行为时，也可以通过损伤变量对非线性本构方程中的材料参数进行修正，而得到非线性的本构方程。

令黏壶的黏度-时间关系为

$$\eta_4(t) = \frac{A}{At^2 + Bt + C}\eta_0\qquad(8\text{-}119)$$

式中，A、B、C 为常数。

将该非线性黏壶与滑块塑性元件并联，构成非线性黏塑性单元，滑块塑性元件的应力阈值为 σ_s，该非线性黏塑性单元的本构方程为

$$\dot{\varepsilon}(t) = \frac{<\sigma_0 - \sigma_s>}{\eta} = \frac{<\sigma_0 - \sigma_s>(At^2 + Bt + C)}{A\eta_0}\qquad(8\text{-}120)$$

对上式进行积分，可以得到该非线性黏塑性单元的蠕变方程为

$$\varepsilon_4(t) = \frac{<\sigma_0 - \sigma_s>}{\eta_0}\left(\frac{1}{2}t^3 + \frac{1}{2}\times\frac{B}{A}t^2 + \frac{C}{A}t\right)\qquad(8\text{-}121)$$

将该非线性黏塑性单元与伯格斯模型串联，构成非线性黏弹塑性本构模型，如图 8-16 所示，通过迭加可以得到该模型的蠕变方程为

$$\varepsilon(t) = \left[\frac{1}{E_1} + \frac{1}{\eta_1}t + \frac{1}{E_2}\left(1 - \exp\left(-\frac{E_2}{\eta_2}t\right)\right)\right]\sigma_0 +$$

$$\frac{<\sigma_0 - \sigma_s>}{\eta_0}\left(\frac{1}{2}t^3 + \frac{1}{2}\frac{B}{A}t^2 + \frac{C}{A}t\right) \tag{8-122}$$

考虑材料的各向同性损伤，而且初始损伤阈值为零，定义损伤因子为

$$D = 1 - \exp(-m\varepsilon) \tag{8-123}$$

式中，m 为材料常数；ε 为总应变。假定模型各参数在蠕变过程中随着应变的增加发生同等程度的损伤。通过损伤变量对式（8-122）非线性蠕变方程的材料参数进行修正，即可以得到考虑损伤的非线性黏弹塑性蠕变方程

$$\varepsilon(t) = \left[\frac{1}{E_1(1-D)} + \frac{1}{\eta_1(1-D)}t + \frac{1}{E_2(1-D)}\left(1 - \exp\left(-\frac{E_2(1-D)}{\eta_2(1-D)}t\right)\right)\right]\sigma_0$$

$$+ \frac{<\sigma_0 - \sigma_s>}{\eta_0(1-D)}\left(\frac{1}{3}t^3 + \frac{1}{2}\frac{B}{A}t^2 + \frac{C}{A}t\right) \tag{8-124}$$

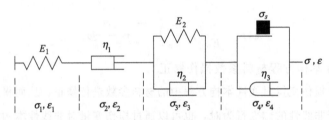

图 8-16　非线性黏弹塑性本构模型

对于岩土材料在加速蠕变阶段存在的塑性应变，依据 Ramberg-Osgood 方程，塑性应变可以用弹性应变的幂函数表示

$$\varepsilon_{ro} = \varepsilon_{re} + \varepsilon_{rp} = \varepsilon_{re} + k(\varepsilon_{re})^n = \frac{\sigma}{E} + k\left(\frac{\sigma}{E}\right)^n \tag{8-125}$$

式中，ε_{ro} 为 Ramberg-Osgood 方程的总应变；ε_{re} 为弹性应变；ε_{rp} 为塑性应变；σ 为总应力；E 为瞬时弹性模量；k 为与地质材料有关的常数。

当岩土材料蠕变时，应力保持恒定，应变随时间变化。对 Ramberg-Osgood 方程进行改进，将岩土材料的塑性应变表示为

$$\varepsilon_{rp} = k(\varepsilon_{r\eta})^n = k\left(\frac{\sigma}{\eta}t\right)^n \tag{8-126}$$

式中，$\varepsilon_{r\eta}$ 为 Ramberg-Osgood 方程的黏性应变；η 为黏性系数。

考虑蠕变模量的定义，对改进的 Ramberg-Osgood 方程进行变换，提出描述岩石损伤行为的损伤塑性单元：

$$\varepsilon_P = k\sigma \left(\frac{t}{\eta_{PD}}\right)^n \tag{8-127}$$

式中，ε_P 为塑性单元的应变；η_{PD} 为考虑塑性单元损伤的黏滞系数。

考虑到损伤关系

$$\eta_{PD} = \eta_P (1-D) \tag{8-128}$$

式中，η_P 为塑性单元的黏度系数；D 为损伤参数。

代表性体积单位（REV）的缺陷服从威布尔分布，威布尔分布与时间有关，服从概率密度函数

$$P(t) = \frac{\xi}{\alpha} \left(\frac{t}{\alpha}\right)^{\xi-1} \exp(-\alpha t^\xi) \tag{8-129}$$

其中，α、ξ 为材料参数。

损伤因子 D 定义为损伤量 $[M_D(t)]$ 与 REV 量 (M_V) 之比，表示为

$$D = M_D(t)/M_V = \int_0^t M_V P(\tau) \mathrm{d}\tau / M_V = [1 - \exp(-\alpha t^\xi)] \tag{8-130}$$

通过将损伤变量公式（8-130）代入到公式（8-128），依据公式（8-127），则可以得到考虑损伤的非线性黏壶的应变为

$$\varepsilon_P = k\sigma \left(\frac{t}{\eta_P \exp(-\alpha t^\xi)}\right)^n \tag{8-131}$$

由 [M] 单元、[K] 单元和损伤塑性单元串联组成的本构模型如图 8-17 所示。依据模型的串联关系，通过迭加可以得到模型的蠕变方程为

$$\varepsilon(t) = \frac{\sigma}{E_M} + \frac{\sigma}{\eta_M} t + \frac{\sigma}{E_K} \left(1 - \exp\left(-\frac{E_K}{\mu_K} t\right)\right), \sigma < \sigma_s \tag{8-132}$$

$$\varepsilon(t) = \frac{\sigma}{E_M} + \frac{\sigma}{\eta_M} t + \frac{\sigma}{E_K} \left(1 - \exp\left(-\frac{E_K}{\mu_K} t\right)\right) + k\sigma \left(\frac{t}{\eta_P \exp(-\alpha t^\xi)}\right)^n, \sigma > \sigma_s \tag{8-133}$$

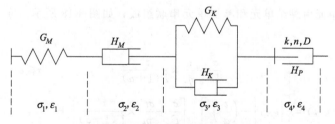

图 8-17　非线性黏弹塑性本构模型

在建立冻土的本构关系时，基于均质化理论，冻土的代表性单元在宏观层面上具有均匀的本构关系。而在微观层面上，将冻土的代表性单元分为两个具有不同力学性能的

部分：黏结元件和摩擦元件。冻土的代表性单元宏观应变表达式为

$$\varepsilon(t) = (1-\lambda)\varepsilon_b(t) + \lambda\varepsilon_f(t) \tag{8-134}$$

式中，λ 为损伤率；ε_b、ε_f 分别为黏结单元和摩擦单元的微观应变。

黏结单元的本构模型由一个 [H] 元件和一个分数阶导数黏壶元件串联组成。分数阶黏壶的本构关系为

$$\varepsilon(t) = \eta \frac{d^\alpha \varepsilon(t)}{dt^\alpha} \tag{8-135}$$

两边进行积分，可得

$$\varepsilon(t) = \frac{\sigma}{\eta} \times \frac{t^\alpha}{\Gamma(1+\alpha)} \tag{8-136}$$

其中，分数阶 α 可以描述材料的黏弹性性质。$\alpha=1$ 时，为牛顿流体的本构关系，适用于理想流体；当 $\alpha=0$ 时，为理想弹性体的本构方程，适用于理想弹性固体；当 $0<\alpha<1$ 时，可以描述黏弹性体的本构关系。

黏结单元由 [H] 元件和分数阶导数黏壶元件串联组成，所以其蠕变本构关系为

$$\varepsilon_b = \frac{\sigma_b}{E_0} + \frac{\sigma_b}{\eta_b} \times \frac{t^\alpha}{\Gamma(1+\alpha)} \tag{8-137}$$

摩擦单元的蠕变本构模型由一个滑块塑性元件和一个分数黏壶元件并联组成，滑块塑性元件的应力阈值为 σ_Y。摩擦单元的蠕变方程为

$$\varepsilon_f = \begin{cases} 0 & \sigma_f \leqslant \sigma_Y \\ \dfrac{\sigma_f - \sigma_Y}{\eta_f} \times \dfrac{t^\beta}{\Gamma(1+\beta)} & \sigma_Y < \sigma_f \end{cases} \tag{8-138}$$

损伤率 λ 在蠕变过程中的演化规律定义为

$$\lambda = 1 - \exp\left[-\left(\frac{t}{a}\right)^b\right] \tag{8-139}$$

冻土代表单元由黏结单元和摩擦单元串联组成，如图 8-18 所示。冻土一维蠕变本构关系为

$$\varepsilon(t) = \begin{cases} \dfrac{\sigma}{E} + \dfrac{\sigma}{\eta_b} \times \dfrac{t^\alpha}{\Gamma(1+\alpha)} & \sigma \leqslant \sigma_Y \\ \left\{\exp\left[-\left(\dfrac{t}{a}\right)^b\right]\right\}\left[\dfrac{\sigma}{E} + \dfrac{\sigma t^\alpha}{\eta_b} \times \dfrac{t^\alpha}{\Gamma(1+\alpha)}\right] + \\ \left\{1 - \exp\left[-\left(\dfrac{t}{a}\right)^b\right]\right\}\left[\dfrac{\sigma - \sigma_Y}{\eta_f} \times \dfrac{t^\beta}{\Gamma(1+\beta)}\right] & \sigma_Y < \sigma \end{cases} \tag{8-140}$$

基于分数导数模型，将损伤变量 D 引入到分数阶中，构建非线性黏壶，并将其与

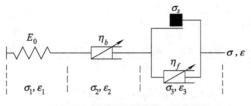

图 8-18　非线性黏弹塑性本构模型

滑块塑性元件并联，构成黏塑性单元，滑块塑性元件的应力阈值为 σ_p。基于 Abel 黏壶将损伤变量 D 引入分数阶后，其本构方程为

$$\sigma(t)=\eta_2\frac{\mathrm{d}^{1+D}\varepsilon(t)}{\mathrm{d}t^{1+D}} \tag{8-141}$$

在恒定应力下，采用 Riemann-Liouville 分数算子对上式进行积分，得到非线性损伤 Abel 黏壶的蠕变方程为

$$\varepsilon(t)=\frac{\sigma_0}{\eta_2}\times\frac{t^{1+D}}{\Gamma(2+D)} \tag{8-142}$$

式中，σ_0、$\varepsilon(t)$ 分别为应力和应变；η_2 为材料的黏性系数；D 为损伤变量，取值范围为 $0\sim1$，分别对应于完好（未损伤）和完全损伤状态。

考虑体积应变的宏观损伤，损伤变量 D 表示为

$$D=1-\exp\left[-\left(\frac{\sigma_v}{K\varepsilon_0}\right)^m\right] \tag{8-143}$$

式中，σ_v 和 K 分别为各向同性应力和体积模量。

由 [M] 单元、[K] 单元和非线性黏塑性单元串联组成的本构模型如图 8-19 所示。根据迭加可以得到一维情况下蠕变方程为

$$\begin{cases}\varepsilon(t)=\dfrac{\sigma}{G_0}+\dfrac{\sigma}{\eta_0}t+\dfrac{\sigma}{G_1}(1-\mathrm{e}^{\frac{-G_1}{\eta_1}t}),\sigma\leqslant\sigma_p\\[3mm]\varepsilon(t)=\dfrac{\sigma}{G_0}+\dfrac{\sigma}{\eta_0}t+\dfrac{\sigma}{G_1}(1-\mathrm{e}^{\frac{-G_1}{\eta_1}t})+\dfrac{\sigma_0-\sigma_p}{\eta_2}\times\dfrac{t^{1+D}}{\Gamma(2+D)},\sigma>\sigma_p\end{cases} \tag{8-144}$$

在三维情况下，损伤变量 D 的表达式为

$$D=1-\exp\left\{-\left[\frac{[E\varepsilon_1+\sigma_3(2\mu-1)]\sqrt{3+\sin^2\varphi}-3c\cos\varphi}{3K\varepsilon_0\sin\varphi}\right]^m\right\} \tag{8-145}$$

三维情况下的模型的蠕变方程为

$$\begin{cases}
\varepsilon_{11}(t)=\dfrac{\sigma_1-\sigma_3}{3G_0}+\dfrac{\sigma_1-\sigma_3}{3\eta_0}t+\dfrac{\sigma_1-\sigma_3}{3G_1}(1-\mathrm{e}^{-\frac{G_1}{\eta_1}t}),\sigma_1-\sigma_3<\sigma_s \\[4mm]
\varepsilon_{11}(t)=\dfrac{\sigma_1-\sigma_3}{3G_0}+\dfrac{\sigma_1-\sigma_3}{3\eta_0}t+\dfrac{\sigma_1-\sigma_3}{3G_1}(1-\mathrm{e}^{-\frac{G_1}{\eta_1}t})+ \\[4mm]
2-\exp\left\{-\left[\dfrac{(\sigma_1-\sigma_3)\sqrt{3+\sin^2\varphi}-3c\cos\varphi}{3K\varepsilon_0\sin\varphi}\right]^m\right\} \\[4mm]
\dfrac{\sigma_1}{\eta_2}\times\dfrac{t_1}{\varGamma\left(3-\exp\left\{-\left[\dfrac{(\sigma_1-\sigma_3)\sqrt{3+\sin^2\varphi}-3c\cos\varphi}{3K\varepsilon_0\sin\varphi}\right]^m\right\}\right)},\quad\sigma_1-\sigma_3\geqslant\sigma_s
\end{cases}$$ (8-146)

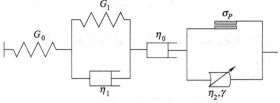

图 8-19 非线性黏弹塑性本构模型

（3）基于损伤变量修正的非线性本构方程

以上两种方式在建立考虑损伤的本构方程时，先建立线性或非线性本构方程，然后在本构方程的参数中引入损伤变量，得到考虑损伤的非线性本构方程。如果在非线性本构方程建立的过程中引入损伤变量，然后再建立非线性本构方程，则可以得到损伤变量修正的非线性本构方程，与前述两种本构方程的构建方式有一定的差别。

在黏壶元件中考虑黏度系数的损伤效应，根据 Lemaitre 应变等效原理，将损伤变量引入到黏壶的本构方程之中，得到损伤黏壶元件的微分本构方程

$$\dot{\varepsilon}_{vp}=\frac{\sigma}{\eta_{4,0}}=\frac{\sigma}{\eta_4(1-D)}$$ (8-147)

式中，η_4 为初始黏度系数；$\eta_{4,0}$ 为长期荷载作用下的黏度系数；D 为损伤变量。

同样，依据单轴应力下的 Kachanov 蠕变损伤定律得到的损伤变量公式（8-113），将损伤变量代入到公式（8-147），得到损伤黏壶元件本构方程

$$\dot{\varepsilon}=\frac{\sigma}{\eta_4}\left(1-\frac{t}{t_1}\right)^{\frac{1}{1+\lambda}}$$ (8-148)

对上式进行积分，并考虑初始条件，得到损伤黏壶元件的蠕变方程

$$\varepsilon_{vp}=\frac{\sigma}{\eta_4}\times\frac{t_1(1+\lambda)}{\lambda}\left[1-\left(1-\frac{t}{t_1}\right)^{\frac{1}{1+\lambda}}\right]$$ (8-149)

将损伤黏壶元件与滑块塑性元件并联，构成非线性黏塑性单元，滑块塑性元件的应力阈值为 σ_s。基于上式，可以得到非线性黏塑性单元的蠕变方程

$$\varepsilon_{vp}=\frac{\sigma-\sigma_s}{\eta_4}\times\frac{t_1(1+\lambda)}{\lambda}\left[1-(1-D)^{\lambda}\right] \tag{8-150}$$

通过非线性黏塑性单元、[M] 单元及 [K] 单元的串联，构成非线性黏弹塑性本构模型，如图 8-20 所示，则其蠕变方程为

$$\varepsilon=\begin{cases}\dfrac{\sigma}{E_1}+\dfrac{\sigma}{E_2}\left[1-\exp\left(-\dfrac{E_2}{\eta_2}t\right)\right]+\dfrac{\sigma}{\eta_3}t,\ \sigma_0<\sigma_s\\[4mm]\dfrac{\sigma}{E_1}+\dfrac{\sigma}{E_2}\left[1-\exp\left(-\dfrac{E_2}{\eta_2}t\right)\right]+\dfrac{\sigma}{\eta_3}t+\\[4mm]\dfrac{\sigma-\sigma}{\eta_4}\times\dfrac{t_1(1+\lambda)}{\lambda}\left[1-\left(1-\dfrac{t}{t_1}\right)^{\frac{1}{1+\lambda}}\right],\ \sigma_s\leqslant\sigma_0\end{cases} \tag{8-151}$$

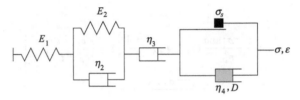

图 8-20 非线性黏弹塑性本构模型

基于线性黏弹性 [K] 单元，通过考虑蠕变模型参数的时间效应，构建非线性黏弹性蠕变模型。采用指数函数模型描述 [K] 单元中模型参数 $G_K(t)$ 和 $\eta_K(t)$ 的时间效应，即

$$G_K(t)=G_K(t/t_0)^m \tag{8-152}$$

$$\eta_K(t)=\eta_K(t/t_0)^n \tag{8-153}$$

式中，t_0 是参考时间；m、n 均为拟合参数。基于 [K] 单元的蠕变方程，结合上式，可以得到非线性黏弹性蠕变模型（改进的 [K] 单元）

$$\gamma=\gamma_E+\gamma_{VE}=\frac{\tau}{G_M}+\frac{\tau}{G_K(t)}\left[1-\exp\left(-\frac{G_K(t)}{\eta_K(t)}t\right)\right] \tag{8-154}$$

将两个串联的黏壶元件与滑块塑性元件并联，并考虑黏度系数的时间损伤效应，构成损伤黏塑性单元。滑块塑性元件的应力阈值为 τ_l。当应力大于 τ_l 且蠕变时间 t 大于 t_R 时，基于串联黏壶的关系，损伤黏塑性单元的本构方程为

$$\tau-\tau_l=\eta_N\dot{\gamma}=\frac{\eta_V\eta_D}{\eta_V+\eta_D}\dot{\gamma} \tag{8-155}$$

考虑黏度系数 η_D 的损伤，此时的本构方程为

$$\tau - \tau_l = \eta_N \dot{\gamma} = \frac{\eta_V \eta_D^0 (1-D)}{\eta_V + \eta_D^0 (1-D)} \dot{\gamma} \tag{8-156}$$

式中，τ 为剪切应力；η_D^0 为初始黏度系数。

考虑如下式所示的损伤因子

$$D = 1 - \left(\frac{t_F - t}{t_F - t_R} \right)^{1/(\delta+1)} \tag{8-157}$$

式中，t_R 为进入加速蠕变阶段的时间点，此时 $D=0$，无损伤；t_F 为失效点，此时 $D=1$，发生完全损伤。

此外，残余剪切强度由 Mohr-Coulomb 准则来描述

$$\tau_l = \sigma \tan\alpha \tag{8-158}$$

将公式（8-157）代入到公式（8-156）中，并对公式（8-156）进行积分，可以得到蠕变方程

$$\gamma_{VP} = \frac{\tau - \sigma \tan\alpha}{\eta_D^0} (t_F - t_R) \frac{\delta+1}{\delta} \left[1 - \left(\frac{t_F - t}{t_F - t_R} \right)^{\frac{\delta}{\delta+1}} \right]$$
$$+ \frac{\tau - \sigma \tan\alpha}{\eta_V} (t - t_R) \tag{8-159}$$

由［H］单元、改进［K］单元和损伤黏塑性单元串联构成的本构模型如图 8-21 所示。通过迭加得到其剪切蠕变方程为

$$\gamma = \begin{cases} \dfrac{\tau}{G_M} + \dfrac{\tau}{G_K(t)} \left[1 - \exp\left(-\dfrac{G_K(t)}{\eta_K(t)} t \right) \right], \tau < \tau_l \\[3mm] \dfrac{\tau}{G_M} + \dfrac{\tau}{G_K(t)} \left[1 - \exp\left(-\dfrac{G_K(t)}{\eta_K(t)} t \right) \right] + \dfrac{\tau - \sigma \tan\alpha}{\eta_D^0} (t_F - t_R) \\[3mm] \dfrac{\delta+1}{\delta} \left[1 - \left(\dfrac{t_F - t}{t_F - t_R} \right)^{\frac{\delta}{\delta+1}} \right] + \dfrac{\tau - \sigma \tan\alpha}{\eta_V} (t - t_R), \tau \geqslant \tau_l \end{cases} \tag{8-160}$$

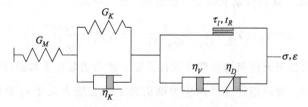

图 8-21　非线性黏弹塑性本构模型

为了分析岩石蠕变损伤，考虑黏度系数在流变过程中由于损伤会发生改变，考虑细

观尺度上的裂纹演化和损伤积累，引入损伤变量 D

$$D = 1 - e^{-at} \qquad (8\text{-}161)$$

仅在考虑载荷作用时间影响的情况下，描述黏度系数的损伤情况

$$\eta^\gamma = \eta^\gamma(D) = \eta^\gamma(1-D) \qquad (8\text{-}162)$$

采用分数导数黏壶元件构建岩石流变本构模型，分数导数黏壶的本构方程为

$$\sigma = \eta \, \mathrm{d}^\gamma \varepsilon(t)/\mathrm{d}t^\gamma \quad (0 \leqslant \gamma \leqslant 1) \qquad (8\text{-}163)$$

为了考虑岩石流变过程的损伤演化规律，将黏度的损伤关系代入到本构方程中，依据式（8-161）~式（8-163），可以得到

$$\sigma(t) = (\eta^\gamma e^{-at}) \frac{\mathrm{d}^\gamma \left[\varepsilon(t) \right]}{\mathrm{d}t^\gamma} \quad (0 < \gamma < 1) \qquad (8\text{-}164)$$

根据分数阶微分算子理论，基于上式，恒应力下的应变为

$$\varepsilon(t) = \frac{\sigma}{\eta^\beta} t^\beta \sum_{k=0}^{\infty} \frac{(at)^k}{\Gamma(k+1+\beta)} \qquad (8\text{-}165)$$

对于如图 8-21 所示的本构模型，当 $\sigma < \sigma_s$ 时，第一个串联的分数导数黏壶不考虑材料损伤，则模型的蠕变方程为

$$\varepsilon(t) = \frac{\sigma}{E_0} + \frac{\sigma}{\eta_1^\beta} \times \frac{t^\beta}{\Gamma(\beta+1)} \qquad (8\text{-}166)$$

当 $\sigma > \sigma_s$ 时，第二个串联的分数导数黏壶考虑材料损伤作用，则模型的蠕变方程为

$$\varepsilon(t) = \frac{\sigma}{E_0} + \frac{\sigma}{\eta_1^\beta} \times \frac{t^\beta}{\Gamma(\beta+1)} + \frac{\sigma-\sigma_s}{\eta_2^\gamma} t^\gamma \sum_{k=0}^{\infty} \frac{(at)^k}{\Gamma(k+1+\gamma)} \quad (\sigma \geqslant \sigma_s) \qquad (8\text{-}167)$$

除了分数导数之外，还有时间分维导数，其定义如式（8-168）所示，分维导数是一个没有卷积积分的局部算子，这与分数阶导数的积分定义有很大的不同。

$$\frac{\mathrm{d}f(t)}{\mathrm{d}t^\beta} = \lim_{t_0 \to t} \frac{f(t) - f(t_0)}{t^\beta - t_0^\beta} \qquad (8\text{-}168)$$

式中，β 为分维导数的阶数。

基于分维导数的定义，提出一种分维阻尼元件，它可以描述材料在固体和流体之间的变形行为。分维阻尼元件的应力-应变关系为

$$\frac{\mathrm{d}\varepsilon(t)}{\mathrm{d}t^\beta} = \frac{\sigma(t)}{\eta^\beta}, \ 0 < \beta \qquad (8\text{-}169)$$

为了更好地表征加速蠕变行为，在分维阻尼元件中引入损伤变量。考虑到蠕变过程中的阈值和损伤效应，在分维阻尼元件的黏度系数 η 中引入损伤变量 d

$$\eta^{\beta'} = \eta^\beta(1-d), \ 0 < \beta \ \text{且} \ 0 \leqslant d < 1 \qquad (8\text{-}170)$$

式中，η^{β} 为经典分维阻尼元件的黏度系数；$\eta^{\beta'}$ 为考虑损伤效应的分维阻尼元件的黏度系数；d 为损伤变量。

损伤变量 d 取如下形式

$$d = 1 - e^{-vt^{\beta}}, 0 \leqslant v \text{ 且 } 0 < \beta \tag{8-171}$$

基于式 (8-168)、式 (8-170)、式 (8-171)，得到考虑损伤的分维阻尼元件的本构方程为

$$\sigma(t) = \eta^{\beta} e^{-vt^{\beta}} \frac{d\varepsilon(t)}{dt^{\beta}} \tag{8-172}$$

考虑到应力 $\sigma(t)$ 为常数 σ，初始应变 $\varepsilon(0) = 0$，对上式积分可得

$$\varepsilon = \frac{\sigma}{v\eta^{\beta}}(e^{vt^{\beta}} - 1) \tag{8-173}$$

在不考虑损伤效应时，对公式 (8-169) 进行积分，得到分维阻尼元件的蠕变为

$$\varepsilon_a = \frac{\sigma_a}{\eta_1^{\beta}} t^{\beta} \tag{8-174}$$

基于分维阻尼元件，构建黏塑性单元，与分维阻尼元件、弹簧元件 [H] 串联，得到如图 8-22 所示的本构模型，通过迭加可以得到其蠕变方程为

$$\begin{cases} \varepsilon(t) = \dfrac{\sigma}{E_0} + \dfrac{\sigma}{\eta_1^{\beta}} t^{\beta}, \sigma < \sigma_s \\[3mm] \varepsilon(t) = \dfrac{\sigma}{E_0} + \dfrac{\sigma}{\eta_1^{\beta}} t^{\beta} + \dfrac{\sigma - \sigma_s}{\eta_2^{\beta} v}(e^{vt^{\beta}} - 1), \sigma \geqslant \sigma_s \end{cases} \tag{8-175}$$

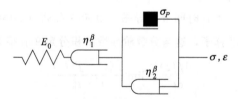

图 8-22 非线性黏弹塑性本构模型

(4) 考虑多损伤的非线性黏弹塑性本构模型

在以上考虑损伤的非线性本构方程的构建过程中，引入了单一的损伤变量，认为材料的所有性能满足同样的损伤规律，或者仅考虑单一的损伤因素。实际材料的损伤过程较为复杂，引起材料性能损伤的因素也是多方面的。比如多物理场的耦合作用，热-力耦合、物理场与化学场的耦合等，为了分析多因素引起的损伤及材料性能复杂的损伤过程，可以引入多个损伤变量，来构建非线性的黏弹塑性的本构方程。

例如，为了研究岩石在酸性环境和应力耦合作用下复杂的损伤行为，引入两个损伤变量 D_c、D_m，分别描述酸性环境引起的损伤及应力作用引起的损伤。

当岩石处于酸性环境时，酸性环境中的化学成分与岩石发生反应，使岩石内部的水泥溶化、孔隙及微裂缝扩大，形成化学损伤。岩石中微裂缝的发育和贯通，反映了岩石的损伤程度，宏观上表现为岩石弹性模量的降低。因此，根据损伤力学，得到岩石化学腐蚀的损伤程度表达式

$$D_c = 1 - E_C / E_0 \qquad (8\text{-}176)$$

式中，E_C 为岩石在 pH=C 环境下的弹性模量。

当岩石的应力大于其长期强度 σ_s 时，岩石将产生应力损伤。根据 Kachanov 蠕变损伤定律，其损伤变量可取如下形式

$$D_m = 1 - \left(1 - \frac{t}{t_F}\right)^{\frac{1}{1+N}} \qquad (8\text{-}177)$$

化学腐蚀损伤存在于应力作用的全过程，而应力损伤发生在岩石的应力大于其长期强度 σ_s 时。岩石在酸蚀和应力作用下的综合损伤变量为

$$D = 1 - (1 - D_m)(1 - D_c) \qquad (8\text{-}178)$$

考虑到化学腐蚀损伤和应力损伤的综合作用，当 $\sigma < \sigma_s$ 时，只存在化学腐蚀损伤，当 $\sigma > \sigma_s$ 时，化学腐蚀损伤和应力损伤同时存在，所以其损伤变量为

$$D = \begin{cases} 1 - \dfrac{E_C}{E_0} & \sigma \leqslant \sigma_s \\ 1 - \left(1 - \dfrac{t}{t_F}\right)^{\frac{1}{1+N}} + 1 - \dfrac{E_C}{E_0} - \left(1 - \dfrac{E_C}{E_0}\right)\left[1 - \left(1 - \dfrac{t}{t_F}\right)^{\frac{1}{1+N}}\right] & \sigma > \sigma_s \end{cases} \qquad (8\text{-}179)$$

当初始应力水平小于岩石的长期强度时，岩石在加载过程中首先会产生瞬时弹性应变。此阶段的力学行为可以采用弹性体的本构关系进行描述，三维情况下的本构方程为

$$\varepsilon_{ij}^e = \frac{1}{2G_1} S_{ij} + \frac{1}{3K_1} \delta_{ij} \sigma_m \qquad (8\text{-}180)$$

式中，ε_{ij}^e 为弹性应变；S_{ij} 为偏应力张量；$\delta_{ij}\sigma_m$ 为球面应力张量；G_1 为弹性应变阶段的剪切模量；K_1 为弹性应变阶段的体积模量。

采用 [K] 单元描述岩石线性的黏弹性力学行为，三维情况下的蠕变方程为

$$\varepsilon_{ij}^{ve} = \frac{1}{2G_2}\left[1 - \exp\left(-\frac{G_2 t}{\eta_2}\right)\right] S_{ij} \qquad (8\text{-}181)$$

式中，ε_{ij}^{ve} 为黏弹性应变；G_2 为黏弹性应变阶段的剪切模量；η_2 为黏弹性应变阶段的黏度系数。

为了分析非线性的黏弹性应变，直接对公式（8-181）中的时间进行修正，构建非线性［K］单元，其三维微分本构方程为

$$\varepsilon^{nve} = \frac{S_{ij}}{2G_3} \left\{ 1 - \exp\left[-\frac{G_2(e^{\lambda t}-1)}{\lambda \eta_3} \right] \right\} \tag{8-182}$$

当外加应力水平超过岩石的长期强度时，岩石进入加速蠕变阶段，开始发生黏塑性应变。黏塑性应变的变化率用 Perzyna 的极限应力流动规律来表示

$$\dot{\varepsilon}_{ij}^{vp} = \frac{1}{\eta_4(t)} <F> \frac{\partial Q}{\partial \sigma_{ij}} \tag{8-183}$$

其中

$$<F> = \begin{cases} 0, F \leqslant 0 \\ F, F > 0 \end{cases} \tag{8-184}$$

式中，F 为岩石屈服函数；Q 为塑性势函数；$\eta_4(t)$ 为随时间变化的黏滞系数。

对于黏弹塑性体（Mogi-Coulomb），考虑应力作用引起的黏度损伤，基于公式（8-177），则

$$\eta_4(t) = \eta_4(1-D_m) = \eta_4 \left(1 - \frac{t}{t_F}\right)^{\frac{1}{1+N}} \tag{8-185}$$

将公式（8-185）代入到公式（8-183）中，并进行积分得到黏塑性损伤本构方程为

$$\varepsilon_{ij}^{vp} = \frac{Ft_F(N+1)}{\eta_4 N} \left[1 - \left(1 - \frac{t}{t_F}\right)^{\frac{N}{1+N}} \right] \frac{\partial F}{\partial \sigma_{ij}} \tag{8-186}$$

由［H］单元、非线性［K］单元、［K］单元及考虑损伤的黏弹塑性单元串联构成的本构模型如图 8-23 所示，根据模型的串联关系进行迭加，可得三维应力状态下岩石黏弹塑性蠕变方程

$$\varepsilon_{ij}(t) = \begin{cases} \frac{1}{2G_1}S_{ij} + \frac{1}{3K_1}\delta_{ij}\sigma_m + \frac{S_{ij}}{2G_2}\left\{1 - \exp\left[-\frac{G_2(e^{\lambda t}-1)}{\lambda \eta_2}\right]\right\} ,F<0 \text{ 且 } \dot{\varepsilon}=0 \\ \\ \frac{1}{2G_1}S_{ij} + \frac{1}{3K_1}\delta_{ij}\sigma_m + \frac{S_{ij}}{2G_2}\left\{1 - \exp\left[-\frac{G_2(e^{e^t}-1)}{\lambda \eta_2}\right]\right\} + \frac{1}{2G_3}\left[1 - \exp\left(-\frac{G_3 t}{\eta_3}\right)\right]S_{ij}, F<0 \text{ 且 } \dot{\varepsilon}>0 \\ \\ \frac{1}{2G_1}S_{ij} + \frac{1}{3K_1}\delta_{ij}\sigma_m + \frac{S_{ij}}{2G_2}\left\{1 - \exp\left[-\frac{G_2(e^{\lambda t}-1)}{\lambda \eta_2}\right]\right\} + \frac{1}{2G_3}\left[1 - \exp\left(-\frac{G_3 t}{\eta_3}\right)\right]S_{ij} \\ \\ + \frac{Ft_F(N+1)}{\eta_4 N}\left[1 - \left(1 - \frac{t}{t_F}\right)^{\frac{N}{1+N}}\right]\frac{\partial F}{\partial \sigma_{ij}}, F \geqslant 0 \end{cases}$$

$$\tag{8-187}$$

进一步考虑化学腐蚀和应力损伤对剪切模量和黏滞系数的影响，忽略损伤对体积模量的影响

$$G(t) = G(1-D)$$

$$\eta(t) = \eta(1-D) \tag{8-188}$$

将公式（8-188）代入到公式（8-187）中，可得三维应力状态下岩石应力损伤及化学腐蚀综合作用下的蠕变方程为

$$\varepsilon_{11}(t) = \begin{cases} \dfrac{2\sigma_1 - \sigma_2 - \sigma_3}{6G_1(1-D)} + \dfrac{\sigma_1 + \sigma_2 + \sigma_3}{9R_1} + \dfrac{2\sigma_1 - \sigma_2 - \sigma_3}{6G_2(1-D)}\left\{1 - \exp\left[-\dfrac{G_2(e^{\lambda t}-1)}{\lambda \eta_2}\right]\right\}, F<0 \text{ 且 } \dot{\varepsilon}=0 \\[4mm] \dfrac{2\sigma_1 - \sigma_2 - \sigma_3}{6G_1(1-D)} + \dfrac{\sigma_1 + \sigma_2 + \sigma_3}{9R_1} + \dfrac{2\sigma_1 - \sigma_2 - \sigma_3}{6G_2(1-D)}\left\{1 - \exp\left[-\dfrac{G_2(e^{\lambda t}-1)}{\lambda \eta_2}\right]\right\} + \dfrac{2\sigma_1 - \sigma_2 - \sigma_3}{6G_3(1-D)}\left[1 - \exp\left(-\dfrac{G_3 t}{\eta_3}\right)\right], F<0 \text{ 且 } \dot{\varepsilon}>0 \\[4mm] \dfrac{2\sigma_1 - \sigma_2 - \sigma_3}{6G_1(1-D)} + \dfrac{\sigma_1 + \sigma_2 + \sigma_3}{9K_1} + \dfrac{2\sigma_1 - \sigma_2 - \sigma_3}{6G_2(1-D)}\left\{1 - \exp\left[-\dfrac{G_2(e^{\lambda t}-1)}{\lambda \eta_2}\right]\right\} + \dfrac{2\sigma_1 - \sigma_2 - \sigma_3}{6G_3(1-D)}\left[1 - \exp\left(-\dfrac{G_3 t}{\eta_3}\right)\right] \\[4mm] \quad + \dfrac{F t_F (N+1)}{\eta_4 N (1-D)}\left[1 - \left(1 - \dfrac{t}{t_F}\right)^{\frac{N}{1+N}}\right]\dfrac{\partial F}{\partial \sigma_{ij}}, F \geqslant 0 \end{cases}$$

$$\tag{8-189}$$

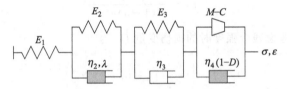

图 8-23 非线性黏弹塑性本构模型

对于岩石的损伤特性，也可以从宏观和细观两个方面来定义损伤变量。从宏观上看，在外力作用下，位错蠕变和扩散蠕变都会导致细观裂纹和孔洞的产生，随着时间的推移，这些累积的缺陷会导致有效承载面积减小，进而导致有效应力增大。根据 Kachanov 提出的有效应力概念，损伤变量 D_1 与有效应力的关系表达式为

$$\dot{D}_1 = C\left(\frac{\sigma}{1 - D_1}\right)^n \tag{8-190}$$

式中，C、n 为材料参数。

根据应变等效原理，应力-应变与损伤变量的关系为

$$\sigma = E\varepsilon(1 - D_1) \tag{8-191}$$

D_1 仅反映损伤对岩石应力的影响，并不涉及对弹性模量的影响。由公式（8-191）可知，当损伤接近最大值 $D_1 = 1$ 时，有效应力趋于无穷大。对于岩石材料，破坏后仍有一定的残余强度存在，材料发生破坏时，其有效应力不可能为无穷大。因此，引入残余强度校正因子 δ 来解决这一问题，残余强度校正因子 δ 为

$$\delta = \sqrt{\frac{\sigma_r}{\sigma_c}} \tag{8-192}$$

式中，σ_r 为剩余强度；σ_c 为长期强度。

残余强度校正因子 δ 代入到损伤变量的表达式中，则损伤变量为

$$\dot{D}_1 = C\left(\frac{\sigma}{1-\delta D_1}\right)^n \qquad (8\text{-}193)$$

对上式进行积分，可得

$$\frac{(1-\delta D_1)^{1+n}}{1+n} + A = C\sigma^n t \qquad (8\text{-}194)$$

其中，A 为积分常数，结合边界条件

$$\begin{cases} D_1 = 0, t = 0 \\ D_1 = \delta, t = t_f \end{cases} \qquad (8\text{-}195)$$

蠕变破坏发生时，初始时间 t_f 的表达式为：

$$t_f = \frac{1-(1-\delta)^{1+n}}{C(1+n)\sigma^n} \qquad (8\text{-}196)$$

通过积分得到考虑残余强度时的损伤变量 D_1 为

$$D_1 = 1 - \left\{1 - \frac{t}{t_f}[1-(1-\delta)^{1+n}]\right\}^{\frac{1}{n+1}} \qquad (8\text{-}197)$$

D_1 即为考虑宏观损伤的损伤变量。

在岩石蠕变的力学模型中，弹性模量和黏度系数是反映岩石在外力作用下抵抗变形能力的关键物理参数。就岩石而言，晶体的位错滑移是影响这两个物理参数的重要因素。位错的存在会使周围原子受到干扰，从而引起晶格畸变或局部应变。假设应力场能量的不断积累会随着时间的推移加速晶格畸变或局部应变，这种物理假设在现象学上反映为弹性模量和黏度系数随时间的劣化。一般来说，岩石内部的损伤性质接近于时间的幂函数，弹性模量和黏度系数随时间变化的损伤变量为

$$D_2 = 1 - \exp(-\alpha t) \qquad (8\text{-}198)$$

式中，D_2 为与弹性模量和黏度系数相关的损伤变量，$0 < D_2 < 1$；α 是与材料内部性能相关的常数。

D_2 是反映材料参数损伤的损伤变量。

以上从有效面积和内部结构损伤的角度提出了两个损伤变量，分别为 D_1、D_2。为了准确描述加速蠕变的非线性特征，提出了一种新型黏弹塑性损伤单元。该损伤单元由滑块塑性元件与 [M] 单元并联组成。[M] 单元中的弹簧和黏壶元件考虑 D_1、D_2 的损伤效应。[M] 单元中损伤黏壶元件的本构关系可表示为

$$\varepsilon_v = \frac{\sigma}{\eta_4} t = \frac{\sigma}{\eta_4 (1-D_1)} t \qquad (8\text{-}199)$$

式中，ε_v、η_4 为受损黏壶元件的应变和黏度系数。

将公式（8-197）代入公式（8-199）中，积分得到损伤黏壶单元的蠕变方程为

$$\varepsilon_v = \frac{\sigma}{\eta_4} \times \frac{(1+n)}{n} \times \frac{t_f}{(1-\delta)^{1+n} - 1} ((1-D_1)^n - 1) \qquad (8\text{-}200)$$

对于微观损伤对材料参数的影响，为了计算的方便，将随时间变化的损伤变量 D_2 直接引入到黏度系数中，得到损伤黏壶元件的蠕变方程为

$$\varepsilon_v = \frac{\sigma}{\eta_4 (1-D_2)} \times \frac{1+n}{n} \times \frac{t_f}{(1-\delta)^{1+n} - 1} ((1-D_1)^n - 1) \qquad (8\text{-}201)$$

［M］单元中损伤弹簧元件的本构方程为

$$\varepsilon_E = \frac{\sigma}{E_4 (1-D_1)(1-D_2)} \qquad (8\text{-}202)$$

基于黏弹塑性损伤单元的本构模型，得到黏弹塑性损伤单元的蠕变方程为

$$\varepsilon_{vep} = \frac{\sigma - \sigma_s}{E_4 (1-D_1)(1-D_2)} + \frac{\sigma - \sigma_s}{\eta_4 (1-D_2)} \times \frac{1+n}{n} \times \frac{t_f}{(1-\delta)^{1+n} - 1} [(1-D_1)^n - 1]$$

$$(8\text{-}203)$$

Burgers 模型可以描述减速蠕变阶段及等速蠕变阶段，Burgers 模型与黏弹塑性损伤单元串联，构成新的本构模型，如图 8-24 所示。通过迭加得到该模型的蠕变方程为

$$\varepsilon(t) = \begin{cases} \dfrac{\sigma_0}{E_1} + \dfrac{\sigma_0}{E_2} \left[1 - \exp\left(-\dfrac{E_2}{\eta_2} t \right) \right] + \dfrac{\sigma_0}{\eta_3} t , \sigma_0 < \sigma_s \\[3mm] \dfrac{\sigma_0}{E_1} + \dfrac{\sigma_0}{E_2} \left[1 - \exp\left(-\dfrac{E_2}{\eta_2} t \right) \right] + \dfrac{\sigma_0}{\eta_3} t + \dfrac{\sigma_0 - \sigma_s}{E_4 (1-D_1)(1-D_2)} \\[3mm] + \dfrac{\sigma_0 - \sigma_s}{\eta_4 (1-D_2)} \times \dfrac{1+n}{n} \times \dfrac{t_f}{(1-\delta)^{1+n} - 1} [(1-D_1)^n - 1] , \sigma_0 \geqslant \sigma_s \end{cases} \qquad (8\text{-}204)$$

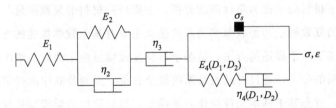

图 8-24 非线性黏弹塑性本构模型

以上基于黏弹性力学模型构建本构方程时，通过力学模型的材料参数弹性模量和黏

度系数表征材料的弹性及黏性性能。在考虑损伤时，假定材料的弹性及黏性性能损伤满足同样的损伤规律。实际上，材料的弹性及黏性是两种不同的力学性能，材料性能劣化对其弹性及黏性力学性能的影响可能不满足同样的损伤规律，即弹性模量和黏度系数满足不同的损伤规律，可以采用不同的损伤变量表征弹性及黏性的损伤。

基于 Burgers 模型得到的蠕变柔量为

$$\varepsilon = \frac{\sigma}{E_1} + \frac{\sigma}{E_2}\left[1 - \exp\left(-\frac{E_2}{\eta_2}t\right)\right] + \frac{\sigma}{\eta_3}t \tag{8-205}$$

考虑如式（8-206）的损伤变量

$$D = 1 - \left(1 - \frac{t}{t_{RH}}\right)^{\frac{1}{M}} \tag{8-206}$$

在材料发生损伤时，认为弹性模量和黏度系数分别满足两个不同的损伤变量 D_1、D_2，考虑损伤的弹性模量和黏度分别为

$$E = E_0(1 - D_1) = E_0\left(1 - \frac{t}{t_{RH}}\right)^{\frac{1}{M_1}}$$

$$\eta = \eta_0(1 - D_2) = \eta_0\left(1 - \frac{t}{t_{RH}}\right)^{\frac{1}{M_2}} \tag{8-207}$$

将式（8-207）代入到式（8-205）中，得到考虑损伤的蠕变柔量为

$$\varepsilon = \frac{1}{E_1\left(1 - \frac{t}{t_{RH}}\right)^{\frac{1}{M_1}}} + \frac{1}{E_2\left(1 - \frac{t}{t_{RH}}\right)^{\frac{1}{M_1}}}\left[1 - \exp\left(-\frac{E_2\left(1 - \frac{t}{t_{RH}}\right)^{\frac{1}{M_1}}}{\eta_2\left(1 - \frac{t}{t_{RH}}\right)^{\frac{1}{M_2}}}t\right)\right] + \frac{1}{\eta_3\left(1 - \frac{t}{t_{RH}}\right)^{\frac{1}{M_2}}}t$$

$$\tag{8-208}$$

以上的本构方程主要是针对静载荷作用下材料的非线性黏弹塑性力学行为建立的。对动载荷作用下材料的动态力学性能的分析，主要研究材料的复数模量与加载频率之间的关系，材料的复数模量与加载频率关系的建立主要有基于数学描述的方法和基于本构模型的方法。基于数学描述的方法，是基于材料复数模量的主曲线，给出描述复数模量与加载频率关系的公式，通过对试验结果的拟合分析，得到公式中的待定参数。基于本构模型的方法，首先基于基本元件构建力学模型，然后通过力学模型推导得到复数模量的表达式，通过对复数模量试验结果的回归分析，得到本构方程中的材料参数。基于该方法得到的复数模量表达式中的参数具有明确的物理意义，通过拟合参数的定量分析，可以进一步研究材料的黏弹性力学性能。目前的一些动态力学模型见表 8-1。

表 8-1　动态力学模型

序号	名称	公式	附注
1	Jongepier and Kuilman's Model	$$G_1(x) = \frac{G_g}{\beta\sqrt{\pi}}\exp\left\{-\left[\frac{\beta\left(x-\frac{1}{2}\right)}{2}\right]^2\right\} \times$$ $$\int_0^\infty \exp-\left(\frac{u}{\beta}\right)^2 \frac{\cosh\left(x+\frac{1}{2}\right)u}{\cosh u}\,du$$ $$G_2(x) = \frac{G_g}{\beta\sqrt{\pi}}\exp\left\{-\left[\frac{\beta\left(x-\frac{1}{2}\right)}{2}\right]^2\right\} \times$$ $$\int_0^\infty \exp-\left(\frac{u}{\beta}\right)^2 \frac{\cosh\left(x-\frac{1}{2}\right)u}{\cosh u}\,du$$	ω_r 为相对频率 G_g 为玻璃模量 $u=\ln\omega t$ $x=\frac{2}{\beta^2}\ln\omega_r$ β 为宽度参数
2	Dobson's Model	$$\lg\omega_r^{-b} = \lg(G_r^{-b}-1) + \frac{20.5-G_r^{-b}}{230.3}$$	$\omega_r = \eta_0\omega a_T/G_g$ $G_r = \lvert G^* \rvert/G_g$ b 为松弛谱宽度参数
3	Dickinson and Witt's Model	$$\lg G_r^* = \frac{1}{2}\{\lg\omega_r - [(\lg\omega_r)^2+(2\beta)^{\frac{1}{2}}]\}$$ $$\delta = \delta' + \frac{\pi-2\delta'}{4}\{1-\lg\omega_r[(\lg\omega_r)^2+(2\beta)^2]^{-\frac{1}{2}}\}$$	$\omega_r = \eta_0\omega a_T/G_g$ $G_r^* = \lvert G^* \rvert/G_g$ β 为剪切敏感性参数
4	CA Model	$$\lvert G^* \rvert = G_g\left[1+\left(\frac{\omega_c}{\omega}\right)^{\frac{(\lg 2)}{R}}\right]^{-\frac{R}{\lg 2}}$$ $$\delta = \frac{90}{\left[1+\left(\frac{\omega_c}{\omega}\right)^{\frac{(\lg 2)}{R}}\right]}$$	ω_c 为交叉频率 R 为流变指数
5	分数模型	$$\lvert G^* \rvert = \eta_0\omega\left[\frac{\prod_1^m(1+(\mu_k\omega)^2)}{\prod_1^n(1+(\lambda_k\omega)^2)}\right]^{\frac{1}{2(n-m)}}$$ $$\delta = \frac{\pi}{2} + \frac{1}{(n-m)}\left[\sum_1^m a\tan(\mu_k\omega) - \sum_1^n a\tan(\lambda_k\omega)\right]$$	μ_k、λ_k 为松弛时间 m、n 为对应松弛时间的个数
6	CAM 模型	$$\lvert G^* \rvert = G_g\left[1+\left(\frac{\omega_c}{\omega}\right)^v\right]^{-\frac{w}{v}}$$ $$\delta = \frac{90w}{\left[1+\left(\frac{\omega_c}{\omega}\right)^v\right]}$$	$v = \lg\frac{2}{R}$ R 为流变指数

序号	名称	公式	附注
7	Bahia 模型	$$\|G^*\| = G_e + \frac{G_g - G_e}{\left[1+\left(\frac{f_c}{f'}\right)^k\right]^{\frac{m_c}{k}}}$$ $$\delta = 90I - (90I - \delta_m)\left\{1+\left[\frac{\lg(f_d/f')}{R_d}\right]^2\right\}^{m_d/2}$$	$f\to0, G_e = \|G^*\|$ $f\to\infty, G_g = \|G^*\|$ f_c 为位置参数 f' 为相对频率 k、m_c、R_d、m_d 为形状参数 f_d 为位置参数 δ_m 为相位角常数
8	Al-Qadi 模型	$$\|G^*\| = G_g\left[1-\frac{1}{\left[1+\left(\frac{\omega}{\omega_0}\right)^v\right]^w}\right]$$ $$\delta = \frac{90}{\left[1+\left(\frac{\omega}{\omega_0}\right)^v\right]^w}$$	ω_0 为频率参数 v、w 为无量纲模型参数
9	多项式模型	$$\lg\|G^*\| = A(\lg f)^3 + B(\lg f)^2 + C(\lg f)$$	f 为相对频率 A、B、C 为位置参数
10	S形模型	$$\lg\|G^*\| = v + \frac{\alpha}{1+e^{\beta+\gamma\langle\lg\omega\rangle}}$$	$\lg\omega$ 为对数相对频率 v 为下渐近线 α 为上下渐近线值之差 β、γ 为形状参数
11	LCPC 主曲线模型	$$\lg\|G^*(\omega)\| - \lg\|G^*(\infty)\| = -\frac{2}{\pi}\int_0^\infty \frac{u\delta(u)-\omega\delta(\omega)}{u^2-\omega^2}du\delta$$ $$= \frac{2\omega}{\pi}\int_0^\infty \frac{\lg\|G^*(u)\|-\lg\|G^*(\omega)\|}{u^2-\omega^2}du$$	u 为虚拟变量

序号	名称	公式	附注
12	Bari 和 Witczak 模型	$\lvert G^* \rvert = 0.0051 f_s \eta_{f_s,T}(\sin\delta)7.1542$ $-0.4929 f_s + 0.0211 f_s^2 \delta = 90 + (b_1 + b_2 \text{VTS}')$ $\times \lg(f_s \eta_{f_s,T})$ $+ (b_3 + b_4 \text{VTS}') \times \{\lg(f_s, \eta_{f_s,T})\}^2$	f_s 为频率 $\eta_{f_s,T}$ 为黏度 $\text{VTS}' = 0.9699$ $f_s^{-0.0575} \times$ VTS b_1、b_2、b_3、b_4 为拟合参数
13	广义 Logistic s 型模型	$\lg\lvert G^* \rvert = v + \dfrac{\alpha}{[1 + \lambda e^{(\beta + \gamma\{\lg\omega\})}]^{1/\lambda}}$	λ 为拟合参数
14	Huet 模型	$G^* = \dfrac{G_\infty}{1 + \alpha(i\omega\tau)^{-k} + (i\omega\tau)^{-h}}$	G_∞ 为复模量的极限 h、k $(0<h<k<1)$ 为指数 α 为常数 τ 为特征时间
15	Huet-Sayegh 模型	$G^* = G_0 + \dfrac{G_\infty - G_0}{1 + \alpha(i\omega\tau)^{-k} + (i\omega\tau)^{-h}}$	α 为无量纲常数 τ 为特征时间 $\ln\tau = a + bT$ $+ cT^2$ a、b、c 为拟合参数
16	DBN 模型	$G^* = \left(\dfrac{1}{G_0} + \displaystyle\sum_{i=1}^{n}\dfrac{1}{G_i + i\omega\eta_i(T)}\right)^{-1}$	G_0 为单个弹簧的弹性模量 η_i 为温度 T 时的黏度
17	2S2P1D 模型	$G^*(\omega) = G_0 + \dfrac{G_g - G_0}{1 + \alpha(i\omega\tau)^{-k} + (i\omega\tau)^{-h} + (i\omega\beta\tau)^{-1}}$	h、k $(0<h<k<1)$ 为指数 α 为无量纲常数 G_0 为 $\omega\to 0$ 时的静态模量 G_g 为 $\omega\to\infty$ 的模量 β 为常数，并且 $\eta = (G_g - G_0)\beta\tau$ η 为牛顿黏度 τ 为特征时间

序号	名称	公式	附注
18		$$E_1(\omega)=\dfrac{\dfrac{\eta^2}{E}\omega^{2r}+\eta\omega^r\cos\dfrac{r\pi}{2}}{1+\dfrac{\eta^2}{E^2}\omega^{2r}+2\dfrac{\eta}{E}\omega^r\cos\dfrac{r\pi}{2}}$$ $$E_2(\omega)=\dfrac{\eta\omega^r\sin\dfrac{r\pi}{2}}{1+\dfrac{\eta^2}{E^2}\omega^{2r}+2\dfrac{\eta}{E}\omega^r\cos\dfrac{r\pi}{2}}$$	E 为弹簧单元的弹性模量 η 为分数导数黏壶的黏度 r 为分数导数黏壶的阶数
19	基于分数导数的模型	$$E'(\omega)=\dfrac{E_\infty+(E_0+E_\infty)\beta^{-1}\omega^r\cos\dfrac{\pi r}{2}+E_0\beta^{-2}\omega^{2r}}{1+2\beta^{-1}\omega^r\cos\dfrac{\pi r}{2}+\beta^{-2}\omega^{2r}}$$ $$E''(\omega)=\dfrac{(E_0-E_\infty)\beta^{-1}\omega^r\sin\dfrac{\pi r}{2}}{1+2\beta^{-1}\omega^r\cos\dfrac{\pi r}{2}+\beta^{-2}\omega^{2r}}$$	β 为材料常数 E_0 为瞬态松弛模量 E_∞ 为长期松弛模量 E_1、E_2、η_2 为材料参数 r 为分数导数黏壶的阶数
20		$$E(i\omega)=\dfrac{Q(i\omega)}{P(i\omega)}=\dfrac{E_1E_2\eta_1 i\omega+E_1\eta_1\eta_2(i\omega)^{r+1}}{E_1E_2+\eta_1(E_1+E_2)i\omega+E_1\eta_2(i\omega)^r+\eta_1\eta_2(i\omega)^{r+1}}$$ $$E_1(\omega)=$$ $$\dfrac{E_1\eta_1^2\eta_2^2\omega^{2r+2}+(E_1^2E_2+E_1E_2^2)\eta_1^2\omega^2+(2E_1E_2+E_1^2)\eta_1^2\eta_2\omega^{r+2}\cos\frac{r\pi}{2}}{E_1^2E_2^2+\eta_1^2\eta_2^2\omega^{2r+2}+E_1^2\eta_2^2\omega^{2r}+(E_1+E_2)^2\eta_1^2\omega^2+2(E_1^2E_2\eta_2\omega^r+E_1\eta_1^2\eta_2\omega^{r+2})\cos\frac{r\pi}{2}+2E_1^2\eta_1\eta_2\omega^{r+1}\sin\frac{r\pi}{2}}$$	E_1、E_2、η_1、η_2 为材料参数 r 为分数导数黏壶的阶数

参 考 文 献

[1] 徐芝纶. 弹性力学简明教程. 北京：高等教育出版社，2002.

[2] 周光泉，刘孝敏. 粘弹性理论. 合肥：中国科学技术大学出版社，1996.

[3] 张肖宁. 沥青与沥青混合料的黏弹力学原理及应用. 北京：人民交通出版社，2006.

[4] 吴其晔，巫静安. 高分子材料流变学：北京：高等教育出版社，2002.

[5] 曾祥国，陈华燕，陈军. 粘弹性力学. 成都：四川大学出版社，2016.

[6] Matveenkoa V N，Kirsanov E A. Structural causes of the non-newtonian behavior of fluid systems. Russian Journal of Physical Chemistry A，2023，97（8）：1708-1724.

[7] Cuiping Li，Xue Li，Zhu'en Ruan. Rheological properties of a multiscale granular system during mixing of cemented paste backfill：A review. International Journal of Minerals，Metallurgy and Materials，2023，30（8）：1444-1445.

[8] Peder C F Møller，Jan Mewisb，Daniel Bonn. Yield stress and thixotropy：on the difficulty of measuring yield stresses in practice. Soft Matter，2006，2：274-283.

[9] Coussot P，Nguyen Q D，Huynh H T，et al. Viscosity bifurcation in thixotropic, yielding fluids. J. Rheol.，2002，46：573-589.

[10] Coussot P，Nguyen Q D，Huynh H T，et al. Avalanche behavior in yield stress fluids. Phys. Rev. Lett.，2002，88，175501.

[11] Erik A. Toorman. Modelling the thixotropic behaviour of dense cohesive sediment suspensions. Rheologica Acta，1997，36（1）：56-65.

[12] Hiroshi Kobayashi，Haruyuki Takahashi. Viscosity-temperature relationship of glasses with low melting points obtained by wide-range measurement. Journal of the ceramic society of Japan，2008，116（8）：855-858.

[13] Liang Zhang，Linzhou Zhang，Zhiming Xu，et al. Viscosity mixing rule and viscosity-temperature relationship estimation for oil sand bitumen vacuum residue and fractions. Energy Fuels，2019，33：206-214.

[14] Liang Yongsheng，Feng Zhengang，Yu Jianying. Effect of chemical compositions on temperature susceptibility of bitumens. Journal of Wuhan University of Technology-Mater. Sci. Ed. 2010，25（4）：669-673.

[15] 张小其，车金，徐传杰. 石油沥青材料黏-温方程的对比及其数学模型的建立研究. 石油沥青，2023，37（1）：29-36.

[16] Miadonye，Puttagunta V R. Modeling the viscosity-temperature relationship of nigerian niger-delta crude petroleum. Petroleum Science And Technology，1998，16（5&6）：627-638.

[17] Miadonye，Singh B，Puttagunta V R. Viscosity estimation for bitumen-diluent mixtures. Fuel Science & Technology International，2007，13（6）：681-698.

[18] Taniguchi H. On the volume dependence of viscosity of some magmatic silicate melts. Mineralogy and Petrology，1993，49：13-25.

[19] Guillermo Centeno，Gabriela Sánchez-Reyna，Jorge Ancheyta，et al. Testing various mixing rules for calculation of viscosity of petroleum blends. Fuel，2011，90：3561-3570.

[20] Cibele Halmenschlager，Arno de Klerk. Viscosity-temperature relationship and binary viscosity mixing

rules for fast pyrolysis and hydrothermal liquefaction oil blends natalia montoya sanchez. Energy Fuels, 2022, 36: 10990-11000.

[21] Ding H Wang C Zhu X. Estimation of the kinematic viscosities of bio-oil/alcohol blends: Kinematic viscosity-temperature formula and mixing rules. Fuel, 2019, 254, 115687.

[22] Centeno G Sánchez-Reyna G Ancheyta J, et al. Testing various mixing rules for calculation of viscosity of petroleum blends. Fuel, 2011, 90: 3561-3570.

[23] Hernández E A Sánchez-Reyna G, Ancheyta J. Comparison of mixing rules based on binary interaction parameters for calculating viscosity of crude oil blends. Fuel, 2019, 249: 198-205.

[24] Cragoe C S. Changes in the viscosity of liquids with temperature, pressure and composition. Proceedings World Petroleum Congress. London, 1933, 2: 529-541.

[25] Miadonye A Latour N Puttagunta V R. A correlation for viscosity and solvent mass fraction of bitumen-diluent mixtures. Pet. Sci. Technol. 2000, 18: 1-14.

[26] Shu W R. A viscosity correlation for mixtures of heavy oil, bitumen, and petroleum fractions. SPE, 1984, 277-22.

[27] Arrhenius S A. Uber die dissociation der in wasser gelosten stoffe. Z Phys Chem , 1887, 1: 631-678.

[28] Bingham E C. The viscosity of binary mixtures. J Phys Chem, 1914, 18: 157-221.

[29] Lederer E L. Viscosity of mixtures with and without diluents. Proc World Pet Cong Lond, 1933, 2: 526-533.

[30] Kendall J, Monroe K. The viscosity of liquids Ⅱ. The viscosity-composition curve for ideal liquid mixtures. Am Chem J, 1917, 9: 1787-1802.

[31] Cragoe C S. Changes in the viscosity of liquids with temperature, pressure and composition. Proc World Pet Cong Lond, 1933, 2: 529-569.

[32] Walther C. The evaluation of viscosity data. Erdöl Teer, 1931, 7: 382.

[33] Miadonye A, Latour N, Puttagunta V R. A correlation for viscosity and solvent mass fraction of bitumen-diluent mixtures. Pet Sci Technol 2000, 18: 1-14.

[34] Ishikawa T. The viscosity of ideal solutions. Bull Chem Soc Jpn, 1958, 31: 791-796.

[35] Lobe V M. A model for the viscosity of liquid-liquid mixtures. M. Sc. Thesis. University of Rochester, NY, 1973.

[36] Twu C H, Bulls J W. Viscosity blending tested. Hydrocarbon Process, 1981, 60: 143-148.

[37] Wedlake G D, Ratcliff G A. A comparison of the group solution model and the principle of congruence for the prediction of liquid mixture viscosities. Can J Chem Eng, 1973, 51: 511-514.

[38] Mehrotra A K. Development of mixing rules for predicting the viscosity of bitumen and its fractions blended with toluene. Can J Chem Eng, 1990, 68: 839-848.

[39] ASTM Designation: ASTM D341-09. Viscosity-temperature charts for liquid petroleum products. The American Society for Testing and Materials, 1983.

[40] Baird C T. IV Guide to petroleum product blending. Austin (TX): HPI Consultants, Inc, 1989.

[41] Barrufet M, Setiadarma A. Reliable heavy oil-solvent viscosity mixing rules for viscosities up to 450 K, oil-solvent viscosity ratios up to 4×10^5, and any solvent proportion. Fluid Phase Equilib, 2003; 213: 65-79.

[42] Riazi M R. Characterization and properties of petroleum fractions. 1st ed. American Society and Testing Materials, ASTM Manual Series: MNL50, USA, 2005, 33-40.

[43] Panchenkov G M. Calculation of absolute values of the viscosity of liquids. Zhurn Fiz Khim 1950, 24: 1390-1406.

[44] Reik H G. The relation between viscosity and vapor pressure in binary mixtures II. Z Elektrochem Angew Phys Chem, 1955, 59: 126-136.

[45] Lima F W. The viscosity of binary liquid mixtures. J Phys Chem, 1952, 56: 1052-1055.

[46] Van der Wyk A J A. The viscosity of binary mixtures. Nature, 1936; 138; 845.

[47] Grunberg L, Nissan A H. Mixture law for viscosity. Nature, 1949; 164; 799-800.

[48] Tamura M, Kurata M. On the viscosity of binary mixture of liquids. Bull Chem Soc Jpn 1952; 25: 32-39.

[49] McAllister R A. The viscosity of liquid mixtures. AIChE J, 1960, 6: 427-431.

[50] UOP Designation: UOP-375. Calculation of UOP characterization factor and estimation of molecular weight of petroleum oils. Handbook of UOP Laboratory Test Methods for Petroleum and its Products, 2007.

[51] Nelson W L. Petroleum refinery engineering. 4th ed. Singapore. McGraw-Hill, 1987.

[52] Anil K. Mehrotra. Mixing rules for predicting the viscosity of bitumens saturated with pure gases. The Canadian Journal of Chemical Engineering, 1992, 70: 165-172.

[53] Anita M Katti, Nicoleta E Tarfulea, Corey J Hopper, et al. Kmiotek prediction of viscosity-temperature-composition surfaces in a single expression for methanol-water and acetonitrile-water mixtures. Journal of Chemical & Engineering Data, 2008, 53 (12): 2865-2872.

[54] Scott Bair. Pressure-Viscosity Behavior of Lubricants to 1. 4 GPa and Its Relation to EHD Traction. Tribology Transactions, 2000, 43 (1): 91-99.

[55] Comun M J P, Baylaucq A, Boned C, et al. High-pressure measurements of the viscosity and density of two polyethers and two dialkyl carbonates. International Journal of Thermophysics, 2001, 22 (3): 749-768.

[56] Adango Miadonye, Loree D' Orsay. Modeling the viscosity versus temperature and pressure of light hydrocarbon solvents. Journal of Materials Engineering and Performance, 2006, 15 (6): 640-645.

[57] Hitoshi Hata, Yoshitaka Tamoto. Study on relations of high-pressure viscosity properties and the polymer behavior of various viscosity index improver-blended oil (part 2) prediction of high-pressure viscosity of polymer VII-blended oil, and viscosity temperature properties under pressure. Tribology Online, 2021, 16 (1): 38-48.

[58] Masato Kaneko. High pressure rheology of lubricants (part 1) -deriving equation of relations of pressure, temperature, density and the viscosity. Tribology Online, 2023, 18 (4): 136-149.

[59] Masato Kaneko. High pressure rheology of lubricants (part 5) —derivation of van der waals type viscosity equation, Tribology Online, 2022, 17 (4): 257-275.

[60] 厉刚, 方文军, 宗汉兴, 等. 馏分油加压粘度的测定和关联. 石油炼制与化工, 1998, 29 (10): 47-50.

[61] 张家庆, 蒋榕培, 史伟康, 等. 煤基/石油基火箭煤油高参数黏温特性与组分特性研究. 化工学报, 2023, 74 (2): 652-665.

[62] Hamza SOUALHI, El-Hadj Kadria, Tien-Tung NGO, et al. Design of portable rheometer with new vane geometry to estimate concrete rheological parameters. Journal Of Civil Engineering and Management, 2017, 23 (3): 347-355.

[63] Tomoya Muramoto, Hiroaki Kajikawa, Hideaki Iizumi, et al. Design of a high-pressure viscosity-measurement system using two pressure balances. Measurement Science and Technology, 2020, 31: 115302.

[64] Alfredo Pimentel-Rodas, Luis A Galicia-Luna, JoséJ Castro-arellano. Capillary viscometer and vibrating

tube densimeter for simultaneous measurements up to 70 MPa and 423 K. Journal of Chemical & Engineering Data, 2016, 61: 45-55.

[65] Zhang Y, He M G, Xue R, et al. A new method for liquid viscosity measurements: inclined-tube viscometry. Int J Thermophys, 2008, 29: 483-504.

[66] Jiaqing Zhang, Chao Yang, Zhaohui Liu, et al. Measurements and Predictive Models for the Viscosity of Coal-Based Kerosene at Temperatures up to 673 K and Pressures up to 40 MPa. J. Chem. Eng. Data, 2022, 67: 2242-2256.

[67] Benjamin Chu, Jian Wang. Magnet enhanced optical falling needle/sphere rheometer. Rev. Sci. Instrum, 1992, 63: 2315-2321.

[68] Patramanis-Thalassinakis, Karavelas P S, Kominis I K. A magnetic falling-sphere viscometer. J. Appl. Phys, 2023, 134, 164701.

[69] Li K, Schneider A, Abraham R L. Instrument for the remote determination of viscosity and density in hostile environments K. Rev. Sci. Instrum. 1992, 63: 4192-4195.

[70] Dinsdale T, Quested P N. The viscosity of aluminium and its alloys-A review of data and models. Journal of Materials Science, 2004, 39: 7221-7228.

[71] Kehr M, Hoyer W, Egry I. A new high-temperature oscillating cup viscometer, Int J Thermophys, 2007, 28: 1017-1025.

[72] Yong Deng, Jianliang Zhang, Kexin Jiao. Viscosity measurement and prediction model of molten iron. Ironmaking & Steelmaking, 2018, 45 (8): 773-777.

[73] Nunes V M B, Lourenco M J V, Santos F J V, et al. Viscosity of industrially important AL-ZN alloys. I-quasi-eutectic alloys. Int J Thermophys, 2010, 31: 2348-2360.

[74] Junke Xu, Stéphane Costeux, John M Dealy, et al. Use of a sliding plate rheometer to measure the first normal stress difference at high shear rates. Rheol Acta, 2007, 46: 815-824.

[75] Omid Lashkari, Shahrooz Nafisi, Reza Ghomashchi. Microstructural characterization of rheo-cast billets prepared by variant pouring temperatures. Materials Science and Engineering: A, 2006, 44 (1-2): 49-59.

[76] Arumugampillai Megalingam, Asnul Hadi Bin Ahmad, Mohd Rashidi Bin Maarof, et al. Viscosity measurements in semi solid metal processing: current status and recent developments. The International Journal of Advanced Manufacturing Technology, 2022, 119: 1435-1459.

[77] Atul Bhattad. Review on viscosity measurement: devices, methods and models. Journal of Thermal Analysis and Calorimetry (2023) 148: 6527-6543.

[78] 梁俊龙, 高江平. 沥青混合料非线性粘弹性本构关系研究. 广西大学学报自然科学版, 2012, 37 (4): 711-715.

[79] 徐世法. 表征沥青及沥青混合料性能的流变学模型. 北京建筑工程学院学报, 1991, 1: 57-65.

[80] 张久鹏, 黄晓明, 高英. 沥青混合料非线性蠕变模型及其参数确定. 长安大学学报 (自然科学版), 2009, 29 (2): 24-27+55.

[81] 王后裕, 朱可善, 言志信, 等. 沥青混合料蠕变柔量的一种实用模型及其应用. 固体力学 学报, 2002, 23 (2): 232-236.

[82] 周志刚, 钱国平, 郑健龙. 沥青混合料粘弹性参数测定方法的研究. 长沙交通学院学报, 2001, 17 (4): 23-28.

[83] Luo W, Yang T, An Q. Time-temperature-stress equivalence and is application to nonlimear viscoelastic materials. Acta Mechanica Solida Sinica, 2001, 14 (3): 195-199.

[84] Yuanguang Zhu, Quansheng Liu, Bin Liu, et al. Theory of time-temperature-stress equivalent principle

based on schapery equation and its application on granite. Materials Science, 2014, 20 (4): 522-528.

[85] Jianwei Zhang, Han Jiang, Chengkai Jiang, et al. Accelerated ratcheting testing of polycarbonate using the time-temperature-stress equivalence method. Polymer Testing, 2015, 44: 8-14.

[86] Chengkai Jiang, Han Jiang, Zhongmeng Zhu, et al. Application of time-temperature-stress superposition principle on the accelerated physical aging test of polycarbonate. Polymer Engineering and Science, 2015: 2215-2221.

[87] Ding Liu, Hai Pu, Yang Ju, et al. A new non-linear viscoelastic-plastic seepage-creep constitutive model considering the influence of confining pressure. Thermal Science, 2019, 23 (3): S821-S828.

[88] Yang Liu, Da Huang, Baoyun Zhao, et al. Nonlinear creep behavior and viscoelastic-plastic constitutive model of rock-concrete composite mass. Advances in Civil Engineering, 2020.

[89] YongjiangYu, YuntaoYang, Jingjing Liu, et al. Experimental and constitutive model study on the mechanical properties of a structural plane of a rock mass under dynamic disturbance. Scientifc Reports, 2022), 12: 21238.

[90] Bing Li, Lian-Ying Zhang, Yan Li, et al. Stepwise loading-unloading creep testing of fly ash concrete and its constitutive model. Thermal science, 2019, 23 (3A): 1539-1545.

[91] Bing Li, Lian-Ying Zhang, Yan Li, et al. Stepwise loading-unloading creep testing of fly ash concrete and its constitutive model. Thermal science, 2019, 23 (3A): 1539-1545.

[92] Mingyuan Yu, Baoguo Liu, Jinglai Sun, et al. Study on improved nonlinear viscoelastic-plastic creep model based on the Nishihara model. Geotech Geol Eng, 2020, 38: 3203-3214.

[93] Yintang Li, Minger Wu. Uniaxial creep property and viscoelastic-plastic modelling of ethylene tetrafluoroethylene (ETFE) foil. Mech Time-Depend Mater, 2015, 19: 21-34.

[94] Junxiang Zhang, Bo Li, Conghui Zhang, et al. Nonlinear viscoelastic-plastic creep model based on coal multistage creep tests and experimental validation. Energies, 2019, 12, 3468.

[95] Shuling Huang, Chuanqing Zhang, Xiuli Ding, et al. Viscoelastic-plastic constitutive model with non-constant parameters for brittle rock under high stress conditions. European Journal of Environmental and Civil Engineering, https://doi. org/10. 1080/19648189. 2020. 1740893.

[96] 叶永, 杨新华, 陈传尧. 沥青砂蠕变特性及力学模型研究. 公路, 2009, 2: 121-124.

[97] Xingang Wang, Baoqin Lian, Wenkai Feng. A nonlinear creep damage model considering the effect of dry-wet cycles of rocks on reservoir bank slopes. Water, 2020, 12, 2396.

[98] Qiming Zhang, Enyuan Wang, Zeng Ding. Research on the creep model of deep coal roadway and its numerical simulation reproduction. Int. J. Environ. Res. Public Health, 2022, 19, 15920.

[99] 邓荣贵, 周德培, 张倬元, 等. 一种新的岩石流变模型. 岩石力学与工程学报, 2001, 20 (6): 780-784.

[100] 陈沅江, 潘长良, 曹平, 等. 软岩流变的一种新力学模型. 岩土力学, 2003, 24 (2): 209-215.

[101] Bin Yang, Sihao Mo, Longhui Wang, et al. Differential constitutive relation for creep of large-stone porous asphalt mixture. Asian Journal of Chemistry, 2014, 26 (17): 5739-5744.

[102] Shouwen Shi, Dunji Yu, Lilan Gao, et al. Nonlinear viscoelastic-plastic constitutive description of proton exchange membrane under immersed condition. Journal of Power Sources, 2012, 213: 40-46.

[103] Xiao Zheng, Guoxiang Lin, Jingzhou Wang, et al. Parameter identification of nonlinear viscoelastic-plastic constitutive equation of soybean and cottonseed based on particles swarm optimization. IEEE, 2008, DOI 10. 1109/WKDD. 2008. 65.

[104] Li Yunliang, Sun Haijiao, He Xin, et al. Fatigue damage and creep characteristics of cement emulsified asphalt composite binder. Construction and Building Materials, https://doi. org/10. 1016/j.

conbuildmat. 2019. 117416.

[105] Peng Ren, Peng Wang, Yin Tang, et al. A viscoelastic-plastic constitutive model of creep in clay based on improved nonlinear elements. Soil Mechanics and Foundation Engineering, 2021, 58 (1): 10-17.

[106] Blair G W S. The role of psychophysics in rheology. J. Colloid Sci, 1947, 2 (1): 21-32.

[107] 郑健龙, 吕松涛, 田小革. 基于蠕变试验的沥青粘弹性损伤特性. 工程力学, 2008, 25 (2): 193-196.

[108] Zhao Yan-Lin, Cao Ping, Wang Wei-Jun, et al. Viscoelasto-plastic rheological experiment under circular increment step load and unload and nonlinear creep model of soft rocks. J. Cent. South Univ. Technol, 2009, 16: 488-494.

[109] Jiabing Zhang, Xiaohu Zhang, Zhen Huang, et al. Transversely isotropic creep characteristics and damage mechanism of layered phyllite under uniaxial compression creep test and its application. Environmental Earth Sciences, 2022, 81: https: //doi. org/10. 1007/s12665-022-10585-5.

[110] Chunfeng Ye, Heping Xie, Fei Wu, et al. Study on the nonlinear time-dependent deformation characteristics and viscoelastic-plastic model of shale under direct shear loading path. Bulletin of Engineering Geology and the Environment, 2023, 82: 189-196.

[111] 曾国伟, 杨新华, 白凡, 等. 沥青砂粘弹塑性蠕变损伤本构模型实验研究. 工程力学, 2013, 30 (4): 249-253.

[112] Hao Li, Hong Zhang, Lizhou Wu, et al. Viscoelastic-plastic response of tunnels based on a novel damage creep constitutive model. International Journal of Non-Linear Mechanics, 2023, 151, 104365.

[113] Junlin He, Fujun Niu, Haiqiang Jiang, et al. Fractional viscoelastic-plastic constitutive model for frozen soil based on microcosmic damage mechanism. Mechanics of Materials, 2023, 177, 104545.

[114] Fei Wu, Hao Zhang, Quanle Zoua, et al. Viscoelastic-plastic damage creep model for salt rock based on fractional derivative theory. Mechanics of Materials, 2020, 150, 103600.

[115] Hongwei Zhou, Wenhao, Senlin Xie, et al. A statistical damage-based fractional creep model for Beishan granite. Mechanics of Time-Dependent Materials, 2022, 27: 163-183.

[116] Qian Yin, Yang Zhao, Weiming Gong, et al. A fractal order creep-damage constitutive model of silty clay. Acta Geotechnica, 2023, 18: 3997-4016.

[117] Youliang Chen, Qijian Chen, Yungui Pan, et al. A chemical damage creep model of rock considering the influence of triaxial stress. Materials 2022, 15, 7590.

[118] Xiaoming, Mingwu Wang, Fengqiang Shen. A three-dimensional nonlinear rock damage creep model with double damage factors and residual strength. Natural Hazards, 2023, 115: 2205-2222.

[119] Jongepier R Kuilman B. Characteristics of the rheology of bitumens. Proceedings of the Association of Asphalt Paving Technologists, 1969, 38: 98-122.

[120] Dobson G R. The dynamic mechanical properties of bitumen. Proceedings of the Association of Asphalt Paving Technologists, 1969, 38: 123-135.

[121] Dobson G R. On the development of rational specifications for the rheological properties of bitumen. Journal of the Institute of Petroleum, 1972, 58: 14-24.

[122] Dickinson E J, Witt H P. The dynamic shear modulus of paving asphalts as function of frequency. Transactions of the Society of Rheology, 1974, 18 (4): 591-606.

[123] Christensen D W, Anderson D A. Interpretation of dynamic mechanical test data for paving grade asphalt. Journal of the Association of Asphalt Paving Technologists, 1992, 61: 67-116.

[124] Stastna J, Zanzotto L, Ho K. Fractional complex modulus manifest in asphalt. Rheologica Acta, 1994, 33: 344-354.

[125] Marasteanu O, Anderson D A. Improved model for bitumen rheological characterization. Eurobitume workshop on performance related properties for bitumens binder. Luxembourg, paper no. 133, 1999a.

[126] Zeng M, Bahia H U, Zhai H, et al. Rheological modeling of modified asphalt binders and mixtures. Journal of the Association of Asphalt Paving Technologists, 2001, 70: 403-441.

[127] Bahia H U, Hanson D I, Zeng M, et al. Characterisation of modified asphalt binders in superpave mix design. NCHRP report 459. Transportation Research Board -National Research Council. 2001.

[128] Elseifi M A, Al-Qadi I, Flincsh G W, et al. Viscoelastic modeling of straight run and modified binders using the matching function approach. The International Journal of Pavement Engineering, 2002, 3 (1): 53-61.

[129] Pellinen T K, Witczak M W. Stress dependent master curve construction for dynamic (complex) modulus. Journal of the Association of Asphalt Paving Technologists, 2002, 71: 281-309.

[130] Mohammad L N, Wu Z, Myres L, et al. A practical look at simple performance tests: louisiana's experience. Journal of the Association of Asphalt Paving Technologists, 2005, 74: 557-600.

[131] Chailleux E, Ramond G, de la Roche C. A mathematical-based master curve construction method applied to complex modulus of bituminous materials. Journal of Road Materials and Pavement Design, 2006, 7: 75-92.

[132] Bari J, Witczak M W. New predictive models for viscosity and complex shear modulus of asphalt binders: for use with mechanistic-empirical pavement design guide. Transportation Research Record, 2001, 9-19.

[133] Rowe G. Phase angle determination and interrelationship within bituminous materials. Proceedings of 7th international rilem symposium atcbm09 on advanced testing and characterization of bituminous materials, Rhodes, Greece, 2009.

[134] Rowe G M. A generalized logistic function to describe the master curve stiffness properties of binder mastics and mixtures. 45th Petersen Asphalt Research Conference, Laramie, Wyoming, July, 2008, 14-16.

[135] Huet C. Étude par une methods d' impédance du comportement viscoélastique des matériaux hydrocarbons. These de Docteur-Ingenieur, Faculté des Science de Paris, 1963 (In French).

[136] Sayegh G. Viscoelastic properties of bituminous mixtures. Proceedings of the second international conference on structural design of asphalt pavement, Held at Rackham Lecture Hall, University of Michigan, Ann Arbor, USA, 1967, 743-755.

[137] Olard F, Di Benedetto, General H. "2S2P1D" model and relation between the linear viscoelastic behaviours of bituminous binders and mixes. Road Materials and Pavement Design, 2003, 4 (2): 185-224.

[138] Di Benedetto, Mondher H, Sauzeat N, et al. Three-dimensional thermo-viscoplastic behaviour of bituminous materials: The DBN Model. Road Materials and Pavement Design, 2007, 8: 285-315.

[139] 詹小丽, 张肖宁, 王端宜, 等. 改性沥青非线性粘弹性本构关系研究及应用. 工程力学, 2009, 26 (4): 187-192.

[140] 梁俊龙, 高江平. 沥青混合料非线性粘弹性本构关系研究. 广西大学学报: 自然科学版, 2012, 37 (4): 711-715.

[141] Li Yunliang, He Xin, Sun Haijiao, et al. Effects of freeze-thaw on dynamic mechanical behavior of cement emulsified asphalt composite binder. Construction and Building Materials, 2019, 213: 608-616.